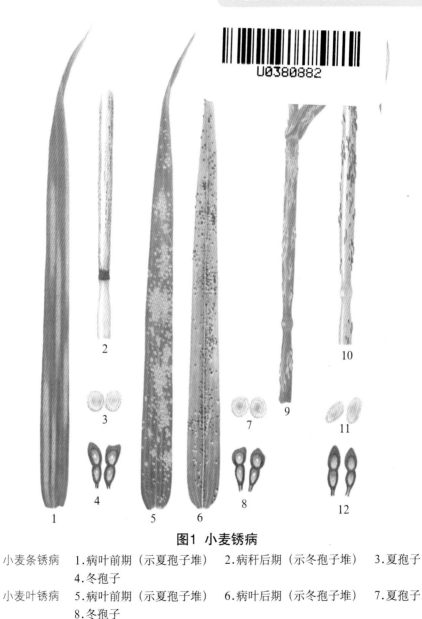

图1 小麦锈病

小麦条锈病　1.病叶前期（示夏孢子堆）　2.病秆后期（示冬孢子堆）　3.夏孢子
　　　　　　4.冬孢子
小麦叶锈病　5.病叶前期（示夏孢子堆）　6.病叶后期（示冬孢子堆）　7.夏孢子
　　　　　　8.冬孢子
小麦秆锈病　9.病秆前期（示夏孢子堆）　10.病秆后期（示冬孢子堆）　11.夏孢子
　　　　　　12.冬孢子

（引自《植保员手册》，2003）

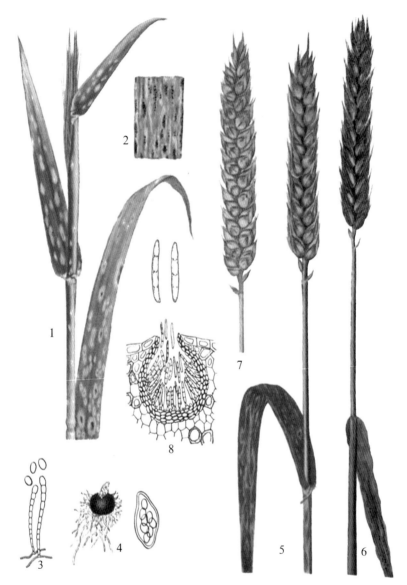

图2　小麦白粉病、小麦颖枯病

小麦白粉病　1.病株　2.叶片病斑和上面的子囊壳　3.分生孢子梗和分生孢子
4.子囊壳、子囊和子囊孢子

小麦颖枯病　5.病株前期　6.病株后期和上面的分生孢子器　7.成熟健穗
8.分生孢子器和器孢子

(引自《植保员手册》，2003)

图3 小麦纹枯病

1.小麦纹枯病引起枯株白穗　2.病株　3.症状及菌核

（康立宁等提供，2004）

图4 小麦赤霉病

1.扬花期健穗（最易感病期） 2.小麦病穗初期症状 3~5.小麦赤霉病（穗腐和秆腐）的发展情况 6.子囊壳、子囊和子囊孢子 7.分生孢子梗和分生孢子

（引自《植保员手册》，2003）

图5 小麦病毒病（一）

1.小麦黄矮病 2.小麦红矮病 3.小麦丛矮病
（康立宁等提供，2004）

图6 小麦病毒病（二）

小麦黑条矮缩病 1.健苗 2.病苗 3.健株 4.病株 5.病叶（示锯齿状缺裂）
6.传毒媒介（灰飞虱）

（引自《植保员手册》，2003）

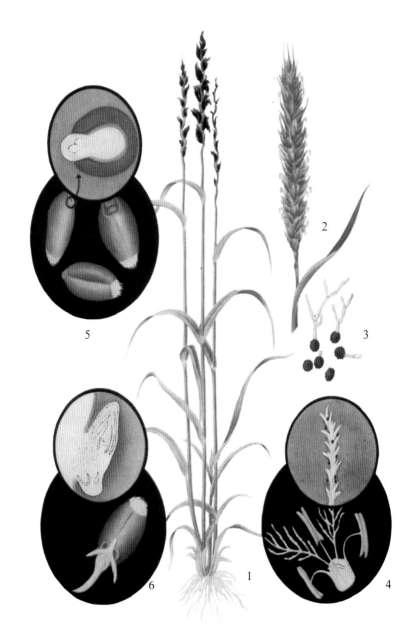

图7　小麦散黑穗病

1.病株症状　2.同时期的健穗　3.病原菌的厚垣孢子及其发芽　4.病原菌侵染花部
5.麦粒及胚的放大　6.麦粒发芽及麦芽剖面（示向生长点扩展的菌丝）

（中国农业科学院提供，1959）

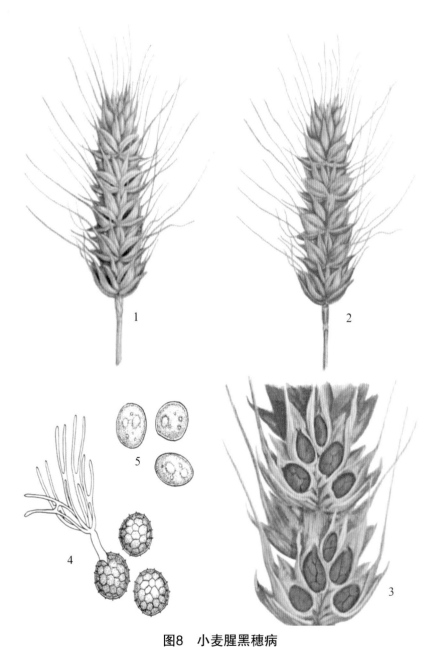

图8　小麦腥黑穗病

1.病穗前期　2.病穗后期　3.病粒剖面　4.网腥黑穗病菌的厚垣孢子及其萌发
5.光腥黑穗病菌的厚垣孢子

（中国农业科学院提供，1959）

图9　小麦全蚀病

1.症状　2.子囊壳　3.病株（白穗）

（康立宁等提供，2004）

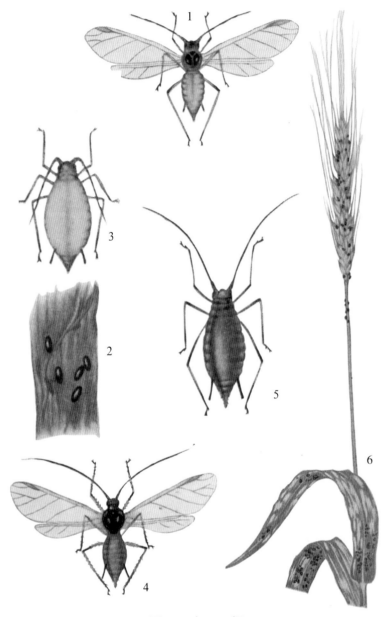

图10 麦 蚜

麦二叉蚜 1.成虫 2.卵在枯叶上 3.若虫

麦长管蚜 4.成虫 5.若虫 6.二叉蚜及长管蚜为害小麦状

（中国农业科学院提供，1959）

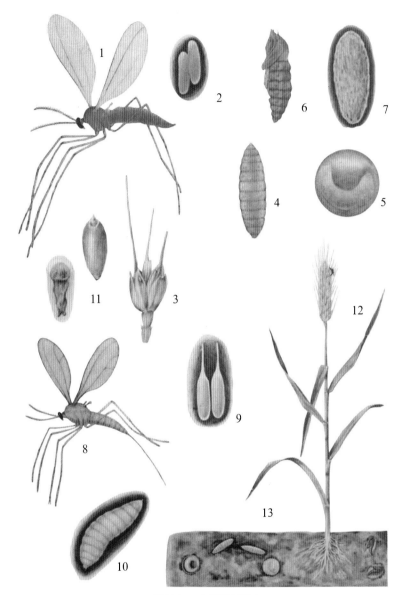

图11　小麦吸浆虫

麦红吸浆虫　1.成虫　2.卵　3.卵产于护颖内外颖背面　4.幼虫　5.休眠幼虫
　　　　　　6.蛹　7.茧蛹

麦黄吸浆虫　8.成虫　9.卵　10.幼虫　11.吸浆虫为害后麦粒与健粒比较
　　　　　　12.吸浆虫在麦穗上产卵状　13.土内的幼虫、休眠幼虫、蛹、茧蛹
（中国农业科学院提供，1959）

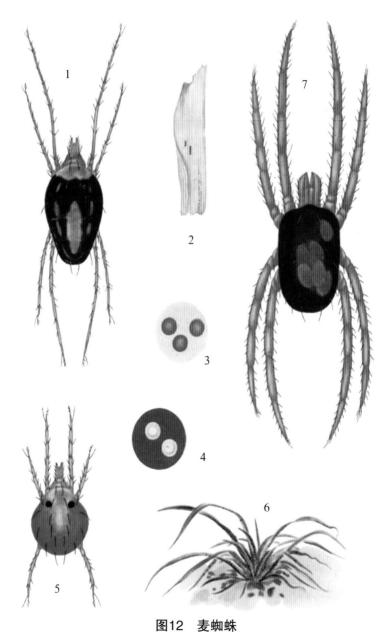

图12　麦蜘蛛

长腿蜘蛛　1.成虫　2.枯叶上的卵　3.春、秋所产的卵　4.越夏的卵
　　　　　5.若虫　6.为害麦苗状
麦圆蜘蛛　7.成虫

（中国农业科学院提供，1959）

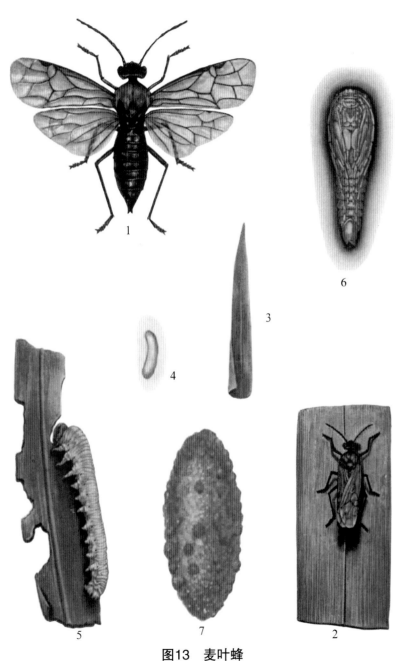

图13　麦叶蜂

1~2.成虫　3~4.卵　5.幼虫和麦叶被害状　6.蛹　7.土茧

（康立宁等提供，2004）

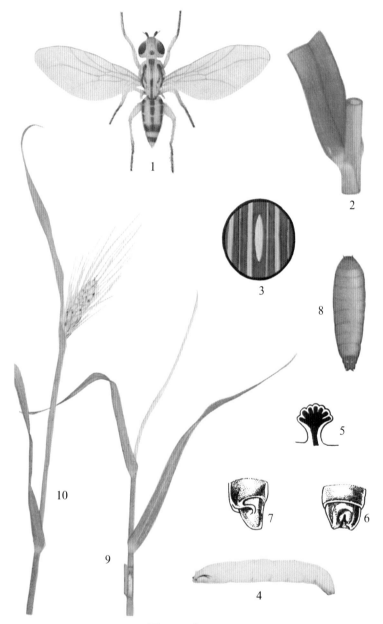

图14 麦秆蝇

1.成虫 2.卵产于叶上 3.卵粒放大 4.幼虫 5.幼虫前气门突 6.幼虫腹部末端背面
7.幼虫腹部末端侧面 8.蛹 9.麦苗被害枯心状 10.麦株被害作白穗状
（中国农业科学院提供，1959）

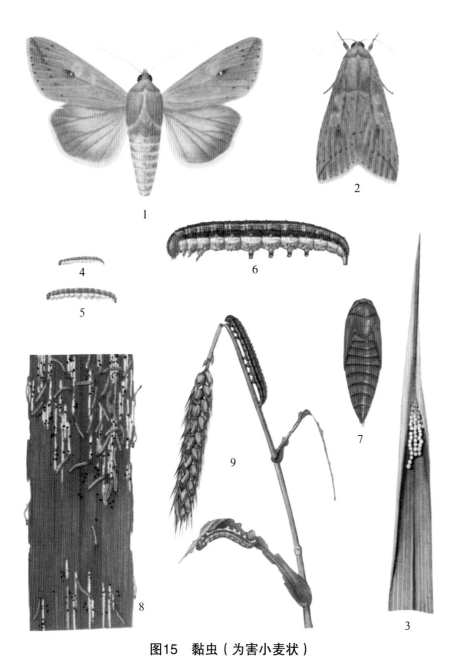

图15 黏虫（为害小麦状）

1.雌成虫　2.雄成虫　3.卵块　4.2龄幼虫　5.3龄幼虫　6.老熟幼虫　7.蛹
8.初孵幼虫为害状　9.麦株被害状
（中国农业科学院提供，1959）

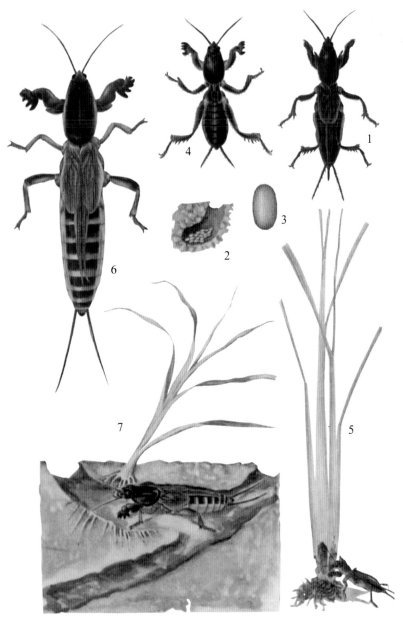

图16 蝼 蛄

东方蝼蛄　1.成虫　2.卵产于土内　3.卵粒放大　4.若虫　5.为害水稻状
华北蝼蛄　6.成虫　7.为害麦苗状

（康立宁等提供，2004）

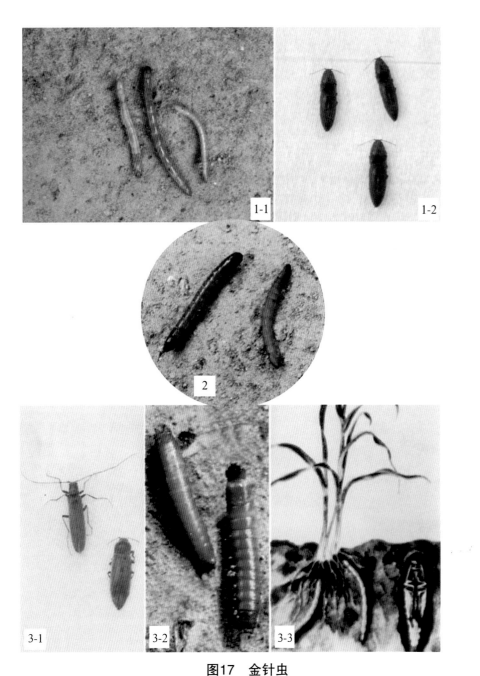

图17　金针虫

1.细胸金针虫幼虫和成虫　2.褐纹金针虫幼虫　3.沟金针虫成虫、幼虫及为害状

（中国农业科学院提供，1959）

图18 蛴螬（金龟子幼虫）

1.幼虫为害状及土中的卵 2.幼虫 3.华北大黑鳃金龟子成虫 4.铜绿丽金龟子
5.暗黑鳃金龟子 6.黄褐丽金龟子
（中国农业科学院提供，1959）

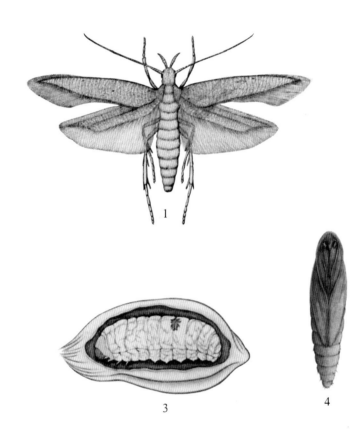

1

2

3

4

5

图19 麦 蛾

1.成虫 2.卵 3.幼虫 4.蛹 5.麦粒被害状

（中国农业科学院提供，1959）

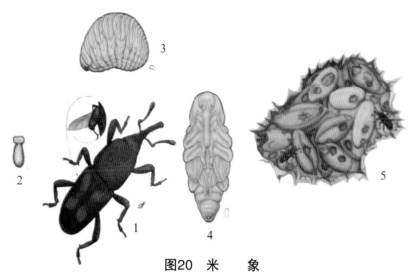

图20　米　　象

1.成虫　2.卵　3.幼虫　4.蛹　5.米粒被害状

（中国农业科学院提供，1959）

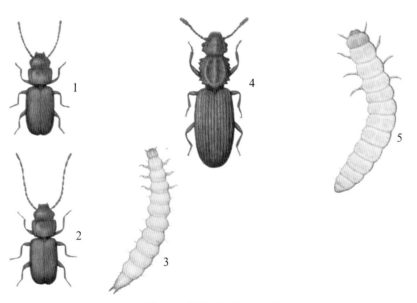

图21　长角谷盗、锯谷盗

长角谷盗　1.成虫（雌）　2.成虫（雄）　3.幼虫

锯谷盗　4.成虫　5.幼虫

（中国农业科学院提供，1959）

新编农技员丛书

小麦生产配套技术手册

赵广才 编著

中国农业出版社

　　小麦是世界第一大粮食作物，是人类生活所依赖的重要食物来源，全球有35%～40%的人口以小麦为主要粮食。小麦在我国栽培历史悠久，目前是仅次于水稻和玉米的第三大粮食作物，在国家一系列重大支农惠农政策激励下，依靠科技进步及广大科技人员和农民的共同努力，我国小麦生产有了很大发展，目前全国小麦总产比新中国成立初期提高了7倍以上，单产增加了5倍以上。小麦生产在国民经济和人民生活中占有重要地位。

　　我国小麦生产经历了由自然生产力逐步走向科学生产力发展的历程，从总结推广农民生产经验，研究、改进、集成先进技术，发展到现代规范化栽培；从单纯追求产量，向优质、高产、高效、生态、安全的方向发展，都是遵循科技发展规律和社会进步需求，循序渐进，逐步提高。我国现代小麦生产过程体现了农业科技的进步，农业科技创新又进一步促进了小麦生产的发展。农业的发展依靠现代科技的支撑，科学种田水平的提高需要各项农业科学技术的普及和落实。随着社会进步和农业综合发展以及全球气候变化，小麦生产中时常会遇到新的技术问题，需要采取及时有效的应变措施，以保证小麦生产的可持续和均衡发展。

本书按照《新编农技员丛书》的编写目标和原则，针对当前小麦生产中存在的问题以及广大基层干部、农业技术人员和农民的需求，在多年研究和生产实践的基础上，参考大量相关文献资料，以面向大众、面向基层为宗旨，突出科学性、针对性、实用性。全书共分为六章，第一章是小麦生产概况及其发展；第二章是中国小麦种植生态区划，根据最新研究成果，分析了中国小麦种植区域的生态特点，介绍了中国小麦种植生态区域的划分，并引用了农业部发布的中国小麦品质区划方案，以便于不同地区因地制宜合理安排小麦种植和品种布局，充分发挥自然资源优势和小麦生产潜力，为我国小麦科学研究和生产实践提供参考；第三章和第四章分别重点介绍了小麦品质的概念和我国小麦品质栽培研究的成果；第五章是优质高产栽培实用技术，重点介绍了我国不同区域的主要栽培技术及小麦高产创建技术规范模式图；第六章介绍了常见病虫草害防治技术。附录分别介绍了麦田调查记载和测定方法，实用农业谚语，主要高产优质品种及栽培要点。彩色插页介绍了主要小麦病虫图谱。

　　本书可供农业科技人员、农业基层干部和广大农民参考。由于作者水平的限制，书中难免存在一些缺点及不足之处，敬请读者指正。

编　者

2011 年 9 月

目　录

前言

第一章

小麦生产概况及其发展

第一节 小麦生产概况

小麦在分类学上为禾本科、小麦属,小麦属中又有 30 个种。根据小麦染色体数,小麦属中又可分为二倍体小麦、四倍体小麦、六倍体小麦和八倍体小麦。常见的普通小麦只是小麦属中的一个种,而普通小麦即为六倍体小麦。在世界小麦生产中,以普通小麦种植最为广泛,占全世界小麦总面积的 90% 以上;硬粒小麦(四倍体)的播种面积为总面积的 6%~7%。

小麦因其适应性强而广泛分布于世界各地,从北极圈附近到赤道周围,从盆地到高原,均有小麦种植。但因其喜冷凉和湿润气候,主要在北纬 67°至南纬 45°,尤其在北半球的欧亚大陆和北美洲最多,其种植面积占世界小麦总面积的 90% 左右。年降水量小于 230 毫米的地区和过于湿润的赤道附近种植较少。在世界小麦总面积中,冬小麦占 75% 左右,其余为春小麦。春小麦主要集中在俄罗斯、美国和加拿大等国,占世界春小麦总面积的 90% 左右。小麦种植面积较大的国家主要有:中国、美国、印度、俄罗斯、哈萨克斯坦、加拿大、澳大利亚、土耳其和巴基斯坦等,单产较高的国家主要集中在西欧。

小麦是世界第一大粮食作物,是人类生活所依赖的重要食物来源,全球有 35%~40% 的人口以小麦为主要粮食。当前世界小麦种植面积约 2.22 亿公顷,总产约 6.8 亿吨,分别占全球谷物种植面积及总产的 32% 和 30% 左右。小麦的种植面积和总产量远超过水稻，居世界栽培谷物之首。小麦的主要集中产区在亚洲，面积约占世界小麦面积的 45%，其次是欧洲，占 25%，美洲占 15%，非洲、大洋洲和南美洲各占 5%左右。

小麦籽粒中含有丰富的碳水化合物、蛋白质、脂肪、维生素和多种对人体有益的矿质元素，易加工、耐储运，不仅是世界多数国家各种主食和副食的加工原料，还是各国的主要储备粮食及世界粮食贸易的主要品种。亚洲和欧洲既是小麦生产大洲，也是消费大洲，亚洲产不足需，需要进口；非洲小麦产量很低，但消费量相对较高，需要大量进口；北美洲和大洋洲虽然产量不是很高，但其消费比例较低，大部分用于出口；南美洲生产和消费总量基本持平。这种供需结构决定了小麦具有世界贸易性特点。

小麦在我国已有 5 000 多年的栽培历史，目前是仅次于水稻和玉米（从 2002 年开始小麦面积少于玉米）的第三大粮食作物，其面积和总产分别占我国粮食面积的 22.29%和总产的 21.69%（2009 年资料）。中国生产中种植的小麦以普通小麦占绝对优势，占小麦总面积的 99%以上。近年来中国小麦面积稳定在 2 400 万公顷（3.6 亿亩*）左右，居世界第一位。小麦在中国分布广泛，目前除海南省以外，各省（直辖市、自治区）均有种植。其中以河南省种植面积最大，总产最多。近年来全国小麦总产稳定在 1 亿吨以上，处于基本平衡状态。小麦生产主要用于国内粮食消费，极少量用于国际贸易。由于制作专用食品的需求，每年需进口数量不等的专用小麦或面粉。中国小麦的生产过程、产量变化备受国际粮食市场的关注，任何波动都可能对国际期货价格造成影响。因此，中国小麦的生产在世界小麦生产中占有十分重要的地位。

---

* 亩为非法定计量单位。1 公顷＝15 亩。余同。——编者注

第二节　中国小麦生产的发展

小麦是我国的主要粮食作物，新中国成立以来小麦生产有了很大发展。播种面积在 2 133.3 万～3 066.6 万公顷变化（图 1-1），占粮食作物总面积的比例从 1949 年的 19.57% 逐渐上升到 2009 年的 22.29%，其中 1991 年达到 27.55%。产量占粮食总产的比例从 1949 年的 12.20% 逐渐上升到 2009 年的 21.69%。在 2001 年（含）以前，小麦播种面积仅次于水稻，居第二位。近年来随着种植结构的调整，从 2002 年开始其播种面积略少于玉米，居第三位。

近几年，在国家一系列重大支农惠农政策激励下，依靠科技进步和行政推动，我国小麦生产实现恢复性发展，生产能力稳步提升。一是面积恢复增加。1998—2004 年，我国小麦种植面积连续 7 年下滑，由 1997 年的 3 005.7 万公顷下降到 2 162.6 万公顷，面积减少了 843.1 万公顷，减幅达 28%。从 2005 年开始小麦种植面积有所恢复，逐年增加，到 2009 年已恢复到 2 429 万公顷，比 2004 年增加 266.4 万公顷，增幅达 12.3%。

二是单产连创新高。2004—2009 年我国小麦单产分别达到每公顷 4 252 千克、4 275 千克、4 549 千克、4 605 千克、4 762 千克、4 769 千克，连续 6 年超过 1997 年每公顷 4 102 千克的历史最高纪录，小麦单产走出多年连续徘徊的局面，2006 年首次突破每公顷 4 500 千克大关，其后持续稳定增长。

从图 1-2 可见，小麦单产呈明显逐步增长的趋势，至 2008 年达到最高峰，比 1949 年增加 6.42 倍。

三是总产持续增长。2009 年我国小麦总产达到 11 511.5 万吨，比 2003 年增加 2 862 万吨，增幅达 33.1%，实现连续 6 年增产，总产连续稳定超过 1 亿吨。

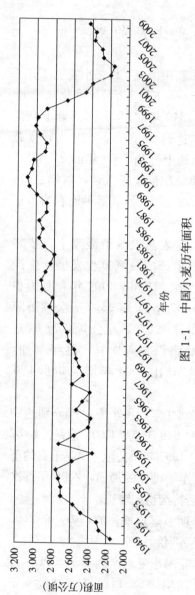

图 1-1　中国小麦历年面积

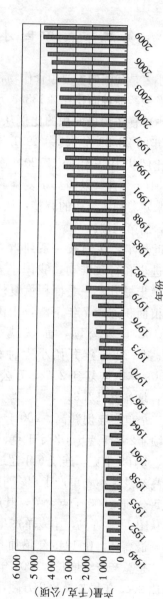

图 1-2　中国小麦历年单产

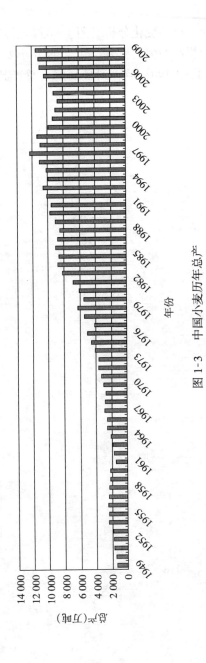

图1-3　中国小麦历年总产

从小麦历年总产的变化分析（图 1-3），随着面积和单产的逐步增加，总产提高的幅度更大，到 2000 年小麦总产比 1949 年增加 7.33 倍，其中 1997 年达到最高峰，总产比 1949 年提高 7.92 倍。

第二章

中国小麦种植生态区划

第一节 中国小麦种植区域的生态特点

一、中国小麦种植区域分布

中国小麦分布地域辽阔，南界海南岛，北止漠河，西起新疆，东至海滨，遍及全国各地。从盆地到丘陵，从海拔 10 米以下低平原至海拔 4 000 米以上的西藏高原地区，从北纬 53°的严寒地带，到北纬 18°的热带范围，都有小麦种植。由于各地自然条件、种植制度、品种类型和生产水平的差异，形成了明显的种植区域。我国幅员辽阔，既能种植冬小麦又能种植春小麦。由于各地自然条件的差异，小麦的播种期和成熟期不尽相同。小麦生育期最短在 100 天左右，最长的达到 350 天以上。春（播）小麦多在 3 月上旬至 4 月中旬播种。冬（秋播）小麦播种最早在 8 月中下旬，最晚迟至 12 月下旬。广东、云南等地小麦成熟最早，多在 3 月初收获，随之由南向北陆续收获到 7、8 月份，但主产麦区的冬小麦多数在 5～6 月成熟，而西藏高原延迟至 9 月下旬或 10 月上旬，是中国小麦成熟最晚的地区，其秋播小麦从种到收有近一年时间。因此，一年之中每个季节都有小麦在不同地区播种或收获。中国栽培的小麦以冬小麦（秋、冬播）为主，目前种植面积和总产量均占全国常年小麦总面积和总产的 90％以上，其余为春小麦，冬小麦单产高于春小麦。中国小麦主产区主要种植冬小麦，其种植面积最大的依次为河南、山东、河北、安徽、江苏、四川、陕西、湖北、新疆、山西等 10 个省（自治区），约占全国冬小麦总面积的 91.48%（2009 年资料）。栽培春小麦的主要省（自治区）有内蒙古、新疆、甘肃、黑龙江、宁夏、青海、西藏等，其中以内蒙古、新疆两自治区面积最大，西藏单产最高，其次为辽宁和新疆，每公顷产量均在 4 500 千克以上（2009 年资料）。

二、中国小麦种植区域的气候特点

中国小麦种植区域广阔，涉及气候因素复杂，各地气候条件差异很大。最北部黑龙江省的漠河地处寒温带，向南逐步过渡到温带、亚热带，直至广东、台湾省南部及海南省热带地区。气候特征表现为从东南沿海的海洋性季风气候逐步过渡到内陆地区大陆性干旱或半干旱气候。年平均气温从漠河的 0℃左右，逐步过渡到海南省的 23.8℃。由北向南从 1 月份的平均气温 −20℃以下，绝对最低气温达到 −40℃以下，过渡到年平均气温在 20℃以上，1 月份平均气温在 16℃以上。

冬小麦播种至成熟期＞0℃积温在 1 800～2 600℃，以华南地区最少，新疆地区最多。春小麦播种至成熟期＞0℃积温为 1 200～2 400℃，以辽宁地区最少，新疆地区最多。冬小麦播种到成熟期日照时数为 400～2 800 小时，从南向北逐渐增加，以西藏地区最多。春小麦播种至成熟期日照时数为 800～1 600 小时，均以西藏地区最多。

无霜期从青藏高原部分地区全年有霜过渡到海南省的终年无霜，其中东北地区平均初霜见于 9 月中旬，终霜见于 4 月下旬，无霜期不到 150 天；华北地区初霜见于 10 月中旬，终霜见于 4 月上旬，共 200 天左右；长江流域 4～11 月，共 250 天左右；华南地区无霜期 300 天以上，有的年份全年无霜。

降水南北、东西差异均很大，年降水量从内陆地区的 100 毫米左右（个别地区终年无降水）到东南沿海的 2 500 毫米以上，且降水分布极为不均，多集中在 6、7、8 月 3 个月，约占全年降水量的 60％以上。在冬小麦生育期间降水最多的可达 900 毫米，降水少的仅为 20 毫米以下。春小麦生育期间降水量从 20 毫米以下至 300 毫米不等。

三、中国小麦种植区域的土壤特点

中国小麦种植区域覆盖全国陆地和主要海岛，各地的土壤类型复杂。东北地区土壤多为肥沃的黑钙土，其次为草甸土、沼泽土和盐渍土；河北省境内主要农业区多为褐土和潮土，山西、陕西、甘肃等境内的黄土高原多为栗钙土和黑垆土，沿太行山东坡及辽东半岛南部为棕壤，沿渤海湾有大片的盐碱土；内蒙古、宁夏等地土壤类型主要是栗钙土、黄土和河套灌淤土。

华北平原农业区的土壤类型主要是褐土、潮土，部分是黄土与棕壤，还有小部分为砂姜黑土和水稻土；长江流域土壤类型比较复杂，汉水流域上游为褐土及棕壤，云贵高原为红壤、黄壤，淮南丘陵为黄壤、黄褐土，长江中下游平原为黄棕壤、潮土、水稻土，江西有大面积红壤；四川盆地土壤类型主要是冲积土、紫棕壤和水稻土；华南地区土壤类型主要是红壤和黄壤。

新疆南部地区多为灰钙土、灌淤土、棕漠土，北部地区多为灰钙土、灰漠土和灌淤土。西藏的农业区多在河流两岸，土壤类型主要是石灰性冲积土，土层薄，沙性重。青海高原农业区的土壤类型主要是灰钙土和栗钙土，还有部分灰棕漠土、棕钙土和淡栗钙土。

我国的主要类型土壤的颗粒组成，表现为自西向东、从北向南，即从干旱区向湿润区、由低温带向高温带，土壤粗颗粒渐减而细颗粒递增，土壤质地相应呈现砾质沙土、沙土、壤土到黏土的变化趋势。如在新疆、青海、内蒙古等地的土壤中，沙土较多；东北、西北、华北及长江中下游地区的土壤中，主要为壤土；在南方地区以红壤为主的土壤中，主要为黏土。全国小麦种植区域的土壤质地多为壤土，次为沙壤土和粉土，少有黏土和沙土。

土壤的酸碱度是影响小麦生长的重要因素之一，我国的土壤pH表现为从南向北，从东向西逐渐增高的趋势。全国小麦种植区域的土壤酸碱度多为中性至偏碱性，pH多在6.5～8.5。

我国土壤有机质表现为东北地区含量最高，其次为西南昌都周围地区，华南地区高于华北地区，内蒙古西部和新疆、西藏东部地区含量最低。我国小麦种植区域的土壤有机质含量多在0.8%～2.0%，近年来由于保护性耕作的发展和秸秆还田量的增加，小麦种植区域土壤有机质含量有增加的趋势。

四、中国小麦种植区域的种植制度

中国小麦种植区域遍及全国，各地种植制度有明显不同。从北向南逐渐演变，熟制依次增加，但海拔不同，种植制度也有很大变化。

东北地区种植制度多为一年一熟，春小麦与大豆、玉米等倒茬。河北省中北部长城以南地区、山西省中南部、陕西省北部、甘肃省陇东地区、宁夏南部地区种植制度多为一年一熟或两年三熟，与小麦轮作的主要作物有谷子、玉米、高粱、大豆、棉花等，在北部还有荞麦、糜子和马铃薯等。两年三熟的主要轮作方式为：冬小麦—夏玉米—春谷，冬小麦—夏玉米—大豆等。近年来由于全球气候变暖以及品种的改良，这一地区出现了一年两熟的种植方式，主要是小麦—夏玉米，次为小麦—夏大豆的种植方式。

河北省中南部、河南省、山东省、江苏省和安徽省北部、山西省南部、陕西省关中地区和甘肃省的天水地区等广大华北平原地区，有灌溉的地区多为一年两熟，夏玉米是小麦的主要前茬作物，此外还有大豆、谷子、甘薯等；旱地小麦以两年三熟为主，以春玉米（或谷子、高粱）—冬小麦—夏玉米（或甘薯、谷子、花生、大豆），或高粱—冬小麦—甘薯（或绿豆、大豆）的种植方式为主；极少数旱地也有一年一熟的种植方式，冬小麦播种在夏季休闲地上。

长江流域的种植制度多为一年两熟，水稻区盛行稻、麦两熟，旱地多为棉、麦或杂粮、小麦两熟。华南地区的种植方式多为一年两熟或三熟，小麦与连作稻或杂粮轮作。

新疆的北疆地区种植方式主要为一年一熟，小麦与马铃薯、油菜、燕麦、亚麻、糜子、瓜等作物换茬。南疆以一年两熟为主，部分地区也有二年三熟。青藏高原的种植制度主要为一年一熟，小麦与青稞、豌豆、蚕豆、荞麦等作物换茬。但西藏高原南部的峡谷低地可实行一年两熟或两年三熟。

五、中国小麦种植区域的小麦品种类型

中国小麦种植区域南北纬度跨度大，海拔高低变化多，土壤类型复杂，气候条件多变，因此各地种植的小麦品种类型有明显不同。从小麦分类学的角度分析，中国小麦种植区域内，主要种植的是普通小麦，占99％以上，其余还有圆锥小麦、硬粒小麦和密穗小麦。目前生产中普遍应用的品种，都是经过国家或地方审定的普通小麦的育成品种。

根据小麦的春化特性分析，在生产中种植的普通小麦品种，又可分为春性小麦、冬性小麦、半冬性小麦三大类型，也有人进一步把春性小麦分为强春性小麦、春性小麦，把冬性小麦分为强冬性小麦和冬性小麦，把半冬性小麦分为弱冬性小麦、半冬性小麦和弱春性小麦，但尚缺乏统一的标准。

从播期判断又可分为冬（秋播或晚秋播）小麦和春（播）小麦，目前在东北地区和内蒙古等地主要种植春播春性小麦，由于气候变暖和品种的改良，一些地区进行了冬麦北移的尝试，并取得了进展。华北平原地区主要种植秋播冬性小麦和半冬性小麦；长江流域主要种植秋播半冬性和秋播春性小麦，华南地区主要种植晚秋播半冬性小麦和晚秋播春性小麦。青藏高原和新疆地区既

有秋播冬性小麦，又有春播春性小麦种植。

第二节　中国小麦种植区划

一、中国小麦种植区划的沿革

中国小麦分布地区极为广泛，由于各地气候条件悬殊、土壤类型各异、种植制度不同、品种类型有别、生产水平和管理技术存在差异，因而形成了明显的自然种植区域。我国不同时期的学者依据当时的情况多次对全国小麦的种植区域进行划分。早在1936 年就有学者依照我国气候特点、土壤条件和小麦生产状况，将全国划分为 6 个冬麦区和 1 个春麦区。1943 年有学者根据小麦的冬春习性、籽粒色泽及质地软硬，将部分省的小麦划分为红皮春麦、硬质冬、春混合和软质红皮冬麦 3 个种植区。1961 年版的《中国小麦栽培学》，根据我国的气候特点，特别是年平均气温、冬季气温、降水量和分布以及耕作栽培制度、小麦品种类型、适宜播期与成熟期等因素，将我国小麦的种植区域划分为 3个主区、10 个亚区。1979 年版的《小麦栽培理论与技术》，根据小麦生产发展变化情况，将我国小麦种植区划分为 9 个主区、5个副区。在 1983 版的《中国小麦品种及其系谱》，将全国划分为10 个麦区，有的划分了若干副区。在 1996 年版的《中国小麦学》，将全国小麦种植区域划分为 3 个主区、10 个亚区和 29 个副区。本区划在前人研究的基础上，根据人们对上述区划应用的情况以及当前生产的发展需要，在种植面积、种植方式、栽培技术及病、虫、草害发生发展趋势等方面，采用最新的数据和资料进行分析研究。为预防气象灾害、保障小麦正常生育，根据全球气候变化，在中国小麦种植区划中提出了根据气温变化调整小麦播种期，以及实行保护性耕作、测土配方施肥、优质高产栽培等技术内容，以增强区划对我国小麦生产的指导作用，并充分考虑区划的简洁和实用性，将全国小麦种植区域划分为 4 个主区、10

个亚区，以便于各地因地制宜合理安排小麦种植和品种布局，充分发挥自然资源优势和小麦生产潜力，为我国小麦科学研究提供参考，为小麦生产发展提供服务。

二、小麦种植区域划分的依据

小麦种植区域的划分，是根据地理环境、自然条件、气候因素、耕作制度、品种类型、生产水平、栽培特点以及病虫害情况等对小麦生产发展的综合影响而进行。影响小麦种植区域形成的诸多因素中，以气候、土壤条件与品种特性为主。在气候条件中，温度与降水量最为重要。

本区划的制定，是在前人小麦区划的基础上对主区的划分和亚区的分界及其内容进行适当调整。主区仍以播性（即春、秋播）而定，但由原来的3个增加到4个，即把冬麦区划分为北方冬（秋播）麦区和南方冬（秋播）麦区。春（播）麦区和冬春兼播麦区沿用原来名称不变。小麦播性是自然温、光变化梯度和品种感温、感光特性的集中体现，也是综合反映不同麦区栽培生态特性的基本特征。秋播后经越冬阶段的为冬（秋播）麦区，而春播的为春（播）麦区。由于自然生态条件的交叉和重叠（如低纬度高海拔或高纬度低海拔等），春播区中也有部分地区可以秋播。如新疆积雪较多的地区可以种植冬麦，西藏高原属低纬度地区，可以兼种春麦，因此设一个冬、春麦兼播区。亚区是在播性相同的范围内，基本生态条件、品种类型和主要栽培特点大体一致，在小麦生育进程和生产管理上具有较大共性的种植区，亚区基本沿用1996年版《中国小麦学》中的划分，个别地区进行了调整，原来的副区内容在亚区中体现，不再列为副区，从而使小麦区划更加简明扼要，可行实用。

三、小麦种植区域划分

参照上述小麦种植区域划分的依据，将全国小麦自然区域划分为4个主区、10个亚区（表2-1、图2-1）。

表 2-1 中国小麦种植区域的划分

主 区	亚 区
北方冬（秋播）麦区	北部冬（秋播）麦区
	黄淮冬（秋播）麦区
南方冬（秋播）麦区	长江中下游冬（秋播）麦区
	西南冬（秋播）麦区
	华南冬（晚秋播）麦区
春（播）麦区	东北春（播）麦区
	北部春（播）麦区
	西北春（播）麦区
冬、春兼播麦区	新疆冬、春兼播麦区
	青藏春、冬兼播麦区

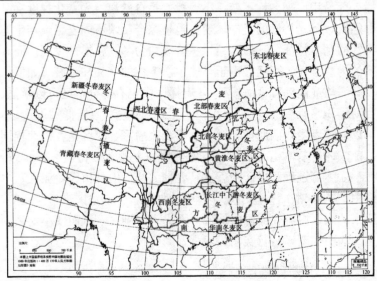

图 2-1 中国小麦种植生态区划

（一）北方冬（秋播）麦区

在长城以南，岷山以东，秦岭、淮河以北的地区，为我国主要麦区，包括山东省全部、河南、河北、山西、陕西省大部，甘肃省东部和南部以及苏北、皖北。小麦面积及总产通常为全国的60％以上。除沿海地区外，均属大陆性气候。全年≥10℃的积温4 050℃左右，变幅为2 750～4 900℃。年平均气温一般在9～15℃，最冷月平均气温−10.7～−0.7℃，极端最低气温−30.0℃。偏北地区冬季寒冷，低温年份小麦易受不同程度冻害。本区全年降水量440～980毫米，小麦生育期降水150～340毫米，多数地区200毫米左右。西北部地区降水量较少，东部地区降水量较多，降水季节间分布不匀，多集中于7、8月，春季常遇干旱，有些年份秋季干旱也很严重，但以春旱为主，有时秋、冬、春连旱，成为小麦生产中的主要问题。黄河至淮河之间，气候温暖，雨量适度，是我国生态环境最适宜于种植冬小麦的地区，面积大，产量高。全区以冬小麦为主要种植作物，其他还有玉米、谷子、豆类、甘薯以及棉花等粮食和经济作物。种植制度主要为一年两熟，北部地区则多为两年三熟，旱地多为一年一熟。依据纬度高低、地形差异、温度和降水量的不同，又可分为北部冬麦、黄淮冬麦两个亚区。

1. 北部冬（秋播）麦亚区　本区东起辽东半岛南部的旅大连地区，沿燕山南麓进入河北省长城以南的冀东平原，向西跨越太行山经黄土高原的山西省中部与东南部及陕西省北部的渭北高原和延安地区，进入甘肃省陇东地区。本区自东北向西南，横跨辽宁、河北、天津、北京、山西、陕西和甘肃5个省、2个直辖市，形成一条狭长地带，陕西境内一段基本沿长城与其北部的春麦区为界，包括辽宁南端的营口、大连两市；河北省境内长城以南的廊坊、保定、沧州、唐山、秦皇岛市全部；京、津两市全部；山西省朔州以南的阳泉、太原、晋中、长治、吕梁等市全部和临汾市北部地区；陕西省延安市全部，榆林长城以南大部，咸阳、宝鸡和铜川市部分县；甘肃省陇东庆阳市全部和平凉市的部分县。全境地势复杂，东部为沿海低丘，中部是华北平原，西部为沟壑纵横、峁梁交错的黄土高原。其中陕西和山西部分有山区、塬地，还有晋中、上党和陕北盆地。全区海拔通常 500 米左右，高原地区为 1 200～1 300 米，而近海地区则为 4～30 米。本区位于我国冬（秋播）小麦北界，生态环境与生产水平和中、东部有一定差异。

本区地处中纬度的暖温带季风区，除沿海地区比较温暖湿润外，其余主要属大陆性半干旱气候。冬季严寒，降水稀少，春季干旱多风，降水不足，蒸发旺盛，越向内陆气候条件越为严酷。干旱、严寒是本区小麦生产中的主要问题。全年≥10℃的积温为 3 500℃ 左右，变幅为 2 750～4 350℃。最冷月平均气温 -10.7～-4.1℃，绝对最低气温通常 -24℃，其中以山西省西部的黄河沿岸、陕北和甘肃陇东地区气温最低。小麦生育期太阳总辐射量 276～293 千焦/厘米²，日照时数为 2 000～2 200 小时，播种至成熟期 >0℃ 积温为 2 200℃ 左右。冬季小麦地上部分干枯，基本停止生长，有明显的越冬期，春季有明显的返青期。全年无霜期 135～210 天。终霜期一般在 4 月初，正常年份一般地区小麦均可安全越冬，但低温年份或偏北地区，在栽培不当或品种抗寒性较差时则易受冻害。甘肃陇东和陕西延安地区因地势高峻，冬、春寒旱，早春气温变化不定，常有晚霜冻害发生，绝对晚霜可能发生在 5 月初，对小麦生长带来不利影响。麦收期间绝对最高气温为 40.3℃，小麦生育后期常有干热风为害，影响籽粒灌浆和正常成熟。全年降水量 440～710 毫米，以沿海辽东半岛、河北平原及京、津两市降水量稍多，降水季节分布不均，主要集中在 7、8、9 月，小麦生育期降水量为 100～210 毫米，年度间变动较大，以致常年都有不同程度的干旱发生，主要为春旱，部分年份甚至秋、冬、春连旱。随着全球气候变暖，我国冬季气温也有逐渐升高的趋势，伴随栽培技术的改进和抗逆新品种的推广，低温冻害已有所减轻，而干旱仍为全区小麦生产中的最主要问题。

土壤类型主要有褐土、黄绵土和盐渍土等。褐土多分布在华北平原、黄土高原的东南部以及山西省中部等地，土壤表层多为壤土，质地适中，通透性和耕性良好，有较深厚的熟化层，疏松肥沃，保墒耐旱。黄绵土分布在晋西、陕北及陇东的黄土高原地区，而盐渍土则多在沿海地带，前者质地疏松，易受侵蚀，抗旱力弱；而后者则耕性及透性均较差。

作物种类繁多，以小麦和杂粮为主，主要有小麦、玉米、高粱、谷子、糜子、黍子、豆类、马铃薯、油菜以及绿肥作物等，棉花、水稻在局部平原或盆地也有种植。冬小麦占粮食作物面积的30%～40%，在轮作中起纽带作用，是各种主要作物的前茬作物，地位十分重要，与小麦轮作的主要作物有玉米、谷子、高粱、大豆等。在北部还有荞麦、糜子和马铃薯等。通过对冬小麦茬口的不同安排，既可以改变种植方式和复种指数，也可以影响各种作物面积分配，对增加总产和培养地力均起重要作用。旱地轮作以一年一熟为主，冬小麦是主要作物。本区两年三熟面积比较大，主要方式是冬小麦—夏玉米、夏谷、糜、黍、豆类、荞麦—春种玉米、高粱、谷子、豆类、糜子、荞麦、薯类等，春播作物收获后，秋播小麦，小麦收获之后夏种早熟作物，也有一些地区实行小麦与其他作物套种。一年两熟则主要在肥水条件较好地区，麦收之后复种夏玉米、豆类、谷子、糜子、荞麦等，以夏玉米为主。由于气候变暖、品种的改良和栽培技术的进步，一年两熟面积在迅速扩大，全年产量大幅增加。

小麦播期一般在9月中旬至10月上旬，从北向南逐渐推迟，但多数集中在9月下旬至10上旬，有的延迟到10月中旬。近年来气候逐渐变暖，播期较传统普遍推迟5～7天。成熟期多为6月中、下旬，少数地区晚至7月上旬，从南向北逐渐推迟。全生育期一般为250～280天，有些地区晚播小麦生育期在250天以下。由于冬前苗期营养生长时间较短，应培育冬前壮苗，选择抗寒性能好、分蘖能力强的品种。为了使小麦安全越冬，一般应控制小麦生长锥处在初生期时进入越冬期，最迟不能越过单棱期。在黄土高原的旱塬地区或山区，为了适应当地终霜期变化不定的情况，避免或减少晚霜冻害的威胁，生产上选用的品种应具备较好的抗寒、耐旱性能，还要求对早春温度反应较迟钝，对光长敏感，返青快，起身拔节晚，后期发育和灌浆进度较快的品种类型。

本区基本上是条锈偶发区，一般年份发生不重，但偶遇春季降水较多，气候适宜，而南部麦区病源多时，在麦苗生长繁茂、田间郁闭的麦田，容易发生锈病，防治不及时，可能流行成灾。近年小麦纹枯病有向本区蔓延的趋势，在小麦起身期，水肥充足、群体偏大的麦田常有发病。随着生产的发展和氮肥施用量增加，白粉病在水浇地高产麦田也常有发生。其他如秆锈、叶锈、全蚀病、黄矮病、叶枯病、根腐病分别在不同地区局部发生，给小麦生产带来不同程度的为害。散黑穗病、腥黑穗病、秆黑粉病、线虫病近年也有回升趋势。常见的地下害虫有蝼蛄、蛴螬、地老虎和金针虫等，在小麦播种至出苗期，常造成麦田缺苗断垄，影响产量。近年来金针虫有发展趋势，应特别引起注意。红蜘蛛在干旱地区常有发生，蚜虫、黏虫在密植高产麦田每年均有不同程度的发生，有时会造成严重为害。麦叶蜂、吸浆虫的为害近年也有回升发展趋势，局部地区发生严重。生产中，要选用适当的抗（耐）病虫品种，加强栽培管理，创造不利于病虫害发生的条件，同时加强病虫害的预测预报，及时防治，减轻为害。

全区地势复杂，除平原地区地势平坦、土壤较肥沃外，黄土高原地区土壤质地疏松，水土流失严重，沟深坡陡，地形破碎，土壤瘠薄，耕作粗放；土石山区地势高寒，土层浅薄。冬、春寒冷干旱，对小麦生长不利。针对本区特点，应因地制宜，加强农田基本建设和水土保持工作；发展保护性耕作，实行秸秆还田，改良土壤，培肥地力；选用抗寒、耐旱、高产、优质品种，增施有机肥料，合理平衡施用化肥，实行抗逆、节水、优质、高产综合栽培技术，提高单产，改善品质，大力发展优质专用小麦生产。

2. 黄淮冬（秋播）麦亚区　位于黄河中下游，北部和西北部与北部冬麦区相连，南以淮河、秦岭为界，与西南冬麦区、长江中下游冬麦区接壤，西沿渭河河谷直抵西北春麦区边界，东临海滨。包括山东省全部，河南省除信阳地区以外大部，河北省中、南部（石家庄、衡水市以南），江苏及安徽两省的淮河以北地区，陕西关中平原（西安和渭南全部，咸阳和宝鸡市大部）及山西省南部（临汾和晋城南部、运城市全部），甘肃省天水市全部和平凉及定西地区部分县。全区除山东省中部及胶东半岛，河南省西部有局部丘陵山地，山西渭河下游有晋南盆地外，大部分地区属黄淮平原，地势低平，坦荡辽阔。海拔平均约 200 米左右，西高东低，其中西部丘陵海拔为 200～800 米，大部分通常 400～600 米，河南全境 100 米左右，苏北、皖北在 50 米以下，东部沿海在 20 米以下。本区气候适宜，是我国生态条件最适宜于小麦生长的地区。面积和总产量在各麦区中均居第一，而且历年产量比较稳定。冬小麦在各省所占耕地面积的比例为 49%～60%，为全区的主要作物。

全区地处暖温带，气候比较温和。沿淮河北侧一带为亚热带北部边缘，为暖温带最南端，属半湿润性气候区，此线以南则降水量增多，气候湿润。全区大陆性气候明显，尤其北部一带，春旱多风，夏、秋高温多雨，冬季寒冷干燥，南部则情况较好。全年≥10℃的积温 4 100℃左右，变幅为 3 350～4 900℃。全区年平均气温为 9～15℃，全年日照时数为 2 420 小时，变幅为 1 829～2 770 小时，区内最冷月平均气温−4.6～−0.7℃，绝对最低气温−27.0℃，北部地区属华北平原，在低温年份仍有遭受寒害或霜冻的可能。除华北平原北部地带越冬时小麦地上部分有枯死叶片外，大部分地区冬季小麦地上部分仍保持绿色，虽生长缓慢，但基本不停止生长，没有明显的越冬期，春季也没有明显的返青期。无霜期 180～230 天，从北向南逐步增加。终霜期一般在 3 月下旬至 4 月上旬，个别年份在 4 月中旬仍可能有寒流袭击，造成晚霜冻害。全区年降水 520～980 毫米，以东部沿海较多，向西逐步减少，降水季节分布不均，多集中在 6～8 月，占全年降水量的 60% 左右。小麦生育期降水 150～300 毫米，一般可以满足小麦生育期需水，但北部降水量少于南部，年际间仍时有旱害发生，需及时进行灌溉。小麦灌浆、成熟期高温低湿，干热风时有发生，引起小麦"青枯逼熟"，造成不同程度的为害。

种植制度是以冬小麦为中心的轮作方式，以一年两熟为主，即冬小麦—夏作物。丘陵、旱地以及水肥条件较差的地区，多实行两年三熟，即春作物—冬小麦—夏作物的轮换方式，间有少数地块实行一年一熟，与小麦倒茬的作物有玉米、谷子、豆类、棉花等。全区作物种类主要有冬小麦、玉米、棉花、大豆、甘薯、花生、烟草和油菜等，高粱、谷子和水稻也有一定种植面积。近年随着国家对农业投入的增加和生产条件的改善，一年两熟面积逐渐扩大，特别是苏北徐淮地区，在灌溉水利设施以及生产条件改善后，种植制度由旱作逐渐向水田过渡，稻、麦两熟已成为当地的重要种植方式。河南、山东及河北省南部地区主要是冬小麦—夏玉米复种的一年两熟制，间有小麦—夏大豆等复种方式。

小麦播期参差不齐，西部丘陵、旱塬地区多在 9 月中、下旬播种，华北平原地区则以 9 月下旬至 10 月上、中旬播种。淮北平原一般在 10 月上、中旬播种。成熟期由南向北逐渐推迟，淮北平原 5 月底至 6 月初成熟，全生育期为 220～240 天，其他地区多在 6 月上旬成熟，但由于播期不一致，生育期在 230～250 天。本区一般小麦生育期太阳总辐射量 192～276 千焦/厘米^2，日照时数为 1 400～2 000 小时，播种至成熟期 >0℃ 积温为 2 000～2 200℃。本区南部应用的品种兼有半冬性和春性，北部以冬性或半冬性品种为主，春性品种越冬不安全。冬性或半冬性品种在淮北平原以单棱期越冬，西部丘陵和华北平原地区以生长锥伸长至单棱期越冬，春性品种以二棱期越冬。冬前越过二棱期的麦苗，冬、春易受冻害（或冷害）威胁。

条锈是本区的主要病害之一，以关中地区发生较为普遍，叶锈、秆锈也间有发生。早春纹枯病常有发生，且有向北蔓延趋势。白粉病近年呈上升趋势，在水肥条件好、植株密度大、田间郁闭的麦田发生较重。此外，全蚀、叶枯及赤霉病在局部地区也时有发生，尤其赤霉病近年有发展趋势。黄矮病、散黑穗病、腥黑穗病、秆黑粉病有局部发生，以西部丘陵地区较重。小麦前期虫害主要为地下害虫，主要有蝼蛄、蛴螬、金针虫等，近年金针虫有发展趋势。中后期害虫主要为麦蚜、麦蜘蛛、黏虫、吸浆虫和麦叶蜂等，近年吸浆虫有发展趋势。

本区是我国小麦主要的产区，其生产情况直接影响全国的小麦生产形势，在全国农业生产中占有及其重要的地位。针对本区特点，应充分合理利用水资源，加强农田水利建设，提高灌溉技术，实行科学节水灌溉。因地制宜选用不同类型的优质、高产品种，实行测土配方平衡施肥。后期注意防止青枯早衰，避免或减轻干热风为害。加强病虫测报工作，及时防病、治虫、除草，实行优质、高产综合配套栽培技术，实行秸秆还田。注意保护和培肥地力。在注重产量的同时发展优质专用小麦。利用全球气候变暖的条件，适度扩大一年两熟，合理调节上下茬的热量分配，实现全年粮食均衡增产。

（二）南方冬（秋播）麦区

位于秦岭、淮河以南，折多山以东，包括福建、江西、广东、海南、台湾、广西、湖南、湖北、贵州等省（自治区）全部，云南、四川、江苏、安徽省大部以及河南南部。全区主要属亚热带气候，但海南省以及台湾、广东、广西等省（自治区）南部和云南省个旧市以南地区已由亚热带过渡为热带。受季风气候的影响，气候温暖，全年≥10℃的积温5 750℃左右，变幅为3 150～9 300℃。最冷月平均气温5℃左右，华南地区可达10℃以上，年平均气温在16～24℃，全年均适宜作物生长。年降水量多在1 000毫米以上，湖南、江西、浙江及安徽南部和广东等地区雨量可达1 600～2 000毫米，其中台湾降水量最多可达5 000毫米以上。受雨量偏多影响，湿涝灾害及赤霉病等均连年发生，对小麦生产不利。全区作物以水稻为主，水田面积占耕地面积的30％左右，小麦虽不是当地主要粮食作物，但在轮作复种中仍处于十分重要的地位，多与水稻进行轮种，主要方式有稻、麦两熟或稻、稻、麦等三熟制。根据气候条件、种植制度和小麦生育特点又可分为长江中下游、西南及华南冬麦3个亚区。

1. 长江中下游冬（秋播）麦亚区　地处长江的中下游，北以淮河、秦岭与黄淮冬麦区为界，南以南岭、武夷山脉与华南冬麦区相邻，西抵鄂西及湘西山地与西南冬麦区接壤，东至东海海滨。包括浙江、江西、湖北、湖南及上海市全部，河南省信阳地区以及江苏、安徽两省淮河以南的地区。全区自然条件比较优越，光、热、水资源良好，大部分地区均适宜于小麦生长。主要的集中产麦区为江苏、安徽中部及湖北襄樊等江淮平原地区。由于降水量等条件的不均衡，各地小麦生产水平差异悬殊。

全区地形复杂，西南高而东北低，大体分为沿海、沿江、沿湖平原和丘陵山地两大类。前者西起江汉平原，经洞庭、鄱阳两湖平原，安徽的沿江平原，东至江浙的太湖平原和沿海平原。土地肥沃，水网密布，河湖众多，是本区小麦的主要种植地带，种植面积占全区的3/4左右。全区平原、丘陵、湖泊、山地兼有，而以丘陵为主体，面积占全区3/4左右，大多位于平原区的西面或南面。包括湘赣谷地、江淮丘陵，以及大别山地以及皖南赣北山地、赣南山地、武夷山地以及湘西、鄂西山地和秦巴山地的一部分，丘陵山地小麦面积较小，约占全区小麦面积的1/4，生产水平也低于平原地区。平原地区海拔多在50米以下，山地丘陵多在 500～1 000 米。本区土壤类型较多，汉水上游地区为褐土或棕壤，丘陵地区为黄壤和黄褐土，沿江、沿湖地区为水稻土，江西、湖南部分地区有红壤。红、黄壤偏酸性，肥力较差，不利于小麦生长；长江中下游冲积平原的水稻土，有机质含量较高，肥力较好，有利于小麦高产。

位于北亚热带季风区，全年气候温暖湿润，热量资源丰富，分布趋势为南部多于北部，内陆多于沿海，中游多于下游。年平均气温 15.2～17.7℃，全年≥10℃的积温 5 300℃左右，变幅为 4 800～6 900℃，全年平均日照时数为 1 910 小时，变幅为 1 521～2 374 小时。小麦生育期间太阳总辐射量为 193～226 千焦/厘米^2，日照时数为 600～1 200 小时，从南向北逐渐增多。播种至成熟期＞0℃积温为 2 000～2 200℃。1 月份平均气温 2～6℃，最低平均温度－3～3.9℃，小于 0℃的平均日数为 11.6～62.7 天，无霜期 215～278 天。长江以南小麦冬季基本不停止生长，没有明显的越冬期和返青期。

水资源丰富，自然降水充沛。各地年降水 830～1 870 毫米，小麦生育期间降水 340～960 毫米；降水分布极不均衡，降水量南部明显高于北部，沿海多于内陆，自东南向西北方向递减。本区常受湿渍为害，且越往南降水量越大，渍害也越加严重。北部地区偶有春旱发生，但后期降水偏多。江西省的贵溪、玉山、广昌以及湖南衡阳等地区，降水量过多，年降水量 1 600～1 800 毫米，为我国气候生态条件对小麦生长最不适宜的地区，近年麦田面积锐减。

热量资源丰富，种植制度多为一年两熟以至三熟。两熟制以稻－麦或麦－棉为主，间有小麦－杂粮的种植方式；三熟制主要为稻－稻－麦（油菜）或稻－稻－绿肥。丘陵旱地区以一年两熟为主，麦收之后复种玉米、花生、芝麻、甘薯、豆类、杂粮、麻类、油菜等。全区小麦适播期为 10 月下旬至 11 月中旬，播种方式多样，旱茬麦多为播种机条播，播种期偏早，稻茬麦播种方式根据水稻收获期不同而异，水稻收获早的有板茬机器撒播或机器条播，水稻收获偏晚的则在水稻收获前人工撒种套播，但目前推广机条播。成熟期北部为5月底前后，南部地区略早，生育期多为200～225天，品种为春性。

自然环境、生态条件和耕作栽培制度决定了本区主要病害的发生情况，早春纹枯病有加重发生趋势，中后期以赤霉病、锈病、白粉病较为流行，小麦开花灌浆期降水过多，极易引起赤霉病盛发流行，给小麦生产带来为害。植株密度偏大的麦田白粉病发生较重，条锈、秆锈和叶锈3种锈病在不同地区分别或兼有发生。小麦害虫主要有麦蜘蛛、黏虫、蚜虫、吸浆虫等，不同年份之间发生轻重程度有差异。渍害是普遍存在的问题，也是制约小麦生产的重要障碍因素。

本区是我国小麦主要产区之一，应针对本区的特点加强小麦管理。排水降渍是小麦田间管理的重要问题，须注意三沟配套，排灌分开，以控制地下水位；防涝降渍，治理湿害。针对不同区域的病虫害发生、流行情况，及时测报，综合防治，减轻为害；杂草为害亦不容忽视，应适时防除。针对全球气候变暖的情况，在传统播期基础上，适当推迟播期，防止冬前苗情旺长。增施有机肥，推广秸秆还田，增加土壤有机质含量；适当种植绿肥作物改良土壤，培肥地力。测土配方施肥，选用优质专用高产品种，实现综合优质、高产栽培技术，改善品质，提高产量，增加效益。

2. 西南冬（秋播）麦亚区　　位于长江上游，在我国西南部，地处秦岭以南，川西高原以东，南以贵州省界以及云南南盘江和景东、保山、腾冲一线与华南冬麦区为界，东抵湖南、湖北省界。包括贵州、重庆全部，四川、云南大部（四川省阿坝藏族羌族自治州、甘孜藏族自治州南部部分县以外；云南省泸西、新平至保山以北，迪庆、怒江州以东）、陕西南部（商洛、安康、汉中）和甘肃陇南地区。全区地形、地势复杂，北有大巴山脉，西有邛崃山及大雪山，西南有横断山脉，长江自西南向东北穿越其间。山地、高原、丘陵、盆地相间分布，其中以山地为主，占总土地面积的 70% 左右。地势为西北高东南低，海拔由 6 000 米以上下降到 100 米以下。耕地主要分布在 200～2 500 米，丘陵多，盆地面积较小，且多为面积碎小而零散分布的河谷平原和山间盆地，其中以成都平原最大。平坝少，丘陵旱坡地多，海拔差异大，构成不同的小气候带，影响小麦分布、生产及品种使用。云南地势最高，小麦主要分布在海拔 1 000～2 400 米的地区，土壤类型多为红壤，质地黏重，酸性较强，地力较差。贵州地势稍低，小麦主产区主要分布在海拔 800～1 400 米的地区，土壤类型主要为黄壤。四川盆地地势最低，小麦主要分布在海拔 300～700 米的地区，土壤类型多为黄壤和紫色土，部分为红壤。

全区位于亚热带湿润季风气候带。冬季气候温和。高原山地夏季温度不高，雨多、雾大、晴天少，日照不足。多数农业区夏无酷暑，冬无积雪。季节间温度变化较小，昼夜温差较大，为春性小麦秋、冬播和形成大穗创造了有利条件。全年≥10℃的积温 4 850℃左右，变幅为 3 100～6 500℃，最冷月平均气温为 4.9℃，绝对最低气温−6.3℃。其中四川盆地温度较高，甚至比同纬度的长江流域也高 2～4℃，暖冬有利于冬小麦、油菜、蚕豆等作物越冬生长。无霜期较长，在各麦区中仅次于华南冬麦区，全区平均 260 余天，其中四川盆地南充、内江地区超过 300天。日照不足是本区自然条件中对小麦生长的主要不利因素，年日照约 1 620 小时，日均只有 4.4 小时，为全国日照最少地区。小麦播种至成熟期太阳总辐射量 108～292 千焦/厘米²，日照多为 400～1 000 小时，以重庆地区日照时数最短。四川、贵州两地常年云雾阴雨，日照不足，直接影响小麦后期灌浆和结实。小麦生育期>0℃积温为 1 800～2 200℃。年降水量 1 100 毫米右，比较充沛，除北部甘肃武都地区不足 500 毫米外，其余均在 1 000毫米左右。小麦播种至成熟期降水 100～300 毫米，基本可以满足小麦生育期需水。但部分地区由于季节间降水量分布不均，冬、春降水偏少，干旱时有发生。

作物以水稻为主，其次是小麦、玉米、甘薯、棉花、油菜、蚕豆以及豌豆等，种类丰富。农业区域内海拔差异较大，热量分布不均，种植制度多样，有一年一熟、一年两熟、一年三熟等多种方式。在云贵高原，海拔 2 400 米以上的高寒地区，气温低，霜期长，≥10℃积温为 3 000℃左右，以一年一熟为主，主要作物有小麦、马铃薯、玉米、荞麦等，小麦可与其他作物轮作。小麦既可秋种，也可春播，但产量均低而不稳。海拔 1 400～2 400 米的中暖层地带，≥10℃积温一般为 4 000～5 000℃以上，年降水 800～1 000 毫米，熟制为一年两熟或两年三熟，主要作物有水稻、小麦、油菜、玉米、蚕豆等，轮作方式以小麦—水稻或小麦—玉米两熟制为主。气温较低的旱山区，玉米和小麦多行套种。海拔在 1 400 米以下的低热地区，≥10℃积温一般可达 6 000℃以上，主要作物有水稻、小麦、玉米、甘薯、油菜、烟草等，熟制可为一年三熟。如在河谷地带气候温暖湿润地区，可行稻一稻一麦三熟。在四川盆地西部平原地区，以水稻—小麦或油菜一年两熟为主。在四川盆地浅丘陵地区，以小麦、玉米、甘薯三熟套作最为普遍。陕南地区以一年两熟为主，主要种植方式有小麦（油菜）—水稻，或小麦（油菜）—玉米（豆类）。甘肃陇南地区多为一年两熟，间有两年三熟，极少一年三熟。其中一年两熟主要为小麦—玉米，或小麦—马铃薯，主要作物小麦、玉米、马铃薯、豆类、油菜、胡麻、中药材等。

小麦品种多为春性。适播期因地势复杂而很不一致。高寒山区为 8 月下旬至 9 月上旬；浅山区 9 月下旬至 10 月上旬；丘陵区多为 10 月中旬至 10 月下旬，有些在 10 下旬至 11 月上旬，如四川盆地丘陵旱地小麦，春性品种最佳播期为 10 月底至 11 月上旬，海拔较高的地区提前 3～5 天；平川地区一般 10 月下旬至 11 月上旬，最晚不过 11 月 20 日前后，全区播期前后延伸近 3

个月。成熟期在平原、丘陵区分别为5月上、中、下旬；山区较晚，在6月20日至7月上、中旬。小麦生育期一般175～250天，以内江、南充、达县等地小麦生育期最短，武都地区较长。高寒山区小麦面积极少，但生育期可达300天左右。

条锈病是威胁本区小麦生产的第一大病害，尤其在丘陵旱地麦区流行频率较高。在四川盆地内，一般12月中、下旬始现，感病后逐渐发展为发病中心，3月下旬进入流行期，4月上、中旬遇适宜条件则迅速蔓延。赤霉病在多雨年份局部地区间有发生，如四川以气温较高、春雨较早的川东南地区发生较重，盆地西北部属中等发病区。白粉病在本区也有发生，尤其在小麦拔节前后降水较多时，高产麦田容易发病，如四川盆地浅丘麦区就是白粉病发生较重的区域之一。其他病害发生较轻，蚜虫是本区小麦的主要害虫。

实施小麦优质、高产栽培技术，合理选用优质、高产品种，高肥水地要选用具有耐肥、耐湿、丰产、抗倒、抗病品种；丘陵山旱地推广抗逆、稳产品种。精细整地，做好排灌系统，以减少湿害和早春的干旱威胁。推广小窝疏苗密植种植技术和免耕播种技术，减少粗放撒播面积。合理控制基本苗，避免过量播种，群体过大，培育壮苗。栽培管理要促、控结合，防止倒伏，适当采用化控降秆防倒技术。加强测土配方施肥和平衡施肥技术的普及应用。加强病虫害测报工作，重点防治条锈病、白粉病、赤霉病和蚜虫。丘陵山旱地区应加强水土保持和农田基本建设，增施有机肥，提高土壤肥力，改进耕作制度，合理轮作。平原水地稻茬麦，应注意水稻收获前排水晾田，用机器操作水稻秸秆还田，以培肥地力，为小麦高产创造条件，确保小麦稳产增收。

3. 华南冬（晚秋播）麦亚区　位于我国南部，西与缅甸接壤，东抵东海之滨和台湾省，南至海南省并与越南和老挝交界，北以武夷山、南岭为界横跨福建、广东、广西以及云南南盘江、新平、景东、保山、腾冲一线与长江中下游及西南两个冬麦区相

邻。包括福建、广东、广西、台湾、海南 5 省（自治区）全部及
云南省南部的德宏、西双版纳、红河等州部分县。本区大陆部分
地势自西北向东南倾斜，台湾省东部地势较高，向西南倾斜，海
南省中南部地势高，周边地势低。本区地形复杂，有山地、丘
陵、平原、盆地，而以山地和丘陵为主，占总土地面积的 90%
左右，海拔在 500 米以下的丘陵最为普遍。广东省珠江、赣江三
角洲为两个较大的平原，沿海一带还有一些小的平原，台湾省有
台南平原，海南省除中部有五指山、黎母岭山地及台地外，四周
有宽窄不等的小平原。耕地集中分布在平原、盆地和台地上，面
积占总土地面积的 10% 左右，一般土地比较肥沃。水稻是主要
作物，小麦所占比重较小。进入 21 世纪以后，小麦面积急剧减
少，其中福建、广东和广西 3 省（自治区）分别从历史最高纪录
的 15.4 万公顷（1978）、50.8 万公顷（1978）、30.6 万公顷
（1956），分别减少到 2009 年的 0.38 万公顷、0.08 万公顷、0.4
万公顷，但是单产均有大幅度提高。台湾省历史上小麦种植面积
最大为 1960 年，达到 25 208 公顷，到 2000 年下降到仅有 36 公
顷，但是单产增长了 1 倍。目前，台湾省小麦面积稳定在 100 公
顷左右。海南省 20 世纪 70 年代期间小麦尚有一定面积，80 年
代面积锐减，1982 年仅崖县一带尚有小麦 6.7 公顷；进入 21 世
纪以来小麦已无统计面积。

　　本区主要为亚热带，属湿润季风气候区，其中只有海南省全
部以及台湾、广东、广西、云南的北回归线以南地区为热带。由
于北部武夷山、南岭山脉阻隔了南下的冷空气，东南有海洋暖气
流调节，气候终年温暖湿润，水热资源在全国最为丰富。无霜期
290~365 天，其中西双版纳等热带地区全年基本无霜冻。全
年≥10℃积温 7 200℃左右，变幅为 5 100~9 300℃。平均气温
16~24℃，由北向南逐渐增高。最冷月份平均气温 6~24℃，以
海南省温度最高。全区年均日照时数为 1 700~2 400 小时。小麦
生育期间日照时数为 400~1 000 小时，以云南西南部地区最多，

28

广西中部最少；小麦生育期间太阳总辐射量为108～250千焦/厘米^2，以云南西南部最多，广西南部最少；小麦生育期间>0℃积温为2 000～2 400℃，以云南省南部最多。年均降水量1 500毫米以上，其中台湾是我国降水量最多的地区，降水量年均为2 500毫米以上。小麦生育期间降水200～500毫米，由南向北逐渐增多。季节间分布不均，4～10月为雨季，占全年降水量的70%～80%，小麦生育期间正值旱季，降水相对较少。

主要作物为水稻，小麦面积相对较小，其他作物还有油菜、甘薯、花生、木薯、芋头、玉米、高粱、谷子、豆类等，经济作物主要有甘蔗、麻类、花生、芝麻、茶等。种植制度以一年三熟为主，多数为稻—稻—麦（油菜），部分地区有稻—麦或玉米—小麦一年两熟，少有两年三熟。小麦除主要作为水稻的后作外，部分为甘薯、花生的后作。小麦品种主要为春性秋播品种，苗期对低温要求不严格，光照反应迟钝。山区有少数半冬性品种，分蘖力较弱，籽粒红色，休眠期较长，不易穗发芽。小麦播期通常在11月上、中旬，少数在10月下旬。成熟期一般在3月初至4月中旬，从南向北逐渐推迟，小麦生育期多为125～150天，由南向北逐渐延长。本区云南省西南部有少数春性春播小麦品种种植，在全区所占比重极小，故未单独分区。

土壤类型以红壤为主，福建省中部及东部兼有黄壤。红、黄壤酸性较强，质地黏重，排水不良，湿害时有发生。丘陵坡地多为沙质土，保水、保肥能力较差。由于温度高、湿度大，小麦条锈、叶锈、秆锈、白粉病及赤霉病经常发生。小麦蚜虫是为害本区小麦的主要害虫之一，历年均有不同程度的发生。

由于经济发展的需要，本区近年小麦面积锐减，单产虽有大幅度增加，但仍在全国平均水平之下。提高本区小麦生产水平的主要措施为：因地制宜选用抗逆、耐湿、抗穗发芽、耐（抗）病、抗倒的品种；提高改进栽培技术，结合当地种植制度，适当安排小麦播期，使小麦各生育阶段得以避开或减轻各种自然灾害的危害；做好麦田渠系配套，及时排水，减轻渍害；实行测土配方施肥，提高施肥管理水平，借鉴高产地区经验，结合当地情况，实施高产栽培技术，增施有机肥，实行秸秆还田，改善土壤结构，培肥地力；及时收获，避免或减轻穗发芽；做好病虫测报，及时防治病虫害，减少损失，提高效益。

（三）春（播）麦区

春麦在全国不少省（自治区）均有种植，但主要分布在长城以北，岷山、大雪山以西。大多地处寒冷、干旱或高原地带。全年≥10℃的积温 2 750℃左右，变幅为 1 650～3 620℃。这些地区冬季严寒，其最冷月（1月）平均气温及年极端最低气温分别为－10℃左右及－30℃，秋播小麦不能安全越冬，故种植春小麦。新疆、西藏以及四川西部冬、春麦兼种，将单独划区，故本区划春麦区仅包括黑龙江、吉林、内蒙古、宁夏全部，辽宁、甘肃省大部以及河北、山西、陕西各省北部地区。我国春麦区东北与俄罗斯、朝鲜交界，西北与蒙古接壤，南与北部冬麦区相邻，西至新疆冬春兼播麦区和青藏春冬兼播麦区的东界。分布在我国北部狭长地带，物候期出现日期表现为由南向北逐渐推迟。太阳总辐射量和日照时数由东向西逐渐增加。降水量分布差异较大，总趋势为由东向西逐渐减少。根据降水量、温度及地势可将春麦区分为东北春麦、北部春麦及西北春麦 3 个亚区。

1. 东北春（播）麦亚区　位于我国东北部，北部和东部与俄罗斯交界，东南部和朝鲜接壤，西部与蒙古和北方春麦区毗邻，南部与北部冬麦区相连，包括黑龙江、吉林两省全部，辽宁省除南部大连、营口两市以外的大部，内蒙古自治区东北部的呼伦贝尔市、兴安盟、通辽市及赤峰市。地形地势复杂，境内东、西、北部地势较高，中、南部属东北平原，地势平缓。海拔一般为 50～400 米，山地最高的 1 000 米左右。土地资源丰富，土层深厚，适于大型机具作业，尤以黑龙江省为最适。本区为中温带向寒温带过度的大陆性季风气候，冬季漫长而寒冷，夏季短促而温暖。日照充分，温度由北向南递增，差异较大。黑龙江省年均气温在$-6\sim4℃$，吉林省在$3\sim5℃$，辽宁省在$1\sim7℃$。最冷月平均气温北部漠河为$-30℃$以下，绝对最低温度曾达$-50℃$以下，是我国气温最低的一个麦区，热量及无霜期南北差异很大。全年$\geqslant10℃$的积温为$2\,730℃$左右，变幅为$1\,640\sim3\,550℃$。小麦生育期间$>0℃$积温在$1\,200\sim2\,000℃$，日照时数为$800\sim1\,200$小时，太阳总辐射量为$192\sim242$千焦/厘米^2，均表现为由东向西逐步增加的趋势。无霜期$90\sim200$天，其中黑龙江省为$90\sim120$天，吉林省$120\sim160$天，辽宁省$130\sim200$天，呈现由北向南逐渐增加的趋势，无霜期短和热量不足是本区的最大特点。降水量通常600毫米以上，最多在辽宁省东部山地丘陵地区，年降水量可达1100毫米，平原地区降水多在600毫米左右。小麦生育期降水$200\sim300$毫米，为我国春麦区降水最多的地区。季节间降水分布不均，全年降水60%以上集中在$6\sim8$月，$3\sim5$月降水很少，且常有大风，以致部分地区小麦播种时常遇干旱，成熟时常因降水多而不能及时收获。本区大体呈现北部高寒，东部湿润，西部干旱的气候特征。

本区土地肥沃，有机质含量高。土壤类型主要为黑钙土、草甸土、沼泽土和盐渍土，而黑钙土分布面积最广，主要在松辽、松嫩和三江平原。腐殖层厚，矿质营养丰富，土壤结构良好，自然肥力较高。草甸土分布在各平原的低洼地区和沿江两岸，肥力较高，但透水性较差。盐渍土主要分布在西部地区，湿时泥泞，干时板结，耕性和透气性均很差。主要作物有玉米、春小麦、大豆、水稻、马铃薯、高粱、谷子等。种植制度主要为一年一熟，春小麦多与大豆、玉米、谷子、高粱倒茬。小麦播种期为3月中旬至4月下旬，拔节期为4月下旬至6月初，抽穗期为6月初至7月中旬，成熟期从7月初至8月下旬，各物候期总变化趋势均表现为从南向北，从东向西逐渐推迟。小麦生育期为$100\sim120$天，从南向北逐渐延长。

小麦生长后期降水较多，赤霉病常有发生，是本区小麦的重要病害之一。早春播种时干旱，后期高温多雨，为根腐病发生创造了条件，主要表现为苗腐、叶枯和穗腐。此外叶锈病、白粉病、散黑穗病、黄矮病、丛矮病等在各地也间有不同程度发生。地下害虫有金针虫、蝼蛄、蛴螬等，小麦生长中后期常有黏虫、蚜虫为害，麦田杂草中以燕麦草为害较重。

小麦生产应注意选用早熟、高产、优质品种。推广保护性耕作栽培技术，提倡少耕、免耕、深松，实行秸秆覆盖，留茬覆盖，防风保墒，积雪增墒，减少风沙扬尘，防止表土流失。东部湿润地区还应注意挖沟排渍，防止湿害。注意增施有机肥料，保护地力，适当种植绿肥作物，用地、养地结合，防止土壤肥力退化。加强病虫害预测预报，及时防病治虫，特别要注意赤霉病、根腐病和蚜虫的防治，减轻为害。及时防除麦田杂草。及时收获、晾晒和入库，避免或减轻收获时遇雨造成的损失。实行测土配方平衡施肥，应用高产高效栽培技术，提高产量，改善品质，增加效益。

2. 北部春（播）麦亚区 位于我国大兴安岭以西，长城以北，西至内蒙古巴彦淖尔市、鄂尔多斯市和乌海市。全区以内蒙古自治区为主，包括内蒙古的锡林郭勒、乌兰察布、呼和浩特、包头、巴彦淖尔、鄂尔多斯以及乌海等1盟6市，河北省张家口、承德市全部，山西省大同市、朔州市、忻州市全部，陕西省榆林长城以北部分县。本区地处内陆，东南季风影响微弱，为典型的大陆性气候，冬寒夏暑，春、秋多风，气候干燥，日照充足。地形、地势复杂，由海拔3～2 100米的平原、盆地、丘陵、高原、山地组成。全区主要属蒙古高原，阴山位于内蒙古中部，北部比较开阔平展，其南则为连绵起伏的高原、丘陵和盆地等，主要有河套和土默川平原、丰镇丘陵、大同盆地、张北高原等。年日照2 700～3 200小时，年平均气温1.4～13.0℃，全年≥10℃的积温2 600℃左右，变幅为1 880～3 600℃。年降水量200～600毫米，降水季节分布不均，多集中在7～9月。一般年降水在350毫米左右，不少地区低于250毫米，属半干旱及干旱地区。小麦生育期太阳总辐射量242～276千焦/厘米^2，日照时数为1 000～1 200小时，播种至成熟期＞0℃积温为1 800～2 000℃，小麦生育期降水50～200毫米，由东向西逐渐减少。各地无霜期差异很大，变幅为80～178天，其中忻州市无霜期110～178天为最长，锡林郭勒盟90～120天为最短，张家口市80～150天，变幅最大。

土壤类型有栗钙土、黄土、河套冲积土，而以栗钙土为主，腐殖层薄，易受干旱，在植被受破坏后且易沙化。土壤质地多为壤土，耕性较好，适宜种植小麦或其他农作物，但坡梁地一般为沙质土或沙石土，有机质含量很低，土壤瘠薄，无灌溉条件，保水、保肥能力差，遇冬、春多风季节，表土风蚀严重。川滩地多为冲积土，土层较厚，有机质含量较高，土壤较肥，保水、保肥能力较强。主要作物有小麦、玉米、马铃薯、糜子、谷子、燕麦、豆类、甜菜等。种植制度以一年一熟为主，间有两年三熟。小麦在旱地则主要与豌豆、燕麦、谷子、马铃薯等轮作。在灌溉地区多与玉米、蚕豆、马铃薯等轮作，少数在麦收之后，复种糜子、谷子等短日期作物或蔬菜，间有小麦套种玉米或与其他作物。小麦播种期自3月中旬始至4月中旬，拔节期在5月下旬至6月初，抽穗在6月中旬至7月初，成熟期在7月下旬至8月下旬，各物候期总变化趋势均表现为从南向北逐渐推迟，但内蒙古锡林郭勒盟的多伦地区成熟期最晚。小麦生育期为110～120天，从南向北逐渐延长。

主要病害有黄矮、丛矮、根腐、条锈、叶锈及秆锈病，各地时有不同程度发生，白粉病、纹枯病、赤霉病也偶有发生。地下害虫有金针虫、蝼蛄、蛴螬等，常在播种出苗期为害，小麦生长中后期麦秆蝇为害较为严重，此外还常有黏虫、蚜虫、吸浆虫为害。本区水资源比较贫乏，降水量不足，保证率低，不能满足小麦生长需要，缺水干旱问题十分严重，是小麦生产最主要的限制因素。其干旱特点为范围广，干旱及半干旱面积大，干旱概率高、持续时间长。干旱少雨加剧了土壤盐碱和风蚀沙化。常遇早春干旱，后期高温逼熟及干热风为害，青枯早衰，不利于籽粒灌浆。

针对本区生态特点和小麦生产的限制因素，应因地制宜采用合理增产措施。首先要注意选用适宜的早熟、抗旱、抗干热风、抗病、稳产的品种。早熟品种前期发育快，可以避开或减轻麦秆蝇的为害，在本区有重要应用价值。旱地麦区应实行轮作休闲，以恢复和培肥地力；灌区实行畦灌、沟灌或管道灌水，作好渠系配套，改进灌溉制度，合理节约用水，防止土壤盐渍化并注意适时浇好开花灌浆水，防止或减轻干热风为害。提倡保护性耕作栽培技术，实行免耕、少耕、深松、秸秆还田、秸秆覆盖、留茬越冬等综合技术，防止或减轻土壤风蚀沙化和农田扬尘。有条件的地区可实行小麦机械覆膜播种和配套栽培技术。各类农田应注意增施有机肥料，适当种植绿肥作物，增加土壤有机质含量，培肥地力。丘陵山地要注意水土保持，防止水土流失。加强病虫预报，及时防病治虫，特别要注意黄矮病、麦秆蝇和蚜虫的防治，减轻为害。及时防除麦田杂草。实行测土配方施肥，应用综合高产高效栽培技术，提高产量，增加效益。

3. 西北春（播）麦亚区 位于黄淮上游三大高原（黄土高原、蒙古高原和青藏高原）的交汇地带，北接蒙古，西邻新疆，西南以青海省西宁和海东地区为界，东部则与内蒙古巴彦淖尔市、鄂尔多斯市和乌海市相邻，南至甘肃南部。包括内蒙古的阿拉善盟；宁夏全部；甘肃的兰州、临夏、张掖、武威、酒泉区全部以及定西、天水和甘南藏族自治州部分县；青海省西宁市和海东地区全部，以及黄南、海南藏族自治州的个别县。本区处于中温带内陆地区，属大陆性气候。冬季寒冷，夏季炎热，春、秋多风，气候干燥，日照充足，昼夜温差大。本区主要由黄土高原和蒙古高原组成，海拔 1 000～2 500 米，多数为 1 500 米左右。其北部及东北部为蒙古高原，地势缓平；东部为宁夏平原，黄河流经其间，地势平坦，水利发达；其南及西南部为属于黄土高原的宁南山地、陇中高原以及青海省东部，梁岭起伏，沟壑纵横，地势复杂。

全区≥10℃年积温为 3 150℃ 左右，变幅为 2 056～3 615℃。年均气温 5～10℃，最冷月气温－9℃。无霜期 90～195 天，其中宁夏 127～195 天，甘肃河西灌区 90～180 天，中部地区120～180 天，西南部高寒地区 120～140 天。年均降水量在 200～400毫米，一般年份不足 300 毫米，最少地区年降水在 50 毫米以下。其中宁夏多年平均年降水量为 183.4～677 毫米，由南向北递减；甘肃河西灌区 35～350 毫米，中部地区 200～550 毫米，西南部高寒地区 400～650 毫米；内蒙古阿拉善盟年均降水 200 毫米左右。全区自东向西温度递增、降水量递减。小麦生育期太阳辐射总量 276～309 千焦/厘米^2，日照时数 1 000～1 300 小时，>0℃积温 1 400～1 800℃。小麦播种至成熟期降水量 50～300 毫米，由北向南逐渐增加。

土壤类型主要为棕钙土及灰钙土，结构疏松，易风蚀沙化，地力贫瘠，水土流失严重。主要作物为春小麦，其次为玉米、高粱、糜子、谷子、大麦、豆类、马铃薯、油菜、青稞、燕麦、荞麦等，经济作物有甜菜、胡麻、棉花等，宁夏灌区还有水稻种植。种植制度主要为一年一熟，轮作方式主要是豌豆、扁豆、糜子、谷子等和小麦轮种。低海拔灌溉地区间有其他作物与小麦间、套、复种的种植方式。春小麦播种期通常在 3 月中旬至 4 月上旬播种，5 月中旬至 6 月初拔节，6 月中旬至 6 月下旬抽穗，7月下旬至 8 月中旬成熟。全生育期120～150 天，以西宁地区生育期最长。

主要病害有红矮、黄矮、条锈、黑穗病、白粉病、根腐病、全蚀病等，各地时有发生，以红矮病、黄矮病和发生为害较重。

常在播种出苗期进行为害的地下害虫有金针虫、蝼蛄、蛴螬等，苗期有蚜虫、灰飞虱、叶蝉等为害幼苗并传播病毒病，红蜘蛛也多在苗期为害，小麦生长中后期以蚜虫为害最重。田间鼠害也时有发生，以鼢鼠活动为害较重。部分地区麦田中野燕麦、野大麦等杂草时有发生，影响小麦生长。水资源比较贫乏，降水不足，缺水干旱是本区小麦生产最主要的限制因素。部分地区土壤盐碱和风蚀沙化，不利于小麦生产。部分地区小麦后期常有干热风为害，造成小麦青枯，籽粒灌浆不足。

结合本区生态条件和小麦生产的限制因素，制定保护耕地、合理用地、稳产增产的技术措施。应针对干旱、多风的特点，要做好防风固沙，减少水土流失和风蚀沙化。灌区要加强农田基本建设，做好渠系配套，搞好节水工程，防止渗漏，采用节水灌溉技术，防止土壤盐渍化，控制盐碱为害。适时灌好开花灌浆水，防止或减轻干热风为害。山坡丘陵要修筑梯田，实行粮草轮作，增种绿肥作物，培肥地力。普遍提倡保护性耕作栽培技术，实行免耕、少耕和深松技术，推广秸秆还田、秸秆覆盖、留茬越冬等综合技术，保护农田和生态环境。因地制宜选择适用的抗逆、抗病、稳产的品种，推广小麦机械覆膜播种和配套栽培技术。加强病虫预报，及时防病治虫，特别要注意黄矮病、红矮病、条锈病和蚜虫的防治，减轻为害。及时防除麦田杂草。实行测土配方施肥技术，增施有机肥，合理利用化肥，应用综合高产高效栽培技术，提高产量，改善品质，增加效益。

（四）冬、春麦兼播区

位于我国最西部地区，东部与我国冬、春麦区相连，北部与俄罗斯、蒙古、哈萨克斯坦毗邻，西部分别与吉尔吉斯斯坦、哈萨克斯坦、阿富汗、巴基斯坦接壤，西南部与印度、尼泊尔、不丹、缅甸交界。包括新疆、西藏全部，青海大部和四川、云南、甘肃省部分地区。全区虽以高原为主体，境内间有高山、盆地、平原和沙漠，地势复杂，气候多变。海拔除新疆农业区在 1 000

米左右外，其余各省、自治区的农业区通常在3 000米左右。全区≥10℃年积温为2 050℃左右，变幅为84～4 610℃。最冷月平均气温多在-10.0℃左右，其中雅鲁藏布江河谷平原为0℃左右。降水量除川西和藏南谷地外，一般均感不足，但有较丰富的冰山雪水、地表径流和地下水资源可供利用。目前除青海省全部种植春小麦外，其余均为冬、春麦兼种。其中北疆、川西、云南、甘肃部分地区以春小麦为主，冬、春小麦兼种；而南疆和西藏自治区则以冬小麦为主，春、冬小麦兼种。依据地形、地势、气候特点和小麦种植情况，本区分为新疆冬春（播）麦和青藏春冬（播）麦两个亚区。

1. 新疆冬春〔播〕麦亚区　位于我国西北边疆，处在亚欧大陆中心。周边与俄罗斯、哈萨克斯坦、吉尔吉斯斯坦、塔吉克斯坦、巴基斯坦、蒙古、印度、阿富汗等8个国家交界，南部和西藏自治区相连，东部分别与青海省和甘肃省接壤。全区只有新疆维吾尔自治区，是全国唯一的以单个省（自治区）划为小麦亚区的区域。北面有阿尔泰山，南面有喀喇昆仑山和阿尔金山，中部横贯天山山脉，将全区分为南疆和北疆。全区边境多山，内有丘陵、山间谷地和盆地，农业区域主要分布在盆地中部冲积平原和低山丘陵和山间谷地。北疆土壤多为棕钙土、灰棕土、灰钙土、灰漠土和灌淤土；南疆则主要为棕色荒漠土、灰钙土和灌淤土。全区各地均有小麦分布，从沙漠边缘到高山农业区都有小麦种植，其中海拔为-154米的吐鲁番盆地的艾丁湖乡为我国小麦栽培的最低点。

由于本区四周高山环绕，海洋湿气受到阻隔，属典型的温带大陆性气候。冬季严寒、夏季酷热，降水量少，日照充足。年日照时数达2 500～3 600小时，为我国日照最长的地区。全区≥10℃年积温为3 550℃左右，变幅为2 340～5 370℃。气温随纬度变化从南向北逐渐降低，但温度的垂直变化比水平变化更为显著，昼夜温差变化大，平均日较差在10℃以上，最多可达

20～30℃。从南疆的暖温带向北疆的中温带过渡，南、北疆各地的无霜期差异很大。喀什、和田和克孜勒苏柯尔克孜等地无霜期210～240天，阿克苏地区无霜期186～241天，伊犁哈萨克自治州直属县（市）、阿勒泰、塔城、博尔塔拉蒙古自治州等地无霜期90～170天，昌吉为110～180天，南疆多于北疆，平原区多于山区。年降水量145毫米，变幅为15～500毫米，南少北多。全区南北自然条件差异大，小麦品种类型多，春性、半冬性和冬性品种均有种植。

北疆位于天山和阿尔泰山之间，中有准噶尔盆地。位置偏北，气温较低，≥10℃年积温为3 500℃左右，其最冷月平均气温−14.6℃，年绝对最低气温通常−36.0℃，阿勒泰地区的富蕴县曾出现过−51.5℃的低温。常年降水量195毫米左右，变幅为150～500毫米。其降雨特点为历年各月分布比较均衡，11月至翌年2月冬季期间的降水量一般多在30～80毫米，月降水10～20毫米，和其他各月基本相同。因此，虽然冬季严寒、温度偏低，由于麦田可以保持一定厚度的长期积雪覆盖层，有利于冬小麦的安全越冬。乌鲁木齐、塔城和伊犁地区一般冬季有120～140天的稳定积雪期，雪层厚度可达20厘米左右，对冬小麦安全越冬有利。无霜期120～180天，平原地区多在150天以下。北疆以春小麦为主，冬、春小麦的分布主要受气温和冬季有无稳定积雪的影响。如阿勒泰地区和博尔塔拉蒙古自治州是纯春麦种植区，其他地区如伊犁、塔城、石河子、昌吉等地均为冬、春麦兼种区。春小麦播种期在4月上旬至中旬，拔节期为5月中旬初至下旬初，抽穗期为6月中旬初至下旬初，成熟期为7月下旬至8月中旬初，各物候期均表现由南向北逐渐推迟，全生育期多为90～100天。在海拔1 000～1 200米比较凉爽的地区，全生育期为105～110天，在海拔1 600米以上的冷凉地区，全生育期可达120～130天。春小麦生育期太阳总辐射量为259～275千焦/厘米^2，日照时数为1 100～1 300小时，>0℃积温1 600～

2 400℃，降水 50～100 毫米。冬小麦在 9 月中旬至下旬播种，4 月下旬至 5 月上旬拔节，5 月中旬至下旬抽穗，6 月下旬 7 月上旬成熟。全生育期在 290 天左右。冬小麦生育期太阳总辐射量为 309～326 千焦/厘米²，日照时数为 2 100 小时左右，>0℃积温约为 2 300℃，降水 100～200 毫米。

北疆种植制度以一年一熟为主，主要作物有小麦、玉米、棉花、甜菜、油菜等，以小麦与其他作物轮作。个别冷凉山区种植作物单一，小麦连年重茬种植。小麦的主要病害有白粉病、锈病，个别地区有小麦雪腐、雪霉病和黑穗病。小麦播种至出苗期的地下害虫主要有蛴螬、蝼蛄和金针虫，生育期间的主要害虫有小麦皮蓟马和麦蚜。生产中常遇冬季和早春低温冻害和后期干热风为害。影响小麦生产的其他因素还有品种混杂、整地质量差、保苗率低、肥料运筹不合理、重底肥、轻追肥。一些地区常有麦田杂草为害，造成损失。

南疆位于天山以南，七角井、罗布泊以西的新疆南部。北有天山，南有昆仑山，天山的博格达主峰高达 5 600 米，喀喇昆仑山的乔戈里峰高达 8 611 米，一般山峰海拔 3 500 米以上；中部为塔里木盆地，塔克拉玛干沙漠在盆地中部，为我国面积最大而气候最干燥的沙漠地带。盆地边缘、山麓附近，由于季节性的雪山融化，雪水下流，形成大片的土质肥沃、水源丰富的冲积扇沃洲，农业区域也主要分布在盆地周围的冲积平原上，是南疆小麦生产的主要地区。包括天山以南的吐鲁番、阿克苏、喀什及和田地区，巴音郭楞州、克孜勒苏州以及哈密地区的天山以南部分县。海拔在 500～1 000 米。土壤多为灰钙土，盐分含量较多。南疆为内陆地区，属典型的大陆性气候，从海洋过来的水汽北有天山阻隔，南被喜马拉雅山屏蔽，气候异常干燥，冬季严寒，夏季酷暑，气温变化剧烈，年较差、日较差均极大。各地全年降水量一般在 50 毫米以下，最多的不超过 120 毫米，最低的只有 10 毫米左右，小麦生育期间降水量为 6.3～39.3 毫米。个别地区甚至终年无降水，如若羌、且末等县，是我国降水量最少的地区。年平均空气相对湿度40%～58%，哈密、吐鲁番地区（目前这两个地区也常被称为东疆）最为干燥，空气相对湿度仅为34%～40%。无灌溉就无农业是本区的最大特点，农田灌溉的主要水源来自山峰积雪融化。南疆属暖温带，$\geqslant 10℃$年积温为4 000℃以上，年平均气温在10℃左右，1月份平均气温为$-10\sim-7℃$，绝对最低气温可达$-28℃$。7月份平均气温大部分地区在26℃以上，极端最高气温吐鲁番曾达48.9℃。平原无霜期一般为200～220天，终霜期一般在4月下旬，有时延迟到5月中旬。南疆大部分地区适宜强冬性小麦种植，一般适期播种，在秋季气温逐渐降低的条件下，可以安全越冬。日照极为充足，全年日照时数可达3 000小时以上，居全国之首，对小麦生长发育极为有利，但春季温度上升快，风力强，土壤水分蒸发剧烈，容易发生返碱现象，对小麦生长不利。

南疆种植的冬、春小麦均属普通小麦，以长芒、白壳、白粒为主，过去以红粒为主，现已少见。南疆阿克苏、喀什、和田地区主要种植冬小麦，吐鲁番、哈密地区主要种植春小麦。生产应用的冬小麦品种多为冬性或半冬性、耐寒、抗旱、耐碱、早熟的品种。冬小麦播种期一般在9月下旬至10月上旬，拔节期在3月底至4月初，抽穗期在4月底至5月初，成熟期在6月中旬至下旬，全生育期在245～265天。冬小麦生育期间太阳总辐射量326～343千焦/厘米^2，日照时数2 100～2 300小时，$>0℃$积温2 400～2 600℃。春小麦播种期一般为3月初至4月初，但开春早的吐鲁番地区2月底即可播种；冷凉山区可能延迟到4月中旬。拔节期一般在5月上旬，最晚至5月中旬初，抽穗在6月初至中旬，成熟一般在7月上旬至下旬，个别地区（伊犁地区的昭苏等地）在8月下旬成熟。春小麦生育期多为110～120天。春小麦生育期间太阳总辐射量225～242千焦/厘米^2，日照时数900～1 100小时，$>0℃$积温1 600～2 400℃。南疆热量条件较好，种植制度虽以一年两熟为主，以小麦套种玉米或复播玉米为主，或冬小麦之后复种豆类、糜子、水稻及蔬菜作物。也有两年三熟制，冬小麦后复种夏玉米，翌春再种棉花。

本区小麦生长的不利因素主要为干旱、盐碱和病害。小麦白粉病和腥黑穗病时有发生；锈病以条锈为主，叶锈次之，秆锈甚少。小麦播种至出苗期时有蛴螬、蝼蛄和金针虫等地下害虫为害，生育期间的害虫主要有小麦皮蓟马和麦蚜。依靠河水灌溉的地区，春季枯水期长，冬小麦返青期或春小麦播种期易受干旱。抽穗以后常有干热风为害，吐鲁番、哈密等地区尤为严重。次生盐渍化现象在灌区发生普遍，河流下游盐碱为害较重。

针对新疆冬、春麦区的生态条件和小麦生产的限制因素，因地制宜采用稳产增产的技术措施。适当选用早熟、抗寒、抗旱、抗病、高产、优质冬小麦品种或早熟、抗旱、抗病、抗（耐）干热风的高产春小麦品种。灌区要加强农田基本建设，做好渠系配套，采用节水灌溉措施，发展麦田滴灌和微喷灌技术，防止土壤盐渍化。适时灌好开花、灌浆水，防止或减轻干热风为害。提倡保护性耕作栽培技术，实行免耕、少耕和深松技术，实现秸秆还田、秸秆覆盖、留茬越冬等措施，保护农田和生态环境。推广小麦机械沟播集中施肥及其配套栽培技术。加强病虫预报，及时防病治虫，特别要注意雪腐病、雪霉病、小麦皮蓟马和麦蚜的防治，减轻为害。及时防除麦田杂草。实行测土配方施肥技术，增施有机肥，注意保护和培肥地力。针对冬、春小麦不同生育特点，应用相应的高产高效栽培管理技术，提高产量，改善品质，增加效益。

2. 青藏春冬（播）麦亚区　位于我国西南部，西南边境与印度、尼泊尔、不丹、缅甸交界，北部与新疆、甘肃相连，东部与西北春麦区和西南冬麦区毗邻。包括西藏自治区全部，青海省除西宁市及海东地区以外的大部，甘肃省西南部的甘南藏族自治州大部，四川省西部的阿坝藏族羌族自治州、甘孜藏族自治州以及云南省西北的迪庆藏族自治州和怒江傈僳族自治州部分县。小麦面积常年在 220 万亩左右，是全国小麦面积最小的麦区。其中春小麦面积为全部麦田面积的 66％以上。除青海省全部种植春小麦外，四川省阿坝藏族羌族自治州、甘孜藏族自治州及甘肃省甘南藏族自治州也均以春小麦为主，而西藏自治区则冬小麦面积大于春小麦面积，2006 年冬小麦面积占全部麦田面积的 72％以上，1974 年以前春小麦面积均超过冬小麦，1975—2006 年，除 1985 年一年春小麦面积大于冬小麦外，其余各年冬小麦面积均达 70％左右。

全区属青藏高原，是全世界面积最大和海拔最高的高原，高海拔、强日照、气温日较差大是本区的主要特点。本区以山丘状起伏的辽阔高原为主，还有部分台地、湖盆、谷地。地势西高而东北、东南部略低，青南、藏北是高原主体，海拔 4 000 米以上。与主体高原相连的东、南部为岭谷相间，其偏东的阿坝藏族羌族自治州、甘孜藏族自治州是高原的较低部分，但海拔也在 3 300 米以上。小麦主要分布的地区，青海省一般在海拔 2 600～3 200 米，在西藏则大部分在海拔 2 600～3 800 米的河谷地，少数在海拔 4 100 米处仍有小麦种植，是世界上种植小麦的最高地区。日照时数常年在 3 000 小时以上，其中青海柴达木盆地和西藏日喀则地区最高可达 3 500 小时以上，西藏东南边缘地区在 1 500 小时以下，差异很大。

气温偏低，无霜期短，热量严重不足，全区≥10℃年积温为 1 290℃左右，变幅为 84～4 610℃。不同地区间受地势地形影响，温度高低差异极显著，如最冷月平均气温为 −18.0～4℃，无霜期 0～197 天，有的地区全年没有绝对无霜期。青海境内年平均气温在 −5.7～8.5℃，各地最热月平均气温在 5.3～20℃；最冷月平均气温在 −17～5℃。西藏年均气温在 5～10℃，最冷月气温 −3.8～0.2℃，最热月气温在 13.0～16.3℃。

降水量分布在各地亦很不平衡，高原的东、南两面边沿地带，因受强烈季风影响，迎风坡上降水量可达 1 000 毫米以上，柴达木盆地四周环山、地形闭塞，越山后的气流下沉作用明显，因而降水量大都在 50 毫米以下，盆地西北少于 20 毫米，冷湖只有 16.9 毫米，是青海省年降水量最少的地方，也是中国最干燥的地区之一。青海多数地区降水量在 300～500 毫米。云南省迪庆藏族自治州维西傈僳族自治县年降水达 950 毫米以上，西藏雅鲁藏布江流域一带年降水通常在 400～500 毫米。降水季节分配不均，多集中在 7、8 月份，其他各月干旱，冬季降水很少，春小麦一般需要造墒播种。

种植的作物有春小麦、冬小麦、青稞、豌豆、蚕豆、荞麦、水稻、玉米、油菜、马铃薯等，以春、冬小麦为主，青稞一般分布在 3 300～4 500 米地带，其次为豌豆、油菜、蚕豆等，藏南的河谷地带海拔为 2 300 米以下地区，还可种植水稻和玉米。主要为一年一熟，小麦多与青稞、豆类、荞麦换茬。西藏高原南部的峡谷低地可实行一年两熟或两年三熟。由于本区太阳辐射多，日照时间长，气温日较差大，因而小麦光合作用强，净光合效率高，易形成大穗、大粒。一般春小麦播期在 3 月下旬至 4 月中旬，拔节期在 6 月上旬至中旬，抽穗期在 7 月上旬至中旬，成熟期在 9 月初至 9 月底，全生育期 130～190 天。春小麦生育期间太阳辐射总量 276～460 千焦/厘米^2，日照时数 1 300～1 600 小时，>0℃积温 1 600～1 800℃。冬小麦一般 9 月下旬至 10 月上旬播种，次年 5 月上旬至中旬拔节，5 月下旬至 6 月中旬抽穗，8 月中旬至 9 月上旬成熟，生育期达 320～350 天，为全国冬小麦生育期最长的地区。

制约小麦生产的主要因素为温度偏低，热量不足，无霜期短，气候干旱，降水量少，蒸发量大，盐碱及风沙为害等自然因素。病害主要有白秆病、根腐病、锈病、散黑穗病、腥黑穗病、赤霉病、黄条花叶病等。播种至出苗期主要有地老虎、蝼蛄等为害，中后期主要是蚜虫为害。

小麦生产配套技术手册

针对本区的生态条件和小麦生产的限制因素，因地制宜采用稳产增产的技术措施。适当选用早熟、抗寒、抗旱、抗病、高产、优质小麦品种。灌区要加强渠系配套工程，采用节水灌溉技术，防止土壤盐渍化。适时灌好开花、灌浆水，防止或减轻干热风为害。提倡保护性耕作栽培技术，实行秸秆还田、秸秆覆盖等措施，保护农田和生态环境。加强病虫预报，及时防病治虫，特别要注意白秆病、根腐病、锈病和蚜虫的防治，减轻为害。及时防除麦田杂草。实行测土配方施肥技术，增施有机肥，注意保护和培肥地力。针对春、冬小麦不同生育特点，应用相应的高产高效栽培管理技术，进一步提高产量。

第三节　中国小麦品质生态区划

我国小麦种植地域广阔，生态类型复杂，不同地区间小麦品质存在较大的差异，这种差异不仅由品种本身的遗传特性所决定，而且受气候、土壤、耕作制度、栽培措施等环境条件以及品种与环境的相互作用的影响。品质区划的目的就是依据生态条件和品种的品质表现将小麦产区划分为若干不同的品质类型区，以充分利用自然资源优势和品种的遗传潜力，实现优质小麦的高效生产。

2001年，农业部发布了《中国小麦品种区划方案》。把我国小麦产区划分为3个不同类型专用品质的麦区，现引述如下，以便为各地因地制宜培育优质小麦品种和生产优质商品小麦提供参考。

一、小麦品质区划的依据与原则

（一）生态环境因子对小麦品质的影响

1. 降水量　包括小麦全生育期和抽穗—成熟期的降水量，后者更为重要。总体来讲较多的降水对蛋白质含量和硬度有较大

44

的负面影响，收获前后降水还可能引起穗发芽，导致品质下降。

2. 温度 包括小麦全生育期和抽穗—成熟期的日平均气温，后者对品质的影响更大。气温过高或过低都影响蛋白质的含量和质量。

3. 日照 较充足的光照有利于蛋白质数量和质量的提高。

4. 纬度和海拔 在一定程度上反映了降水、温度和日照对小麦品质的综合影响。

（二）土壤类型、质地和肥力水平对小麦品质的影响

在气候因素相似的情况下，土壤类型、质地和肥力水平就成为决定小麦品质的重要因素。

（三）小麦的消费习惯、市场需求和商品率

面条和馒头是我国小麦消费的主体，因此，从全国来讲，应以生产适应制作面条和馒头的中筋或中强筋小麦为主，但近年来面包和饼干、糕点等食品的消费增长较快，在小麦商品率较高地区应加速发展强筋小麦和弱筋小麦生产。

（四）小麦品种的现状和发展趋势

在相同的条件下，小麦的遗传特性是决定小麦品质优劣的关键因素。目前我国生产的小麦以中弱筋为主，难以满足市场需求，应加速现有优质小麦的合理布局和应用，并根据布局需要加速各类优质专用小麦品种的改良进程。

（五）面向主产区，注重方案的可操作性

为了使品质区划方案能尽快对农业生产发挥一定的宏观指导作用，品质区划以主产麦区为主，适当兼顾其他地区。考虑到现有资料的局限性，本次品质区划只提出框架性的初步方案，以便今后进一步补充、修正和完善。

二、小麦品质分类术语说明

1. 强筋小麦 籽粒硬质，蛋白质含量高，面筋强度强，延伸性好，适于生产面包粉以及搭配生产其他专用粉的小麦。

2. 中筋小麦 籽粒硬质或半硬质，蛋白质含量和面筋强度中等，延伸性好，适于制作面条或馒头的小麦。

3. 弱筋小麦 籽粒软质，蛋白质含量低，面筋强度弱，延伸性较好，适于制作饼干、糕点的小麦。

三、小麦品质区划方案

（一）北方强筋、中筋冬麦区

该区主要包括北京、天津、山东、河北、河南、山西、陕西大部、甘肃东部以及江苏、安徽北部，适宜于发展白粒强筋和中筋小麦。本区可划分为以下3个亚区：

1. 华北北部强筋冬麦亚区 主要包括北京、天津、山西中部、河北中部、东北部地区。该区年降水量400～600毫米，土壤多为褐土及褐土化潮土，质地沙壤至中壤，土壤有机质含量1%～2%，适宜发展强筋小麦。

2. 黄淮北部强筋、中筋冬麦亚区 主要包括河北南部、河南北部和山东中、北部、山西南部、陕西北部和甘肃东部等地区。该区年降水量400～800毫米，土壤以潮土、褐土和黄绵土为主，质地沙壤至黏壤，土壤有机质含量0.5%～1.5%。土层深厚、土壤肥沃的地区适宜发展强筋小麦，其他地区如胶东半岛等适宜发展中筋小麦。

3. 黄淮南部中筋冬麦亚区 主要包括河南中部、山东南部、江苏和安徽北部、陕西关中、甘肃天水等地区。该区年降水600～900毫米，土壤以潮土为主，部分为砂姜黑土，质地沙壤至重壤，土壤有机质含量1.0%～1.5%。该区以发展中筋小麦为主；肥力较高的砂姜黑土和潮土地带可发展强筋小麦；沿河冲积沙壤土地区可发展白粒弱筋小麦。

（二）南方中筋、弱筋冬麦区

主要包括四川、云南、贵州和河南南部、江苏、安徽淮河以南、湖北等地区。该区湿度较大，小麦成熟期间常有阴雨，适宜发展红粒小麦。本区域可划分为以下 3 个亚区：

1. 长江中下游中筋、弱筋冬麦亚区　包括江苏、安徽两省淮河以南、湖北大部以及河南省南部地区。该区年降水量为800～1 400毫米，小麦灌浆期间降水量偏多，湿害较重，穗发芽时有发生。土壤多为水稻土和黄棕壤，质地以黏壤土为主，土壤有机质含量 1% 左右。本区大部地区适宜发展中筋小麦，沿江及沿海沙土地区可发展弱筋小麦。

2. 四川盆地中筋、弱筋冬麦亚区　包括盆西平原和丘陵山地。该区年降水量约 1 100 毫米，湿度较大，光照不足，昼夜温差较小。土壤主要为紫色土和黄壤土，紫色土以沙质黏壤土为主，有机质含量 1.1% 左右；黄壤土质地黏重，有机质含量 < 1%。盆西平原区土壤肥沃，单产水平较高；丘陵山地土层较薄，肥力不足，小麦商品率较低。该区大部分适宜发展中筋小麦，部分地区也可发展弱筋小麦。

3. 云贵高原冬麦亚区　包括四川省西南部、贵州全省以及云南省大部地区。该区海拔相对较高，年降水量为800～1 000毫米。土壤主要是黄壤和红壤，质地多为壤质黏土和黏土，土壤有机质含量 1%～3%，总体上适于发展中筋小麦。其中贵州省小麦生长期间湿度较大，光照不足，土层薄，肥力差，可适当发展一些弱筋小麦；云南省小麦生长后期雨水较少，光照强度较大，应以发展中筋小麦为主，也可发展弱筋或部分强筋小麦。

（三）中筋、强筋春麦区

该区主要包括黑龙江、辽宁、吉林、内蒙古、宁夏、甘肃、青海、新疆和西藏等地区，除河西走廊和新疆可适宜发展白粒、强筋小麦和中筋小麦外，其他地区小麦收获期前后降水较多，常有穗发芽现象发生，适宜发展红粒中筋和强筋小麦。该区可划分为以下 4 个亚区：

1. 东北强筋春麦亚区　主要包括黑龙江北部、东部和内蒙古大兴安岭等地区。该区光照时间长，昼夜温差大，年降水量为450～600毫米。土壤主要有暗棕壤、黑土和草甸土，质地为沙质壤土至黏壤，土壤有机质含量1％～6％。该区土壤肥沃，有利于蛋白质积累，但在小麦收获期前后降水较多，易造成穗发芽和赤霉病发生，常影响小麦品质，适宜于发展红粒强筋或中强筋小麦。

2. 北部中筋春麦亚区 主要包括内蒙古东部、辽河平原、吉林省西北部和河北、山西、陕西等春麦区。除河套平原和川滩地外，年降水量为250～480毫米。以栗钙土和褐土为主，土壤有机质含量较低，小麦收获期前后常遇高温或多雨天气，适宜发展红粒中筋小麦。

3. 西北强筋、中筋春麦亚区 主要包括甘肃中西部、宁夏全部以及新疆麦区。河西走廊干旱少雨，年降水量为50～250毫米。土壤以灰钙土为主，质地以黏壤土和壤土为主，土壤有机质含量0.5％～2％。该区日照充足，昼夜温差大，收获期降水频率低，灌溉条件较好，单产水平高，适宜发展白粒强筋小麦；银宁灌区土地肥沃，年降水量为350～450毫米，但小麦生育后期高温和降水对品质形成不利，适宜发展红粒中筋小麦；陇中和宁夏西海固地区，土地贫瘠，以黄绵土为主，土壤有机质含量0.5％～1.0％，年降水量400毫米左右。该区降水分布不均，产量水平和商品率较低，适于发展红粒中筋小麦；新疆麦区光照充足，年降水量150毫米左右。土壤主要为棕钙土，质地为沙质沙土到沙质壤黏土，土壤有机质含量1％左右。该区昼夜温差较大，在肥力较高地区适宜发展强筋白粒小麦，其他地区可发展中筋白粒小麦。

4. 青藏高原春麦亚区 该区海拔高，光照足，昼夜温差大，空气湿度小，小麦灌浆期长，产量水平较高。通过品种改良，适宜发展红粒中筋小麦。

第三章

小麦品质及其与栽培措施的关系

第一节 优质小麦的概念和标准

在我国优质专用小麦是随着市场变化而出现的一个阶段性的概念。优质是相对劣质而言，专用是相对普通而言。在过去几十年中，我国人民生活水平处于温饱状态，小麦生产中强调以高产为主，而忽略了对品质的要求。随着社会的发展，人们生活水平不断提高，对食品多样性、营养性提出了更高的要求，出现了各种高档的面包、饼干、饺子和方便面等名目繁多的食品，过去大众化的"标准粉"已不适合制作这些高档的专用食品，专用面粉的生产已成为市场的需要。为了生产不同类型的面粉，对原料小麦提出了具体的要求，因而提出了"优质专用小麦"这一概念。

特定的面食制品需要专用的小麦面粉制作，而专用的小麦粉需要一定类型的小麦来加工，适合加工和制作某种食品和专用粉的小麦对这种食品和面粉来说就是"优质专用小麦"。

小麦品质是一个极其复杂的综合概念，包括许多性状，概括起来有形态品质、营养品质和加工品质，彼此相互交叉，密切关联。

形态品质包括籽粒形态、整齐度、饱满度、粒色和胚乳质地等。这些性状不仅直接影响商品价值，而且与加工品质和营养品质也有一定关系。一般籽粒形状有长圆形、卵圆形、椭圆形和圆形等，以长圆形和卵圆形居多，其中圆形和卵圆形籽粒的表面积小，容重高，出粉率高。籽粒腹沟的形状和深浅也是衡量籽粒形态品质的重要指标，一般腹沟较浅的籽粒饱满，容重和出粉率较高，腹沟深的则容重和出粉率较低。籽粒的颜色主要分为红、白两种，还有琥珀色、黄色、红黄色等过渡色。一般认为皮层为白色、乳白色或黄白色麦粒达到90％以上的为白皮小麦；深红色、红褐色麦粒达到90％以上的为红皮小麦。小麦籽粒颜色与营养品质和加工品质没有必然的联系。一般而言，白皮小麦因加工的面粉麸星颜色浅、面粉颜色较白而受到面粉加工业和消费者的欢迎。红皮小麦籽粒休眠期长、抗穗发芽能力较强，因而在生产中也有重要意义。整齐度是指小麦籽粒大小和形状的一致性，同样形状和大小的籽粒占总量90％以上的为整齐，一般籽粒整齐度好的出粉率较高。饱满度一般用腹沟深浅、容重和千粒重来衡量，腹沟浅、容重和千粒重高的小麦籽粒饱满，出粉率也较高。一般用目测法将成熟干燥的种子按饱满度分为5级，一级：胚乳充实，种皮光滑；二级：胚乳充实，种皮略有皱褶；三级：胚乳充实，种皮皱褶明显；四级：胚乳明显不充实，种皮皱褶明显；五级：胚乳很不充实，种皮皱褶很明显。角质率主要由胚乳质地决定。角质又称为玻璃质，其胚乳结构紧密，呈半透明状；粉质则胚乳结构疏松，呈石膏状。凡角质占籽粒横截面1/2以上的籽粒称为角质粒。含角质粒70％以上的小麦称硬质小麦。硬质小麦的蛋白质和面筋含量较高，主要用于做面包等食品。角质特硬，面筋含量高的称为硬粒小麦，适宜做通心粉、意大利面条等食品。角质占籽粒横断面1/2以下（包括1/2）的籽粒称为粉质粒。含粉质粒70％以上的小麦，称为软质小麦。软质小麦，适合做饼干、糕点等。

营养品质包括蛋白质、淀粉、脂肪、核酸、维生素、矿物质等，其中蛋白质又可分为清蛋白、球蛋白、醇溶蛋白和麦谷蛋白；淀粉又可分为直链淀粉和支链淀粉。

加工品质又可分为一次加工品质和二次加工品质。其中一次加工品质又称为制粉品质，包括出粉率、容重、籽粒硬度、面粉白度、灰分含量等。二次加工品质又称为食品制作品质，又分为面粉品质、面团品质、烘焙品质、蒸煮品质等多种性状，主要包括面筋含量、面筋质量、吸水率、面团形成时间、稳定时间、沉降值、软化度、评价值等多项指标。

　　根据小麦的品质和用途可以把小麦分为强筋小麦、中筋小麦和弱筋小麦，为此国家专门制定了相应的品质标准。

　　强筋小麦是指角质率大于 70％，胚乳的硬度较大，蛋白质含量较高，面粉的筋力强，面团稳定时间较长，适合制作面包，也可用于配制中强筋力专用粉的小麦。

　　中筋小麦是指胚乳半硬质，蛋白质含量中等，面粉筋力适中，面团稳定时间中等，适用于制作面条、馒头等食品的小麦。

　　弱筋小麦是指胚乳角质率小于 30％，蛋白质含量较低，面粉筋力较弱，面团稳定时间较短，适用于制作饼干、糕点等食品的小麦。

1998 年我国制定了小麦品质标准（表 3-1）。

表 3-1　**国家专用小麦品质指标**（GB/T 17320—1998）

项　目		指　标		
		强筋	中筋	弱筋
籽粒	容重（克/升）	≥770	≥770	≥770
	蛋白质含量（％，干基）	≥14.0	≥13.0	<13.0
面粉	湿面筋含量（％，14％水分基）	≥32.0	≥28.0	<28.0
	沉降值（毫升）	≥45.0	30.0～45.0	<30.0
	吸水率（％）	≥60.0	≥56.0	<56.0
	稳定时间（分钟）	≥7.0	3.0～7.0	<3.0
	最大抗延阻力（延伸单位）	≥350	200～400	≤250
	拉伸面积（厘米^2）	≥100	40～80	≤50

　　1999 年，国家质量技术监督局又制定和发布了新的优质专用小麦国家标准（表 3-2、表 3-3）。

表3-2　优质强筋小麦品质指标 （GB/T 17892—1999）

项目			一等	二等
籽粒	容重（克/升）	≥	770	
	水分（%）	≤	12.5	
	不完善粒（%）	≤	6.0	
	杂质（%）	总量 ≤	1.0	
		矿物质 ≤	0.5	
	色泽、气味		正常	
	降落数值（秒）	≥	300	
小麦粉	粗蛋白质（%，干基）	≥	15.0	14.0
	湿面筋（%，14%水分基）	≥	35.0	32.0
	面团稳定时间（分钟）		10.0	7.0
	烘焙品质评分值（分）	≥	80	

表3-3　优质弱筋小麦品质指标 （GB/T 17892—1999）

项　目			指　标
籽粒	容重（克/升）	≥	750
	水分（%）	≤	12.5
	不完善粒（%）	≤	6.0
	杂质（%）	总量 ≤	1.0
		矿物质 ≤	0.5
	色泽、气味		正常
	降落数值（秒）	≥	300
	粗蛋白质（%，干基）	≤	11.5
小麦	湿面筋（%，14%水分基）	≤	22.0
	面团稳定时间（分钟）	≤	2.5

　　按加工食品的种类又可以把小麦分为面包专用、馒头专用、

面条专用和糕点专用小麦。基本上可以与上述的强筋、中筋、弱筋小麦相对应。面包是西方国家的主食，其种类繁多，如法式、港式、澳式、日式、俄式、美式等，但基本可以分为主食面包和点心面包两大类，点心面包种类很多，对面粉质量要求有很大差异，无统一规定，仅有企业标准，主食面包对面粉质量要求较为严格。一般讲面包专用粉是指适宜制作主食面包而言，优质面包专用小麦要求小麦蛋白质含量高，面筋质量好，沉降值高，面团稳定时间较长，面包评分较高，基本可以对应于优质强筋小麦的标准。

　　馒头用小麦是指适合于制作优质馒头的专用小麦。馒头是我国人民的主要传统食品，尤其受到北方人们的喜爱。据统计，目前我国北方用于制作馒头的小麦粉占面粉用量的 70% 以上。我国北方大部分地区种植的小麦都能达到制作馒头所需的小麦粉的质量要求。馒头专用小麦一般需要中等筋力，面团具有一定的弹性和延伸性，稳定时间在 3～5 分钟，形成时间以短些为好，灰分低于 0.55%。优质馒头要求体积较大，色白，表皮光滑，复原性好，内部孔隙小而均匀，质地松软，细腻可口，有麦香味等，1993 年我国商业部制定了馒头小麦粉的行业标准（表 3-4）。

表 3-4　馒头专用小麦粉行业标准（SB/T 10139—93）

项　目			精制级	普通级
水分（%）		≤	14.0	
灰分（以干基计%）		≤	0.55	0.70
粗细度	CB36 号筛		全部通过	
湿面筋（%，14%水分基）		≥	25.0～30.0	
面团稳定时间（分钟）		≥	3.0	
降落数值（秒）		≥	250	
含砂量（%）		≤	0.02	
磁性金属物（克/千克）		≤	0.000 3	
气　味			无异味	

面条专用小麦是指适合制作优质面条（包括切面、挂面、方便面等）的专用小麦。面条起源于我国，是我国人民普遍喜欢的传统食品，也是亚洲的大众食品。面条专用小麦应具有一定的弹性，延展性好，出粉率高，面粉色白，麸星和灰分少，面筋含量较高，强度较大，支链淀粉较多，色素含量较低等。影响面条品质的主要因素是蛋白质含量，面筋含量，面条强度和淀粉糊黏性等，我国商业部1993年制定了面条专用小麦粉的行业标准（表3-5）。

表3-5　面条专用小麦粉行业标准（SB/T 10137—93）

项　目		面条小麦粉	
		精制级	普通级
水分（%）	≤	14.5	
灰分（以干基计%）	≤	0.55	0.70
粗细度	CB36 号筛	全部通过	
	CB42 号筛	留存量不超过 10.0%	
湿面筋（%，14%干基）	≥	28.0	26.0
面团稳定时间（分钟）	≥	4.0	3.0
降落数值（秒）	≥	200	
含砂量（%）	≤	0.02	
磁性金属物（克/千克）	≤	0.000 3	
气　味		无异味	
评分值（分）	≥	85	75

饼干、蛋糕和糕点专用小麦的面粉要求以中筋和弱筋小麦为好，我国生产的普通小麦虽然面筋质量差，但由于蛋白质和面筋含量较高，也不适合于生产制作优质饼干和糕点的专用粉，为了规范我国软质小麦品种的选育和生产，商业部于1993年分别制定了饼干、蛋糕和糕点专用小麦粉的行业标准。

第二节 小麦籽粒营养品质的动态变化

本文阐述的仅指小麦籽粒发育过程中蛋白质及各种氨基酸含量的动态变化，探明这一动态变化规律，为合理采取措施提高品质提供依据。

一、籽粒发育中蛋白质含量的动态变化

小麦籽粒蛋白质含量随籽粒发育而变化。表3-7表明用不同种及不同类型的16个小麦品种进行研究发现，其籽粒蛋白质含量有较大差异。其中普通小麦的春性品种比冬性品种籽粒蛋白质平均含量高，而硬粒小麦的春性品种籽粒蛋白质平均含量比冬性品种低。硬粒冬小麦品种的籽粒蛋白质含量在不同发育时期均明显高于普通冬小麦，而硬粒春小麦与普通春小麦的籽粒蛋白质含量接近。其他研究也有相似的结果。在籽粒发育过程中，各品种蛋白质含量的变化趋势基本一致，籽粒发育初期蛋白质含量较高，随着籽粒发育而逐渐降低含量，到开花20天前后（乳熟末期）降至低谷，以后又逐渐上升（表3-6）。不同品种及不同类型小麦品种的这一动态变化均可用一元二次方程 $y = ax^2 + bx + c$（y 为蛋白质含量，x 为开花后日数）来描述。且与测定值拟合程度很好（此处仅以冬性普通小麦为例作图3-1），各类型小麦的籽粒蛋白质含量与发育期关系方程式如下：

表 3-6 籽粒发育中蛋白质含量测定结果（%）

（赵广才，1987）

开花后日数	冬性普通小麦				春性普通小麦			
	丰抗2	红秃头	中麦2	品13	京红91	京8022	中791	中作8131-1
5	13.41	15.06	14.62	15.18	14.41	14.39	17.31	16.67
10	13.08	13.59	14.45	12.65	13.11	15.82	16.56	15.79
15	12.55	12.09	14.06	12.13	12.13	12.46	15.30	16.07

（续）

开花后日数	冬性普通小麦				春性普通小麦			
	丰抗 2	红秃头	中麦 2	品 13	京红 91	京 8022	中 791	中作 8131 - 1
20	11.55	13.24	12.32	11.53	12.39	12.53	14.57	16.04
25	12.39	14.54	12.90	11.52	13.52	13.41	14.91	16.59
30	12.45	15.21	14.28	12.19	14.28	14.16	15.50	17.04
35	13.12	15.37	14.61	13.25	14.55	14.66	15.51	17.53
变异系数(%)	4.90	8.64	6.57	10.10	7.29	9.20	5.78	3.73

开花后日数	冬性硬粒小麦				春性硬粒小麦			
	86234	86207	86213	86241	81194	81090	84004	84229
5	15.29	16.79	16.46	16.81	15.29	16.03	14.96	15.60
10	16.44	14.67	16.04	16.43	13.57	15.21	13.98	13.15
15	13.09	12.72	14.72	14.12	12.71	13.26	13.80	12.61
20	12.70	13.31	15.25	14.65	12.12	13.55	13.92	13.13
25	15.26	15.67	16.01	16.69	12.90	13.88	14.03	13.14
30	16.45	16.02	16.46	16.77	14.12	14.47	14.15	13.78
35	16.31	16.21	17.12	17.59	14.33	14.55	15.15	14.83
变异系数(%)	9.09	10.25	5.02	7.85	8.03	6.72	3.78	7.86

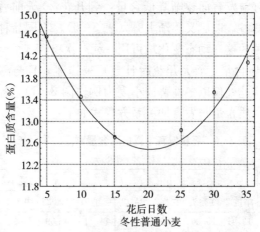

图 3-1　冬性普通小麦籽粒发育中蛋白质含量的变化

（赵广才，1987）

冬性普通小麦：$y=0.008\ 99x^2-0.386\ 17x+16.307\ 16$
$R=0.873^*$

春性普通小麦：$y=0.007\ 07x^2-0.282\ 11x+17.008\ 21$
$R=0.895^{**}$

冬性硬粒小麦：$y=0.009\ 88x^2-0.361\ 91x+17.880\ 29$
$R=0.812^*$

春性硬粒小麦：$y=0.008\ 82x^2-0.364\ 71x+16.896\ 68$
$R=0.967^{**}$

此外，赵广才（1985）用不同蛋白质含量（高、中、低3个类型）的普通冬小麦品种在水浇地和旱地上种植，并进行不同时期施肥处理，其籽粒蛋白质含量的变化趋势均与上述相似。李春喜等人（1989）用多项式方程描述的变化曲线亦与此接近。胡承霖等人（1990）在安徽省不同地区进行不同施肥量处理，其籽粒蛋白质含量亦表现为随籽粒发育呈高、低、高的变化，分析其原因，可能是在籽粒发育初期，籽粒中氮的积累快而碳水化合物积累较少，皮层占的比例较大，而皮层的蛋白质含量又高于胚乳，以致初期蛋白质含量较高，在籽粒灌浆盛期，碳水化合物积累加快，氮积累相对放缓，故蛋白质含量降低，籽粒发育后期，碳水化合物积累速度转慢，而植物体内的氮素迅速输送到籽粒，致使蛋白质含量升高。

这种随籽粒发育呈现的蛋白质含量高、低、高的动态变化，在冬性普通小麦、冬性硬粒小麦、春性普通小麦、春性硬粒小麦中，以及相同品种在不同水分或施肥处理中，均表现出一致趋势，表明这种动态变化具有一定的普遍性。

二、籽粒蛋白质的积累动态

小麦籽粒蛋白质是在籽粒发育过程中逐渐积累的，随籽粒干物质增长，蛋白质积累量也不断增加，两者积累速率相近，呈极显著正相关，从表3-7可以看出，不同类型品种间，各时期籽粒蛋白质积累量有较大差别，这主要是因各品种千粒重和籽粒蛋白质含量不同而造成的,而各类型品种的籽粒蛋白质积累均是由慢到快,再转慢的变化趋势(此处仅以冬性普通小麦为例作图3-2)。

表3-7 籽粒发育过程中千粒蛋白质测定结果(克)

(赵广才,1987)

开花后日数	冬性普通小麦				春性普通小麦			
	丰抗2	红秃头	中麦2	品13	京红91	京8022	中791	中作8131-1
5	0.454 3	0.447 1	0.545 9	0.555 9	0.230 7	0.453 4	0.342 6	0.587 0
10	0.977 7	0.822 2	1.438 6	1.162 4	0.538 7	1.076 2	0.760 6	1.396 5
15	1.739 1	1.506 4	2.341 1	1.932 4	1.174 2	1.743 2	1.679 5	3.022 1
20	2.538 9	2.595 0	3.563 9	2.953 1	1.859 5	3.076 9	2.882 5	4.881 5
25	3.478 2	3.536 0	4.856 1	3.991 1	2.753 3	4.669 9	4.640 9	6.591 5
30	4.254 3	4.428 0	6.021 3	5.149 1	3.192 2	5.447 1	5.524 2	6.934 6
35	4.652 6	4.820 0	6.554 9	5.814 6	3.382 0	5.715 4	5.544 4	7.392 6
变异系数(%)	62.58	67.04	63.60	64.90	67.99	67.83	72.41	62.83

开花后日数	冬性硬粒小麦				春性硬粒小麦			
	86234	86207	86213	86241	81194	81090	84004	84229
5	0.384 4	0.360 8	0.464 7	0.283 2	0.354 3	0.404 1	0.320 7	0.510 1
10	0.679 1	0.783 7	1.055 1	0.740 8	0.762 6	0.691 3	0.543 5	0.964 0
15	1.399 7	1.308 9	1.792 2	1.574 1	2.105 5	1.690 1	1.678 1	2.190 5
20	2.154 0	2.398 2	3.287 3	2.646 5	3.003 9	3.043 7	2.688 0	3.719 9
25	2.865 1	3.213 6	5.065 4	4.307 5	4.267 2	4.282 5	3.661 1	5.119 2
30	3.122 9	3.783 6	6.028 6	5.025 6	5.124 0	4.480 1	4.020 6	5.514 2
35	3.357 9	4.355 5	6.277 4	5.662 2	5.268 1	4.682 6	4.347 4	6.131 9
变异系数(%)	60.00	66.72	70.20	73.99	67.70	75.02	66.96	65.59

与小麦营养器官的生长曲线近似。这种动态变化可用逻辑斯蒂克(Logistic)生长方程 $Y=\dfrac{K}{1+ae^{-bx}}$(Y 为蛋白质积累量,x 为开花后日数)进行描述。且与实测值拟合极好。在开花后10~30天籽粒蛋白质的速度较快,而以开花20天前后积累最快。

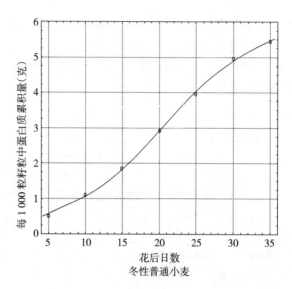

图 3-2 冬性普通小麦籽粒蛋白质累积变化

(赵广才，1987)

各类型小麦的籽粒蛋白质积累动态方程式如下：

冬性普通小麦：$Y = \dfrac{6.158\ 34}{1 + 20.857\ 93e^{-0.141\ 53x}}$ $R = 0.999^{**}$

春性普通小麦：$Y = \dfrac{6.549\ 34}{1 + 23.586\ 22e^{-0.140\ 16x}}$ $R = 0.974^{**}$

冬性硬粒小麦：$Y = \dfrac{5.233\ 16}{1 + 35.417\ 23e^{-0.180\ 63x}}$ $R = 0.999^{**}$

春性硬粒小麦：$Y = \dfrac{5.225\ 13}{1 + 42.870\ 00e^{-0.209\ 90x}}$ $R = 0.999^{**}$

三、千粒蛋白质日增长量的动态变化

在小麦籽粒发育中，不同类型不同品种千粒蛋白质日增量的变化有一定差别。从表 3-8 看出，无论普通小麦还是硬粒小麦都是冬性品种千粒蛋白质日增量变化小，而春性品种的变化较大。就同一个类型品种分析普通小麦和硬粒小麦的区别，4 个冬性品种的普通小麦千粒蛋白质日增量的变化比硬粒小麦小，但4个春性品种的普通小麦与硬粒小麦相比则互有高低，未显出明显的规律。但各类型小麦品种千粒蛋白质日增量随生育期的进展而呈现有规律的变化。

表 3-8　籽粒发育中千粒蛋白质日增量测定结果（克）

（赵广才，1987）

开花后日数	冬性普通小麦				春性普通小麦			
	丰抗 2	红秃头	中麦 2	品 13	京红 91	京 8022	中 791	中作 8131-1
0～5	0.090 8	0.089 4	0.109 2	0.111 2	0.046 1	0.090 7	0.068 5	0.117 4
5～10	0.104 7	0.075 0	0.178 5	0.121 3	0.061 6	0.124 8	0.083 6	0.161 9
10～15	0.152 3	0.136 8	0.181 5	0.154 0	0.127 1	0.133 4	0.183 8	0.325 1
15～20	0.160 0	0.217 7	0.245 0	0.204 1	0.137 1	0.266 7	0.240 6	0.371 9
20～25	0.187 9	0.188 2	0.258 4	0.207 6	0.178 8	0.318 6	0.351 7	0.342 0
25～30	0.155 2	0.178 4	0.233 0	0.231 6	0.087 8	0.155 4	0.176 7	0.068 6
30～35	0.079 7	0.078 0	0.106 7	0.133 1	0.017 5	0.053 9	0.004 0	0.191 6
变异系数(%)	30.76	42.40	33.19	28.78	60.64	58.34	74.07	61.66
开花后日数	冬性硬粒小麦				春性硬粒小麦			
	86234	86207	86213	86241	81194	81090	84004	84229
0～5	0.076 9	0.072 2	0.092 9	0.056 6	0.070 9	0.080 8	0.064 1	0.102 0
5～10	0.058 9	0.084 5	0.121 1	0.091 5	0.081 7	0.057 4	0.044 6	0.090 8
10～15	0.144 1	0.105 0	0.147 4	0.166 7	0.248 6	0.199 8	0.229 3	0.245 3
15～20	0.150 9	0.217 4	0.299 0	0.214 5	0.199 7	0.270 7	0.202 0	0.305 9
20～25	0.142 2	0.163 1	0.355 6	0.332 2	0.251 6	0.247 8	0.194 6	0.279 9
25～30	0.051 6	0.114 1	0.192 6	0.143 6	0.171 4	0.039 5	0.071 9	0.079 0
30～35	0.047 0	0.114 3	0.049 8	0.127 3	0.028 8	0.040 5	0.065 4	0.123 5
变异系数(%)	49.72	40.35	61.87	56.07	59.84	76.19	64.06	55.81

　　不同类型小麦在籽粒发育过程中千粒蛋白质日增量均呈由少到多，再转少的变化趋势，其中以开花后 20 天左右日增量最多（此处仅以冬性普通小麦为例作图 3-3）。这一过程亦呈抛物线形

变化，仍可用 $Y=ax^2+bx+c$（Y 为千粒蛋白质日增量，x 为开花后日数）描述。各类型的理论方程式分别为：

冬性普通小麦：$Y=-0.000\,55x^2+0.024\,49x-0.065\,18$
$R=0.960^{**}$

春性普通小麦：$Y=-0.000\,83x^2+0.033\,98x-0.102\,78$
$R=0.875^{**}$

冬性硬粒小麦：$Y=-0.000\,59x^2+0.025\,36x-0.068\,50$
$R=0.845^{**}$

春性硬粒小麦：$Y=-0.000\,72x^2+0.029\,30x-0.087\,78$
$R=0.831^{*}$

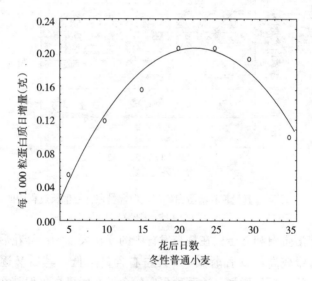

图 3-3　冬性普通小麦千粒蛋白质日增量的变化
（赵广才，1987）

李春喜等人（1989）用陕农 7859 品种进行研究，其千粒蛋白质量在开花后 3～6 天增加较慢，平均每天仅增加 0.11 克，其后日增量逐渐增加，至开花后 21 天达到 0.30 克，以后又有所降低。其变化趋势与前述的千粒蛋白质日增量多少的变化动态相吻合。

四、籽粒发育过程中各种蛋白组分的动态变化

清蛋白、球蛋白、醇溶蛋白及谷蛋白是小麦籽粒蛋白质的主要组分，这些组分的含量在开花后 5 天左右最高，以后逐渐下降，到开花后 25 天左右时降至最低点，而后又逐渐增加，但增加幅度较小。增施氮肥可提高各时期的清蛋白和球蛋白含量，但其变化趋势不因施氮量而改变（图 3-4）。

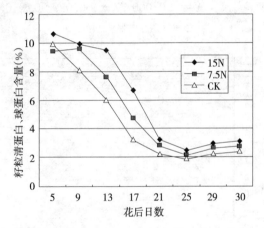

图 3-4　不同施氮量籽粒清蛋白、球蛋白含量在籽粒生长过程中的变化
（彭永欣，1992）

醇溶蛋白和谷蛋白在籽粒发育中的变化表现为：开花后 5 天左右含量较高，以后渐低，9 天左右含量最低，其后又逐渐增加。随施氮量的增加，这两种蛋白的含量有所提高，但其在籽粒发育过程中的变化趋势仍不变（图 3-5）。

从图 3-4 和图 3-5 中看出，在籽粒发育前期，籽粒蛋白质中主要是清蛋白和球蛋白，而后期则主要是醇溶蛋白和谷蛋白。由于清蛋白和球蛋白中含有丰富的必需氨基酸，而醇溶蛋白和谷蛋白中含有较多的非必需氨基酸，故这 4 种蛋白的变化也必将影

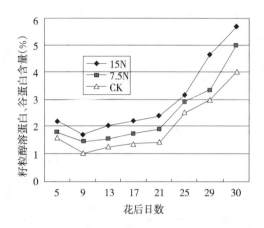

图 3-5　不同施氮量籽粒醇溶蛋白和谷蛋白含量
在籽粒生长过程中的变化

（彭永欣，1992）

响各种氨基酸含量在籽粒发育中的变化。

五、籽粒发育过程中各种氨基酸含量的动态变化

小麦籽粒中各种氨基酸含量亦随籽粒发育而变化。从表3-9可见，无论水浇地小麦还是旱作小麦，其籽粒中大多数氨基酸

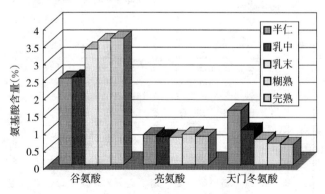

图 3-6　不同氨基酸含量在籽粒发育中的变化

（赵广才，1985）

表 3-9 小麦籽粒发育过程中每100克籽粒各种氨基酸的含量（克）

（赵广才，1986）

处理	水浇地小麦						旱地小麦					
	半仁	乳中	乳末	糊熟	完熟	变化趋势	半仁	乳中	乳末	糊熟	完熟	变化趋势
天门冬氨酸	1.586 5	0.954 5	0.722 5	0.655 5	0.603 5	—	1.522 5	1.030 5	0.729 5	0.559 5	0.551 5	—
苏氨酸	0.426 5	0.388 0	0.340 0	0.258 0	0.322 5	—	0.417 0	0.416 5	0.363 0	0.294 5	0.327 0	—
丝氨酸	0.676 0	0.599 5	0.674 5	0.605 5	0.535 0	—	0.658 0	0.614 0	0.623 0	0.529 5	0.509 0	—
谷氨酸	2.649 5	2.545 0	3.296 0	3.450 0	3.529 5	+	2.292 5	2.460 5	3.321 0	3.638 0	3.704 0	+
甘氨酸	0.503 0	0.642 0	0.400 5	0.427 5	0.462 5	—	0.560 0	0.577 0	0.491 0	0.440 5	0.456 0	—
丙氨酸	0.855 5	0.690 0	0.444 5	0.491 5	0.465 5	—	0.864 0	0.815 5	0.442 0	0.407 5	0.385 5	—
缬氨酸	0.609 5	0.491 5	0.467 5	0.487 0	0.447 5	—	0.632 0	0.497 0	0.496 5	0.466 5	0.385 0	—
蛋氨酸	0.086 0	0.086 5	0.110 0	0.099 5	0.117 5	+	0.076 0	0.072 0	0.111 0	0.107 5	0.137 0	+
异亮氨酸	0.564 5	0.461 0	0.459 0	0.406 5	0.428 5	—	0.542 5	0.429 5	0.474 5	0.486 5	0.434 5	—
亮氨酸	0.821 5	0.821 0	0.774 0	0.810 0	0.810 0	—	0.865 0	0.779 5	0.780 5	0.916 0	0.809 0	+
酪氨酸	0.338 5	0.347 5	0.333 5	0.238 5	0.278 5	—	0.328 0	0.321 0	0.348 0	0.306 0	0.355 0	—
苯丙氨酸	0.443 5	0.474 5	0.488 5	0.521 5	0.550 0	+	0.438 0	0.449 0	0.497 5	0.507 0	0.568 5	+

（续）

处理	水浇地小麦						旱地小麦					
	半仁	乳中	乳末	糊熟	完熟	变化趋势	半仁	乳中	乳末	糊熟	完熟	变化趋势
组氨酸	0.355 5	0.217 0	0.129 5	0.179 0	0.191 0	—	0.314 0	0.407 0	0.125 0	0.140 0	0.165 0	—
赖氨酸	0.365 5	0.249 0	0.180 5	0.178 5	0.150 5	—	0.290 5	0.359 5	0.163 5	0.155 5	0.167 5	—
精氨酸	0.349 0	0.280 0	0.293 0	0.149 0	0.256 5	—	0.413 0	0.226 0	0.290 0	0.171 5	0.291 0	—
脯氨酸	1.253 0	1.464 0	1.499 5	1.575 0	1.645 5	+	1.187 0	1.371 0	1.405 5	1.482 5	1.755 5	+
色氨酸	0.134 0	0.144 5	0.170 0	0.148 0	0.170 0	+	0.120 0	0.138 0	0.186 5	0.139 5	0.161 5	+
TA	12.017 5	10.855 5	10.783 0	10.685 5	10.964 0		11.520 0	10.964 0	10.847 0	10.748 0	11.162 0	
EA	3.451 0	3.116 0	2.989 5	2.909 0	2.996 5		3.381 0	3.141 0	3.073 0	3.073 0	2.990 0	
NEA	8.556 5	7.739 5	7.793 5	7.776 0	7.967 0		8.139 0	7.823 0	7.774 5	7.675 0	8.172 5	

TA: 表示氨基酸总量；EA: 表示必需氨基酸；NEA: 表示非必需氨基酸（下同）；品种：丰抗 2 号。

含量在籽粒发育中的变化趋势颇为相似。其中天门冬氨酸、苏氨酸、丝氨酸、丙氨酸、缬氨酸、异亮氨酸、组氨酸、赖氨酸和精氨酸的含量都随籽粒发育期的进展呈减少趋势，以天门冬氨酸、组氨酸、赖氨酸及精氨酸减少最为明显；而谷氨酸、蛋氨酸、苯丙氨酸、脯氨酸和色氨酸则随籽粒发育呈递增趋势，以谷氨酸最为突出；亮氨酸和酪氨酸则呈较平缓的变化。图3-6展示了3种典型的氨基酸变化。

籽粒中氨基酸总量（TA）在不同生育期的变化与前述蛋白质含量的变化趋势基本一致，即前期含量高，中期较低，后期又有所上升。非必需氨基酸总量（NEA）的变化与此相似。而人体必需的8种氨基酸量（EA）的变化趋势则不同，以前期最高，其后则随籽粒发育而逐渐减少，但变化较小（图3-7）。

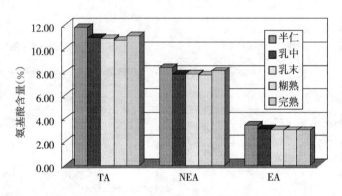

图3-7　TA、EA和NEA在籽粒发育中的变化

(赵广才，1985)

在各种氨基酸含量中，以谷氨酸含量最多，其次为脯氨酸，这两种氨基酸在籽粒发育期间一直保持绝对优势。从表3-10可以看出，这两种氨酸从半仁期占氨基酸总量的31.35%，到完熟期上升到48.08%。而赖氨酸、色氨酸和蛋氨酸等在各籽粒发育期含量均较少。

表 3-10 在籽粒发育中谷氨酸、脯氨酸含量占氨基酸总量的百分率(%)

（赵广才，1985）

生育期	半仁	乳中	乳末	糊熟	完熟
谷氨酸	20.98	22.94	30.60	33.07	32.69
脯氨酸	10.37	13.00	13.44	14.27	15.37
谷十脯	31.35	35.94	44.04	47.34	48.08

表 3-11 列出了籽粒发育过程中各种氨基酸含量在籽粒蛋白质中含量的变化。由于各发育期的籽粒蛋白质含量差异较大，故此表 3-9 与表 3-11 所列的各种氨基酸含量在籽粒中含量的变化不尽相同。但在水浇地和旱地上种植，其籽粒蛋白质中各种氨基酸含量的变化趋势基本一致。蛋白质中必需氨基酸的含量与氨基酸总量的比值在籽粒不同生育期中有明显的变化。NEA/TA 与籽粒发育期呈极显著正相关，而 EA/TA 与籽粒发育期呈极显著负相关。若把籽粒蛋白质中 EA/TA 的比值看作蛋白质品质的一项指标，则籽粒蛋白质的品质随籽粒发育而逐渐降低。

表 3-11 每 100 克蛋白质中各种氨基酸含量在籽粒蛋白质中的变化（克）

（赵广才，01985）

氨基酸	水浇地小麦					旱地小麦				
	半仁	乳中	乳末	糊熟	完熟	半仁	乳中	乳末	糊熟	完熟
天门冬氨酸	11.42	8.14	6.56	5.61	4.97	10.64	8.05	6.22	4.64	4.48
苏氨酸	3.07	3.31	3.09	2.21	2.65	2.92	3.25	3.09	2.44	2.66
丝氨酸	4.87	5.11	6.13	5.18	4.40	4.60	4.80	5.31	4.39	4.14
谷氨酸	19.07	21.07	31.12	28.70	29.05	16.03	19.22	28.31	30.15	30.11
甘氨酸	3.62	5.47	3.64	3.66	3.81	3.92	4.51	4.19	3.65	3.71
丙氨酸	6.16	5.88	4.04	4.20	3.83	6.04	5.44	3.77	3.48	3.13
缬氨酸	4.39	4.19	4.25	4.17	3.68	4.41	3.88	4.23	3.87	3.13
蛋氨酸	0.62	0.74	1.00	0.85	0.97	0.53	0.56	0.95	0.90	1.14
异亮氨酸	4.06	3.93	4.19	3.48	3.53	3.79	3.35	4.05	4.03	3.53
亮氨酸	5.91	7.00	7.03	6.73	6.67	6.06	6.09	6.65	7.59	6.58

（续）

氨基酸	水浇地小麦					旱地小麦				
	半仁	乳中	乳末	糊熟	完熟	半仁	乳中	乳末	糊熟	完熟
酪氨酸	2.44	2.96	3.03	2.04	2.29	2.29	2.51	2.87	2.54	3.01
苯丙氨酸	3.19	4.01	4.44	4.29	4.46	3.07	3.51	4.24	4.20	4.62
组氨酸	2.56	1.85	1.18	1.53	1.57	2.19	3.18	1.07	1.16	1.34
赖氨酸	2.63	2.12	1.64	1.53	1.24	2.21	2.81	1.39	1.29	1.36
精氨酸	2.51	2.39	2.66	1.27	2.11	2.88	1.77	2.47	1.42	2.37
脯氨酸	9.02	12.48	13.62	13.47	13.47	8.26	10.71	11.98	12.29	14.27
色氨酸	0.96	1.23	1.54	1.27	1.40	0.84	1.08	1.59	1.16	1.31

六、籽粒发育过程中各种氨基酸的积累变化

表 3-12 列出了不同处理的小麦籽粒发育过程中各种氨基酸的积累进程。各种氨基酸的含量都是随籽粒发育而逐渐增加，总的趋势在水、旱两种处理中无明显区别。其中以谷氨酸的积累速度最快，其次为脯氨酸；而蛋氨酸、色氨酸、组氨酸和赖氨酸的积累速度较慢，其余各种氨基酸居中。图 3-8 显示了典型的 3 种不同的氨基酸积累曲线。在籽粒发育全过程中，谷氨酸平均每千粒的日积累最快，为 41.71 毫克；甘氨酸居中，为 5.30 毫克；赖氨酸最慢，为 1.83 毫克。快与慢的日积累量相差悬殊。

表 3-12 小麦籽粒发育过程中各种氨基酸的积累进程（毫克/千粒）
（赵广才，1987）

氨基酸	水浇地小麦					旱地小麦				
	半仁	乳中	乳末	糊熟	完熟	半仁	乳中	乳末	糊熟	完熟
天门冬氨酸	77.58	124.94	228.60	260.27	288.18	78.18	137.26	177.25	207.83	209.79
苏氨酸	20.86	50.79	107.58	117.17	122.78	21.41	55.48	107.96	109.39	124.58
丝氨酸	33.06	78.47	213.47	221.65	230.70	33.79	81.78	185.28	196.68	219.11
谷氨酸	129.56	333.14	1 023.74	1 211.15	1 343.68	117.21	327.74	987.67	1 351.34	1 409.00
甘氨酸	24.60	84.04	126.72	169.74	176.07	28.56	76.86	146.02	163.62	173.46

（续）

氨基酸	水浇地小麦					旱地小麦				
	半仁	乳中	乳末	糊熟	完熟	半仁	乳中	乳末	糊熟	完熟
丙氨酸	41.83	90.32	140.67	159.77	177.22	44.37	106.22	131.45	136.51	146.64
缬氨酸	29.80	64.34	147.92	162.64	170.36	32.67	66.20	147.66	152.29	162.05
蛋氨酸	4.21	11.32	34.80	39.51	44.73	3.93	9.59	33.01	39.90	50.68
异亮氨酸	27.60	60.34	145.23	161.40	163.13	27.86	57.21	141.12	165.67	168.52
亮氨酸	40.17	107.47	244.89	319.55	325.95	44.12	103.83	232.12	285.02	307.74
酪氨酸	16.55	45.49	84.74	94.70	123.75	16.96	42.76	103.98	113.66	135.04
苯丙氨酸	21.69	57.60	154.56	205.73	220.11	22.34	59.81	147.96	188.33	216.66
组氨酸	17.38	28.41	40.97	71.07	72.11	16.27	23.84	37.18	52.00	62.77
赖氨酸	17.87	32.59	47.21	55.41	57.30	15.05	47.89	48.62	57.76	63.72
精氨酸	17.07	36.65	82.24	86.29	97.65	21.39	30.17	86.25	87.78	110.70
脯氨酸	61.27	191.64	474.44	625.35	688.76	61.49	182.62	418.00	550.67	667.79
色氨酸	6.55	18.92	53.79	58.76	64.72	6.22	18.38	55.47	57.20	61.43

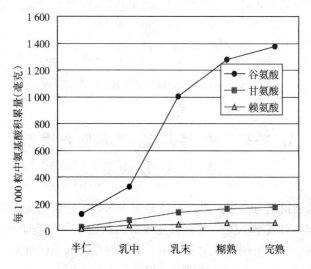

图 3-8　3 种氨基酸积累进程

（赵广才，1985）

从必需氨基酸和非必需氨基酸的积累进程（图 3-9）分析，非必需氨基酸的积累在半仁期就比必需氨基酸高 1.45 倍，以后则逐渐加大差距。非必需氨基酸从半仁期到完熟期增长了 6.57 倍，而必需氨基酸只增长 5.79 倍。在完熟期前者比后者高 1.72 倍。在整个籽粒发育过程中，非必需氨基酸平均每千粒积累量为 95.95 毫克，必需氨基酸仅为 35.21 毫克，二者相距甚远，可见非必需氨酸不仅在籽粒发育的各个时期都有较高的含量，而且有较大的积累速度。

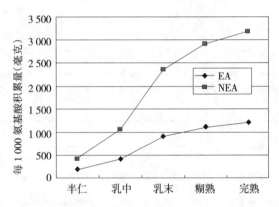

图 3-9　必需氨基酸和非必需氨基酸积累进程

（赵广才，1985）

第三节　栽培措施对小麦产量和品质的影响

栽培措施对小麦产量和品质有很大影响，这是优质栽培技术的依据。对改善小麦品质有明显效果的措施主要是施肥和灌水，而肥料中又以氮肥的效果最突出，磷、钾肥及其他微量元素对小麦品质的影响也有人做过研究，但结果不尽相同。此处重点介绍施氮和灌水对品质影响的研究结果。

一、土壤施氮的作用

小麦生长发育及籽粒形成所需的氮素主要是从土壤施氮中获得的。土壤施氮是最常用的施氮方法，对小麦籽粒品质的影响非常明显。

（一）对蛋白质和赖氨酸含量的影响

石惠恩等（1989）报道，在连续 3 年进行同一方案的施用氮肥试验中，籽粒蛋白质含量和赖氨酸含量均随施氮量增加而提高（表 3-13），不同施氮量的处理之间籽粒蛋白质和赖氨酸含量的方差分析 F 值均达到极显著差异水平。进一步分析结果表明，在不施孕穗肥情况下，每公顷施纯氮 150 千克以下时，每增加 30 千克纯氮，蛋白质含量显著增加，但追氮量在每公顷 150～180 千克时，籽粒蛋白质含量的差异不显著。在追氮量均为每公顷 190 千克时，因追氮时期不同其效果各异。其中冬 4、拔 4、孕 4 比冬 6、孕 6 处理的蛋白质含量明显提高，表明孕穗期施氮比早期施氮对提高籽粒蛋白质含量效果更好，对籽粒赖氨酸含量的影响也有相似的效果（表 3-14）。

表 3-13　不同施氮量处理的籽粒产量、蛋白质和赖氨酸含量

（石惠恩，1989）

处理	施氮量（千克/公顷）	1985 年（豫麦 2 号）			1986 年（豫麦 2 号）			1987 年（豫麦 7 号）		
		产量（千克/公顷）	蛋白质（%）	赖氨酸（%）	产量（千克/公顷）	蛋白质（%）	赖氨酸（%）	产量（千克/公顷）	蛋白质（%）	赖氨酸（%）
对照	0	4 252	15.87	0.385	5 104	13.78	0.395	4 432	14.20	0.347
冬 4	60	4 669	15.95	0.401	5 477	14.20	0.427	4 840	14.49	0.361
冬 6	90	4 852	16.38	0.416	5 710	14.32	0.442	4 872	14.59	0.377
冬 4 拔 4	120	4 927	16.64	0.430	5 950	14.42	0.447	5 179	14.90	0.395

（续）

处理	施氮量(千克/公顷)	1985 年（豫麦 2 号）			1986 年（豫麦 2 号）			1987 年（豫麦 7 号）		
		产量(千克/公顷)	蛋白质(%)	赖氨酸(%)	产量(千克/公顷)	蛋白质(%)	赖氨酸(%)	产量(千克/公顷)	蛋白质(%)	赖氨酸(%)
冬 4、拔 6	150	5 077	17.19	0.443	6 169	14.83	0.452	5 242	15.08	0.408
冬 4、拔 4孕 4	180	5 190	17.48	0.468	6 076	15.36	0.473	5 401	15.66	0.433
冬 6、拔 6	180	5 122	17.07	0.450	6 132	14.80	0.457	5 418	15.27	0.412

注：冬 4 或冬 6 表示越冬期每亩追 4 或 6 千克纯氮，拔 4 或拔 6 表示拔节期每亩追 4 或 6 千克纯氮，孕 4 表示孕穗期每亩追 4 千克纯氮。表 3-14 与此相同。

表 3-14　不同施氮处理对蛋白质和赖氨酸含量的影响

（石惠恩，1989）

处　理	施氮量(千克/公顷)	蛋白质含量(%)	差异显著性		赖氨酸含量(%)	差异显著性	
			5%	1%		5%	1%
冬 4、拔 4、孕 4	180	16.17	a	A	0.468	a	A
冬 6、拔 6	180	15.71	b	B	0.440	b	B
冬 4、拔 6	150	15.70	b	B	0.434	bc	BC
冬 4、拔 4	120	15.32	c	C	0.424	bc	BC
冬 4、拔 4	90	15.10	d	D	0.412	cd	BCD
冬 4	60	14.88	e	E	0.396	de	CD
冬 6对照	0	14.62	f	F	0.376	e	D

　　贾振华等（1990）在北京农学院农场进行研究，结果表明，在底肥相同的条件下，只施 1 次拔节肥时，其籽粒蛋白质含量随拔节期氮量的增加而递增，连续两年的研究结果趋势一致。在 1988 年的试验中，拔节期每公顷施纯氮 220.5 千克的处理比施 78.75 千克纯氮的处理，籽粒蛋白质含量增加 1.66 个百分点。蛋白质产量亦随施氮量增加而提高，施氮量越多增长幅度越小

（表 3 - 15）。

表 3 - 15　施氮量对小麦籽粒蛋白质含量的影响
（贾振华，1990）

处　理	总施氮量 （千克/亩）	蛋白质含量 （%） （丰抗 5 号，1988）	蛋白质产量 （千克/亩） （丰抗 5 号，1988）	蛋白质含量 （%） （京冬 1 号，1989）
对　　照	0	0	0	14.08
底 6.3　拔 5.25　扬 0	11.55	10.63	29.10	14.84
底 6.3　拔 8.4　扬 0	14.70	11.43	36.51	15.26
底 6.3　拔 11.55　扬 0	17.85	12.01	39.03	15.69
底 6.3　拔 14.7　扬 0	21.00	12.29	40.03	15.70
底 6.3　拔 5.25　扬 3.15	14.70	12.58	36.66	16.00
底 6.3　拔 5.25　扬 6.30	17.85	12.69	36.61	16.67
底 6.3　拔 5.25　扬 9.45	21.00	12.58	37.01	17.01
底 6.3　拔 8.4　扬 3.15	17.85	12.81	40.91	15.93
底 6.3　拔 8.4　扬 6.30	21.00	12.85	42.39	16.35

注：处理中"底"代表底施氮素，"拔"代表拔节期施氮素，"扬"代表扬花期是氮素；各自后面的数字表示每亩施氮素的数量。

　　扬花期施氮量的增加也导致籽粒蛋白质含量的递增，且影响远比拔节期大。在相同施氮量的情况下，于拔节期和扬花期 2 次施用氮肥，与在拔节期 1 次施用相比，其籽粒蛋白质含量分别相应有所提高。表明适当晚施氮素对提高籽粒蛋白质含量更为有利。

　　赵广才等（2004）利用不同品种分别以不同施氮量处理，各品种的籽粒蛋白质含量对氮肥反应都很敏感，其中不同施肥处理间差异明显，各品种籽粒蛋白质含量均随施氮量增加而呈提高趋势，其中临汾 145 籽粒蛋白质含量的极差达到 5 个百分点以上。表明施用氮肥对籽粒蛋白质含量的影响很大（表 3 - 16）。

表 3-16　不同施氮量对不同品种籽粒蛋白质含量的影响（%）

（赵广才，2004）

施氮量（千克/亩）	藁8901	豫麦34	烟农19	济麦20	皖麦38	陕253	临汾145
0	11.87	10.96	11.99	10.25	10.82	11.83	11.15
10	13.67	14.02	12.91	12.32	12.54	15.32	13.96
15	15.40	15.00	15.44	14.15	15.68	14.98	15.76
20	15.66	14.87	14.86	14.23	14.56	16.00	16.62

　　高瑞玲等人（1986）报道了不同施氮量、不同施氮时期对小麦籽粒蛋白质和赖氨酸含量的影响（表3-17、表3-18），表明在一定范围内，籽粒蛋白质含量和赖氨酸含量有随施氮量增加而提高的趋势。

表 3-17　不同尿素施用量对产量和营养品质的影响（品种：豫麦1号）

（高瑞玲，1986）

施氮量（千克/亩）	产量（千克/亩）	蛋白质含量（%）	赖氨酸含量（%）
2.3	304.0	12.94	0.312
6.9	358.1	13.49	0.365
11.5	411.2	14.62	0.376
16.1	377.8	13.68	0.361

表 3-18　不同时期施用尿素对产量和品质的影响（品种：豫麦1号）

（高瑞玲，1986）

处理	前期（基15＋冬10千克/亩）	中期（基15＋起身10千克/亩）	后期（基15＋孕7.5＋开花，叶喷2.5千克/亩）
产量（千克/亩）	413.9	372.25	366.7
蛋白质含量（%）	13.24	13.67	15.49
赖氨酸含量（%）	0.334	0.334	0.335

　　注："基"表示基施尿素，"冬"表示越冬前，"起身"表示起身期，"孕"表示孕穗期，其后的数字表示该时期每亩施尿素的数量。

在一定条件下，超过一定范围的施氮量可能使籽粒蛋白质含量有下降的趋势。至于施氮量以多少为宜，需视地力、品种及其他栽培条件而定。在相同施氮量的情况下，随施氮时期推迟，其籽粒蛋白含量也相应有所提高。各处理中赖氨酸含量与施氮量和施氮时期的关系，与蛋白质含量的变化有相同的趋势。

贾振华等人（1988）在不同施氮时期对籽粒蛋白质含量的影响做了进一步研究，表明在相同追施氮量的情况下，随着施氮时期的推迟，籽粒蛋白质含量逐渐增加，而蛋白质产量随追肥时期的推迟出现低、高、低的单峰曲线变化（表3-19）。由于蛋白质产量是由籽粒产量和蛋白质含量二者决定的，因此受籽粒产量影响较大，一般在拔节期前后追施氮肥增产效果最好，故蛋白质产量也较高。位东斌等人（1990）分别在扬花期追相同数量氮肥，也表现追施氮肥较晚对提高籽粒蛋白质含量更有效。这是由于适当的后期施氮，小麦植株仍有较强的吸收能力，此时吸收的氮，能更直接地输送到籽粒中去合成蛋白质，因而使籽粒蛋白质含量明显提高。

表3-19 不同施氮时期对籽粒蛋白质含量和蛋白质产量的影响

（贾振华，1988）

施肥时期	返青	起身	拔节	孕穗	扬花	灌浆	备注
蛋白质含量（%）	12.03	12.05	12.13	12.15	12.60	12.73	1986年小区试验
蛋白质产量（千克/亩）	31.29	37.41	36.07	33.87	31.11	30.26	
蛋白质含量（%）	11.70	11.75	11.78	12.10	12.23	12.45	1987年小区试验
蛋白质产量（千克/亩）	37.76	40.36	42.25	41.05	37.29	37.66	
蛋白质含量（%）	14.00	14.10	14.30	14.40	14.46	16.60	1987年盆栽试验
蛋白质产量（千克/亩）	3.16	3.86	4.00	3.92	3.43	3.62	

赵广才（2001）利用^{15}N同位素示踪技术，研究了不同底施氮素和追施氮素的比例对面包小麦（供试品种为中优9507）籽粒蛋白质含量的影响，结果表明，在全生育期施氮量相同的情况

下，用两种肥料进行处理，其籽粒蛋白质含量均随追施氮素的比例增加而提高，二者呈正相关（用硫酸铵时追肥比例的增加与籽粒蛋白质含量的 $r=0.84$，用尿素时 $r=0.99$），两种肥料处理的籽粒蛋白质含量的极差分别达到 1.56 和 2.0 个百分点（表 3-20）。表明在施氮量相同条件下，加大追施氮肥比例有明显提高籽粒蛋白质含量的作用。在此试验中，就两种肥料而言，表现为尿素对提高籽粒蛋白质含量更为有利。

表 3-20　不同追肥比例对籽粒蛋白质含量的影响

（赵广才，2001）

底追比例	肥料	蛋白质含量（%）	肥料	蛋白质含量（%）
10：0	硫酸铵	21.64	尿素	22.29c
7：3	硫酸铵	22.15	尿素	22.79bc
5：5	硫酸铵	22.75	尿素	23.20abc
3：7	硫酸铵	23.20	尿素	23.79ab
0：10	硫酸铵	22.73	尿素	24.29a

（二）对面筋含量的影响

彭永欣（1992）对不同施氮时期和不同施氮量与面筋含量的关系进行了研究（表 3-21）。结果表明，施氮比对照（不施）能显著提高干、湿面筋的含量和产量，并且随施氮期推迟，其干、湿面筋含量均有逐渐增加的趋势。可见，后期施氮对提高干、湿面筋含量有较好的作用。

表 3-21　不同施氮期及不同施氮量对面筋含量的影响（品种：扬麦 5 号）

（彭永欣，1992）

施氮期	干面筋		湿面筋		施氮量（千克/亩）	干面筋		湿面筋	
	含量（%）	产量（千克/亩）	含量（%）	产量（千克/亩）		含量（%）	产量（千克/亩）	含量（%）	产量（千克/亩）
对照	6.86	19.1	18.47	47.4	0.0	7.64	26.8	19.72	69.6
基施	10.95	49.2	28.87	129.8	3.0	11.06	44.2	29.98	121.3

（续）

施氮期	干面筋		湿面筋		施氮量（千克/亩）	干面筋		湿面筋	
	含量（%）	产量（千克/亩）	含量（%）	产量（千克/亩）		含量（%）	产量（千克/亩）	含量（%）	产量（千克/亩）
3叶	11.60	53.7	31.33	135.4	6.0	12.13	53.0	32.14	141.1
7叶	10.80	47.3	30.53	133.7	9.0	12.13	55.5	33.72	151.7
9叶	11.84	52.5	33.88	147.6	12.0	13.23	52.6	32.09	137.5
11叶	13.13	58.0	34.48	152.8					

（三）对蛋白质组分的影响

施氮肥不仅影响蛋白质含量，而且对蛋白质的组分也有一定影响。据彭永欣等（1992）报道，籽粒中清蛋白、球蛋白、醇溶蛋白和谷蛋白含量均随施氮量的增加而提高。但各组分在总蛋白质中的比例，清蛋白和球蛋白的量随施氮量的增加而降低，醇溶蛋白和谷蛋白所占比例则随施氮量的增加而提高。以亩产量计算时，籽粒中清蛋白、球蛋白在一定范围内是随施氮量的增加而提高。可见适量的施氮能有效地提高蛋白质的各种组分（表3-22）。

表3-22　施氮量对蛋白质不同组分含量及比例的影响

（彭永欣，1992）

施氮量（千克/亩）	蛋白质不同组分含量（%）					
	清蛋白（A）	球蛋白（B）	A+B	醇溶蛋白（C）	谷蛋白（D）	C+D
0.0	1.393	1.107	2.500	3.108	1.967	5.077
3.0	1.547	0.967	2.523	3.868	2.657	6.525
6.0	1.754	1.007	2.761	3.312	2.146	5.458
9.0	1.642	1.131	2.773	4.270	2.956	7.226
12.0	1.510	1.322	2.832	4.815	2.738	7.553
与施氮量 r 值	—	—	0.936*			0.828 6
与蛋白质含量 r 值	—	—	0.892 1*			0.712 5

（续）

施氮量	各组分占总量的百分数（%）					
（千克/亩）	清蛋白 （A）	球蛋白 （B）	A+B	醇溶蛋白 （C）	谷蛋白 （D）	C+D
0.0	18.40	14.62	33.02	41.04	25.94	66.98
3.0	17.10	10.78	27.88	42.75	29.37	72.12
6.0	21.34	12.25	33.59	40.30	26.21	66.41
9.0	16.42	11.33	27.73	42.70	29.56	72.73
12.0	14.55	12.73	27.27	46.36	26.36	72.73
与施氮量 r 值	—	—	−0.5895	—	—	0.5895
与蛋白质含量 r 值	—	—	−0.4922	—	—	0.4922

另据赵广才（2004）用不同氮、磷、钾及灌水处理研究其对小麦籽粒蛋白组分含量的影响，表现为水分胁迫可显著增加球蛋白和谷蛋白的含量。随氮、磷施用量的增加谷蛋白含量有提高的趋势。在生长中、后期增加灌水次数使蛋白质总量显著降低。增施氮肥使蛋白质总量明显提高。增施磷、钾肥也使籽粒蛋白质总含量有提高的趋势，进一步分析表明，蛋白质总量与谷蛋白含量呈极显著正相关（$r=0.89^{**}$），而与其他组分含量的相关程度则较小（表 3-23）。

表 3-23　不同因素对蛋白质组分含量的影响（%）

（赵广才，2004）

处理	清蛋白	球蛋白	醇溶蛋白	谷蛋白	总蛋白
1 水	2.51a	1.62a	0.59a	10.43a	16.49a
2 水	2.52a	1.54ab	0.59a	10.27ab	16.11b
3 水	2.51a	1.48b	0.54a	10.16b	15.78c
N 12	2.53a	1.57a	0.57a	10.23a	15.92b
N 16	2.52a	1.54a	0.58a	10.26a	16.07b
N 20	2.50a	1.53a	0.58a	10.38a	16.39a

（续）

处理	清蛋白	球蛋白	醇溶蛋白	谷蛋白	总蛋白
P_2O_5 5	2.52a	1.56a	0.59a	10.18b	15.96b
P_2O_5 10	2.51a	1.52a	0.57a	10.28ab	16.11ab
P_2O_5 15	2.51a	1.56a	0.57a	10.41a	16.31a
K_2O 5	2.49a	1.56a	0.56a	10.26a	15.99b
K_2O 10	2.53a	1.57a	0.58a	10.32a	16.05b
K_2O 15	2.53a	1.50a	0.60a	10.29a	16.34a

注：N、P_2O_5、K_2O 后的数字表示每亩施用量（千克）。

（四）对氨基酸组分的影响

不同施氮量不仅影响籽粒蛋白质含量及其组分的含量，同样也影响到蛋白质中氨基酸的组成，特别是对必需氨基酸的含量有显著影响（表3-24）。

表3-24 不同追氮量小麦籽粒中各种必需氨基酸的

含量（%）（品种：百农3217）

（高瑞玲，1986）

追氮量 （千克/亩）	赖氨酸	缬氨酸	苯丙氨酸	亮氨酸	异亮氨酸	苏氨酸	蛋氨酸
0	0.33	0.62	0.61	0.79	0.41	0.38	0.24
8	0.36	0.68	0.65	0.83	0.44	0.41	0.28
12	0.38	0.73	0.70	0.91	0.48	0.45	0.31

注：原表缺色氨酸。

从表3-24看出，在每亩追施纯氮8~12千克范围内，籽粒中各种必需氨基酸含量均随施氮量增加而提高。彭永欣等人（1992）也报道人体必需的各种氨基酸均随施氮量的增加而提高（表3-25），并且与蛋白质含量呈正相关。说明施氮对提高籽粒中必需氨基酸的含量有明显效果。

表 3-25　施氮量对人体必需氨基酸含量的影响（%）

（彭永欣，1992）

施氮量（千克/亩）	赖氨酸	缬氨酸	苏氨酸	蛋氨酸	异亮氨酸	亮氨酸	苯丙氨酸
0.0	0.278 7	0.432 6	0.298 5	0.120 0	0.353 4	0.752 5	0.463 4
3.0	0.335 4	0.543 6	0.379 9	0.151 1	0.450 2	0.937 0	0.578 5
6.0	0.345 0	0.575 4	0.410 0	0.179 7	0.492 1	1.040 8	0.616 1
9.0	0.356 4	0.576 2	0.400 7	0.158 1	0.546 5	1.085 8	0.711 3
12.0	0.367 8	0.592 7	0.448 2	0.183 2	0.540 3	1.158 5	0.739 9
与施氮量 r 值	0.910 2*	0.957 2*	0.908 0	0.828 3	0.939 1*	0.964 4	0.980 2**
与蛋白质 r 值	0.985 1*	0.974 9**	0.875 1	0.938 9**	0.973 3	0.964 4**	0.937 2*

注：原表无色氨酸。

（五）产量与品质的同步效应

许多研究表明，增施氮肥可以提高籽粒蛋白质和氨基酸含量，但也不是越多越好，其合理的取值范围常因品种、土壤肥力及其他栽培条件的差异而有很大不同。位东斌等人（1990）提出在一定的施氮量范围内，籽粒产量和品质随施氮量而提高，这一施氮量范围称为产量和品质同步增长区；超过这个范围继续增施氮肥，出现籽粒产量下降，而籽粒蛋白质含量仍有增长，称为产量和品质异步徘徊区；再继续增施氮肥，产量和品质都有所降低，则称为产量和品质同步下降区。虽然不同品种或不同条件下的具体施氮范围有差异，但是在一般情况下，提高品质的最佳施氮量高于提高产量的最佳施氮量。贾振华（1988）的试验表明，在拔节期以前追施氮肥，既可提高产量，又可增加籽粒蛋白质含量，即产量和品质同步增长，在拔节期以后追肥，则主要是增加籽粒蛋白质含量，对产量影响小于拔节期追肥，而且越往后期对产量的影响越小。可见为提高品质而追施氮肥，应注意适宜的施氮量和施氮时期，同时还应考虑到籽粒产量和蛋白质产量的协调

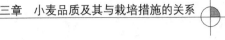

问题。

二、叶面施氮的作用

叶面施氮简便灵活，在浇水或不浇水的情况下均可进行，而且便于植物吸收，肥料利用率高，见效快，不失为一种提高产量、改善品质的有效方法。

（一）叶面喷氮对籽粒蛋白质含量的影响

1. 喷水的作用　在进行叶面喷氮时，必然要涉及氮溶液中的水分。进行叶面喷水就可以探明叶面喷施的氮溶液中水对籽粒蛋白质含量的作用。从表 3-26 看出不同时期喷水（蒸馏水）的各处理与对照相比，其籽粒蛋白质含量差异均不显著。而且无论在水浇地或旱地上进行相同试验其结果一致。因此，可以说叶面喷水对籽粒蛋白质含量基本无影响。从而证明在叶面喷施氮素溶液对籽粒品质的影响主要取决于氮素，而不是水。

表 3-26　不同时期喷水对籽粒蛋白质含量的影响（%）

（赵广才，1985）

喷氮时期	Ⅰ	Ⅱ	Ⅲ	平均	差异显著性（5%）
对照（不喷）	12.87	13.57	12.98	13.07	a
挑旗期	12.64	12.59	13.27	12.83	a
抽穗期	12.62	13.06	12.65	12.78	a
半仁期	12.98	12.84	12.92	12.91	a
乳中期	12.56	13.01	13.23	12.93	a
乳末期	13.04	12.92	12.80	12.92	a
糊熟期	12.53	13.06	13.00	12.86	a

2. 不同时期喷氮的效果　小麦从苗期到蜡熟前都能吸收叶面喷施的氮素营养，但不同生育期所吸收的氮素对籽粒有不同的影响。陈清浩（1957）研究认为，小麦生长前期叶面喷氮有利于分蘖、提高成穗率，增加穗数和穗粒数，从而提高产量，而在生长后期叶面喷氮则明显增加粒重，同时提高了籽粒蛋白质含量。

德·乔基奇（1977、1978）、W. M. Strong（1982）和
R. A. Olson（1983）等人也都报道后期叶面施氮能明显提高籽粒
蛋白质含量。赵广才（1985—1987）从挑旗期开始分不同时期进
行叶面喷氮，结果表明，各时期叶面喷氮均有提高籽粒蛋白质含
量的作用，但如图3-10所示，各品种籽粒蛋白质含量在籽粒发
育过程中的变化趋势仍以半仁期含量较高，以后逐渐下降，乳熟
末期以后则又上升。因此，可以认为合理地进行叶面喷氮可以有
效地提高籽粒蛋白质含量，但不改变各品种固有的变化趋势。

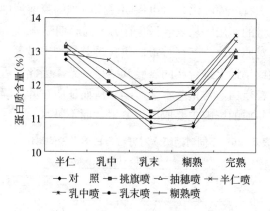

图3-10　不同时期喷氮对籽粒蛋白质含量的影响
（赵广才，1987）

　　在小麦生长后期的不同时期进行叶面喷氮，其提高籽粒蛋白
质含量的效果不尽相同（表3-27）。喷氮以后，在籽粒发育的各
个时期进行测定，其蛋白质含量均有所提高。在籽粒完熟期测
定，各喷氮处理间籽粒蛋白质含量的高低顺序是乳熟中期、乳熟
末期、半仁期、抽穗期、糊熟期、挑旗期及对照。其中以半仁至
乳熟末期喷氮的效果较好。在两年的多品种试验中，均表现相似
的结果，表明在小麦生长后期喷氮较早期喷氮对提高籽粒蛋白质
含量更为有利，但也不是越晚越好。因为在乳熟期以后，叶片逐
渐衰老，功能叶片也逐渐减少，吸收能力减弱，从而导致叶面喷

氮效果降低。

表 3－27　不同时期喷氮对小麦籽粒蛋白质含量的影响（%）

（赵广才，1986）

时间	喷氮时期	半仁	乳中	乳末	糊熟	完熟
1986	对照（不喷）	14.31 a A	12.32 b B	11.38 d C	12.06 c B	12.45 c D
	挑旗	14.48 a A	12.41 b B	11.44 cd C	12.38 bc AB	12.90 bc BCD
	抽穗	14.52 a A	12.62 b B	11.79 bc ABC	12.55 abc AB	13.11 b ABCD
	半仁	14.40 a A	13.37 a A	12.17 ab AB	12.59 ab AB	13.24 ab ABC
	乳中	14.39 a A	12.47 b B	12.29 a A	13.04 a A	13.67 a A
	乳末	14.56 a A	12.16 b B	11.65 cd BC	12.52 bc AB	13.37 ab AB
	糊熟	14.42 a A	12.22 b B	11.37 cd C	12.28 bc B	12.59 c CD
1987	对照（不喷）	12.73 c C	11.73 d C	10.87 de CD	10.75 c D	12.36 e C
	挑旗	13.11 ab AB	12.09 c BC	11.19 c C	11.29 b BC	12.81 d BC
	抽穗	13.20 a A	12.41 b AB	11.60 b B	11.73 a AB	13.04 bcd AB
	半仁	12.92 bc ABC	12.74 a A	1179 ab AB	11.78 a A	13.29 abc AB
	乳中	12.88 c BC	11.75 d C	12.04 a A	12.08 a A	13.48 a A
	乳末	12.88 c BC	11.70 d C	11.02 cd CD	11.89 a A	13.46 ab A
	糊熟	12.74 c C	11.79 cd C	10.69 e D	10.83 c CD	13.62 cd AB

　　从完熟期各处理的籽粒蛋白质含量比对照增加百分率（图 3-11）分析，不同时期喷氮处理间有较大差异。1986 年的增长幅度为 1.1%～9.8%，平均增长 5.6%，1987 年为 3.6%～9.1%，平均增长 6.7%，两年均以乳熟中期喷氮的籽粒蛋白质含量增长率最高，分别为 9.8% 和 9.1%。而且从处理 1 至处理 4 其增长率逐渐增加，此后又逐渐降低。进一步表明乳熟中期及其前后的半仁期和乳熟末期是较适宜的喷氮时期，而以乳熟中期喷氮效果最佳。

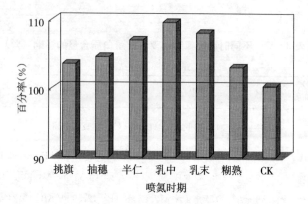

图 3-11　不同时期喷氮籽粒蛋白质增长率
(赵广才, 1987)

进一步用^{15}N 研究小麦叶面喷氮的效应表明,在土壤氮素相同条件下,从旗叶展开(挑旗)开始,不同时期用^{15}N 标记的硫酸铵溶液喷洒旗叶,氮素均可被旗叶吸收输送到籽粒中,在各处理间,籽粒中 NDFF(氮素含量来自肥料氮的百分比)有较大差别(表 3-28),其中以挑旗后两周喷氮籽粒中 NDFF 最高,达2.41%,极显著地高于其他各处理,次为挑旗后 3 周和 1 周喷氮处理,其余 3 个处理的籽粒中 NDFF 均较低。这一结果表明,旗叶展开 35 天内,不同时期喷氮籽粒中均有显著不同的 NDFF。并且,由于旗叶在不同时期叶片功能强弱不同,导致各处理间籽粒中 NDFF 由低到高,再转低的变化。这一变化趋势对拟定叶面喷氮的适宜时期有重要参考意义。

表 3-28　不同时期叶面喷氮的效应 (%)
(赵广才, 1986)

喷氮时期	籽粒含氮量	NDFF*	NDFS**	籽粒蛋白质含量	
挑旗当天	2.107	0.94 C	99.06	12.01	ab
挑旗后 1 周	2.202	1.70 B	98.30	12.55	ab
挑旗后 2 周	2.214	2.41 A	97.59	12.62	ab

（续）

喷氮时期	籽粒含氮量	NDFF*	NDFS**	籽粒蛋白质含量	
挑旗后 3 周	2.204	1.84 B	98.16	12.56	ab
挑旗后 4 周	2.112	0.55 D	99.45	12.04	ab
挑旗后 5 周	2.104	0.37 E	99.63	11.99	ab
对照（不喷）	2.088		100	11.90	b

* 籽粒中来自肥料的氮；** 籽粒中来自土壤的氮。

就籽粒蛋白质与 NDFF 分析，6 个喷氮处理间的蛋白质含量变化，与籽粒中 NDFF 变化基本一致，即蛋白质含量随 NDFF 的增减而变化。

一般说来，随着叶片衰老，叶面吸收和转运氮素的能力逐渐减弱。至于挑旗当天叶面喷氮比挑旗后 1～3 周叶面喷氮的籽粒中 NDFF 低，可能是由于当时叶片吸收的氮素较多地用于合成叶绿素或运输到植株其他部位，而在挑旗后 1～3 周正值抽穗到籽粒形成时期，籽粒为生长中心，叶面吸收的氮素能较多地输向籽粒。

用不同种类的氮肥进行叶面喷施，其效果不尽相同。在我们的试验中，用尿素溶液和硫酸铵溶液进行叶面喷施，对提高籽粒蛋白质含量的适期范围稍有变动。高瑞玲等（1989）分别用 2% 的尿素溶液和 2% 的硫酸铵溶液在不同时期对小麦进行叶面喷施（表 3-29），结果表明小麦后期喷施尿素或硫酸铵溶液，都能明显提高小麦籽粒蛋白质和赖氨酸含量，其中在灌浆期连续喷 2 次尿素的蛋白质含量两年分别比对照提高 2.6 个百分点、1.236 个百分点，赖氨酸含量提高 0.066 个百分点、0.082 6 个百分点，喷硫酸铵的蛋白质含量两年分别提高 2.36 个百分点、0.746 个百分点，赖氨酸含量提高 0.064 6 个百分点、0.079 6 个百分点，对提高品质的效果非常明显。并且可以看出在灌浆盛期以前喷氮，其籽粒蛋白质和赖氨酸含量均有随喷肥时期的后延而逐渐增高的趋势，就两种肥料比较而言，喷施尿素溶液比硫酸铵溶液对提高品质的效果更好。在同一研究中，还表现出随喷氮时期推迟，千粒重、容重和籽粒产量依次降低，但均比对照有所增加，籽粒蛋白质产量也均比对照有较大提高，而各项指标均表现为喷尿素溶液比硫酸铵溶液效果好。因此在生产上用尿素溶液进行叶面喷施更为适宜。

表 3-29　不同喷肥种类和时期对小麦籽粒品质的影响（%）

（高瑞玲，1989）

喷肥时期		2%尿素		2%硫酸铵	
		蛋白质	赖氨酸	蛋白质	赖氨酸
1986	孕穗＋开花	12.60	0.375	12.51	0.373
	开花＋灌浆初	13.00	0.378	12.60	0.378
	灌浆初＋灌浆盛	14.20	0.417	13.90	0.409
	CK（清水）	11.60	0.348	11.60	0.345
1987	孕穗＋开花	15.10	0.438	14.79	0.443
	开花＋灌浆初	15.81	0.476	15.96	0.464
	灌浆初＋灌浆盛	16.30	0.491	15.27	0.489
	CK（清水）	15.07	0.409	14.53	0.410

3. 不同喷氮量、次数及浓度的效应　在氮肥溶液浓度和喷施时期相同的情况下，对同一品种进行叶面喷施不同数量的氮素溶液，在一定范围内，其籽粒蛋白质含量随喷氮数量的增加而提高，二者呈显著正相关。$Y=21.678+0.052x$（$r=0.95^*$）。

从表 3-30 可见，两年试验各喷氮量处理均比对照显著地提高了籽粒蛋白质含量。其中以每亩喷 10 千克纯氮的效果最好。但是若就提高蛋白质含量和经济效益权衡考虑，则喷氮数量不宜过多，因每千克纯氮所提高的籽粒蛋白质含量，有随喷氮数量的增加而减少的趋势（表 3-31）。

表 3 - 30　　不同喷氮量对籽粒蛋白质含量的影响（%）

（赵广才，1987）

喷氮量（千克/亩）	1986 年			1987 年		
对照（不喷）	13.47	b	B	12.34	b	D
2.5	14.19	a	AB	12.74	c	CD
5.0	14.32	a	AB	13.27	b	BC
7.5	14.50	a	AB	13.46	b	B
10.0	14.89	a	A	13.92	a	A

表 3 - 31　　每千克纯氮增加的蛋白质含量（%）

（赵广才，1987）

喷氮量（千克/亩）	1986 年	1987 年
对照（不喷）	—	—
2.5	0.288	0.160
5.0	0.170	0.186
7.5	0.138	0.150
10.0	0.142	0.158

　　在使用肥液浓度、数量相同的情况下，对同一品种在同一生育时期进行不同次数的叶面喷氮处理，于完熟期测定其籽粒蛋白质含量，各喷肥次数处理均较对照极显著地增多（表 3 - 32），但不同喷肥次数处理之间差异不显著，两年的试验结果相同。可见在其他条件均相同时，叶面喷氮次数对小麦籽粒蛋白质含量基本无影响。有些研究中报道，在每次喷肥的浓度和数量相同的情况下，2 次喷肥比 1 次喷肥对提高籽粒产量和品质效果更好，这主要是由于喷氮数量的增加引起的（表 3 - 33）。也有报道指出，在数量和浓度相同时，分次喷肥比一次喷肥效果好，这主要是由于喷肥的时期不同造成的差异。

表 3 - 32   不同喷氮次数对籽粒蛋白质含量的影响（％）

（赵广才，1986）

喷氮次数	1986 年			1987 年		
对照（不喷）	13.25	b	B	11.80	b	B
1	14.40	a	A	12.91	a	A
2	14.39	a	A	12.97	a	A
3	14.57	a	A	13.11	a	A
4	14.23	a	A	13.30	a	A

表 3 - 33   不同喷氮次数对营养品质的影响（％）

（高瑞玲，1986）

处理	蛋白质含量		赖氨酸含量	
孕穗期喷清水（CK）	12.85	b	0.310	b
孕穗期喷 1.5％尿素 1 次	14.79	a	0.343	ba
孕穗期、扬花期各喷 1.5％尿素 1 次	15.18	a	0.375	a

在喷肥的数量、次数、时期等条件相同时，不同的喷氮浓度处理均比对照显著地提高了籽粒蛋白质含量。但各喷氮浓度处理间差异不显著（表 3 - 34）。

表 3 - 34   不同喷氮浓度对籽粒蛋白质含量的影响（％）

（赵广才，1987）

喷氮浓度（％）	1986 年		1987 年	
对照（不喷）	13.27	b	12.10	b
6	14.28	a	12.78	a
10	14.14	a	12.67	a
20	14.31	a	12.87	a
30	14.82	a	12.74	a

综上所述，在不同数量、次数、浓度的喷氮处理中，对增加籽粒蛋白质含量起作用的主要因素是喷氮数量，在其他条件相同时，喷氮次数和浓度的作用不明显。在实际应用中，喷氮浓度和数量不宜过高，应以不烧伤叶片为宜。

4. 不同土壤肥力条件下叶面喷氮的效果　不同土壤肥力、不同喷氮处理以及二者间的互作，其籽粒蛋白质含量的差异均达显著水平（表3-35①）。在土壤中磷、钾含量相同的条件下，籽粒蛋白质含量随土壤中氮含量的增加而提高，其中高氮（75毫克/千克）和中氮（50毫克/千克）处理的籽粒蛋白质含量极显著地高于低氮（25毫克/千克）处理。而高氮和中氮处理间差异不显著。表明土壤肥力在一定范围内对籽粒蛋白质含量有显著影响，当土壤肥力高到一定程度后对增加籽粒蛋白质含量的效果则较差。叶面喷氮比不喷氮的处理籽粒蛋白质含量有极显著的提高（表3-35②）。但值得注意的是，在不同土壤肥力下叶面喷氮和对照（不喷）的籽粒蛋白质含量差异显著性不同。在高氮条件下叶面喷氮和对照的蛋白质含量差异不显著，而在中氮和低氮条件下二者的差异均达到极显著水平（表3-35③）。在高氮条件下叶面喷氮比对照的蛋白质含量增加1个百分点，中氮条件下比对照增加1.98个百分点，低氮条件下增加3.18个百分点。即随着土壤含氮量的降低，叶面喷氮对增加籽粒蛋白质含量的效果逐渐提高。

表3-35①　不同土壤肥力间籽粒蛋白质含量

（赵广才，1987）

处理	蛋白质含量（%）	差异显著性	
		5%	1%
高氮	16.30	a	A
中氮	15.49	a	A
低氮	13.76	b	B

表 3 - 35②　喷氮处理的籽粒蛋白质含量

(赵广才，1987)

处理	蛋白质含量(%)	差异显著性	
		5%	1%
喷氮	16.22	a	A
不喷	14.14	b	B

表 3 - 35③　不同肥力条件下叶面喷氮处理的籽粒蛋白质含量（%）

(赵广才，1987)

处理	高氮			中氮			低氮		
喷氮	16.80	a	A	16.49	a	A	15.38	a	A
不喷	15.80	a		14.51	b	B	12.20	b	B

5. 不同水分状况下叶面喷氮的效应　小麦生长期间的水分状况与产量、品质有密切关系。A. M. Alston（1979）在 3 种水分状况下进行施肥研究，结果表明，产量均随水分增多而提高，但以叶面施肥的处理增产最多，达 33.7%。籽粒蛋白质含量则因水分增加而有降低的趋势。在同样水分条件下，产量和品质均为"土壤施氮＋叶面施氮"的处理优于"土壤施氮"。这一研究结果说明水分对肥效具有重要意义，特别对叶面施肥的作用更为明显。

经研究发现，浇水和不浇水的条件下进行不同喷氮数量、喷氮次数、喷氮浓度的试验，在相同的喷氮处理中，正常浇水的处理和一直不浇水的干旱处理的籽粒蛋白质含量互有高低，但差异不显著（表 3 - 36）。而在有些不喷氮的条件下干旱处理能提高籽粒蛋白质含量。但是土壤水分适宜时，叶片吸收氮素的能力可能更强，所以在土壤湿润的条件下进行叶面喷氮效果更好。

表 3 - 36　不同土壤水分条件下叶面喷氮的籽粒蛋白质含量（%）

（赵广才，1987）

处理	不同喷氮数量		不同喷氮次数		不同喷氮浓度	
浇水	13.38	a	13.05	a	12.59	a
不浇水	12.89	a	12.56	a	12.67	a

（二）叶面喷氮对氨基酸含量的影响

土壤施氮和叶面施氮都可以改变小麦籽粒中氨基酸的组分。在小麦生长后期进行不同时期叶面喷氮处理对籽粒中必需和非必需氨基酸含量及 17 种氨基酸总量都较对照（不喷）有不同程度的增加（表 3-37）。其中以半仁至乳熟末期喷氮其籽粒中必需氨基酸含量提高较多，而乳熟中期喷氮，TA（氨基酸总量）、EA（必需氨基酸总量）和 NEA（非必需氨基酸总量）都增加最多。叶面喷氮各处理的平均值也均较对照有所提高，其中 TA 提高 6.98%，NEA 提高 5.15%，而 EA 提高的百分率最大，为 11.90%。在水浇地和旱地上的试验结果相似。

表 3 - 37　不同时期叶面喷氮对小麦籽粒中各种氨基酸含量的影响（%）

（赵广才，1987）

喷氮时期	对照（不喷）	挑旗	抽穗	半仁	乳中	乳末	糊熟	喷氮处理平均比对照增加(%)
天门冬氨酸	0.5775	0.7468	0.6798	0.6528	0.6108	0.6680	0.6140	14.63
苏氨酸	0.3248	0.3825	0.3893	0.3678	0.3375	0.3473	0.3588	12.04
丝氨酸	0.5220	0.6260	0.5915	0.6200	0.5875	0.6190	0.6173	15.88
谷氨酸	3.6168	3.5020	4.0280	3.6783	4.0915	3.6770	3.9133	5.480
甘氨酸	0.4593	0.4970	0.5925	0.4333	0.4580	0.4288	0.5135	6.070
丙氨酸	0.4255	0.4720	0.4735	0.4708	0.4398	0.4495	0.4395	7.520
缬氨酸	0.4168	0.4830	0.5293	0.5323	0.5655	0.5393	0.4470	24.00
蛋氨酸	0.1273	0.1108	0.0833	0.1093	0.0878	0.1360	0.1045	-17.28

（续）

喷氮时期	对照(不喷)	挑旗	抽穗	半仁	乳中	乳末	糊熟	喷氮处理平均比对照增加(%)
异亮氨酸	0.431 5	0.486 5	0.505 8	0.495 0	0.520 5	0.553 5	0.446 8	16.18
亮氨酸	0.809 5	0.921 3	0.896 0	1.004 0	1.038 5	0.982 0	0.869 3	17.58
酪氨酸	0.316 8	0.359 5	0.405 0	0.387 8	0.410 5	0.458 5	0.373 0	25.98
苯丙氨酸	0.559 3	0.561 5	0.547 0	0.565 0	0.591 8	0.587 8	0.550 8	1.430
组氨酸	0.178 0	0.159 8	0.180 0	0.135 0	0.187 3	0.115 5	0.143 8	−13.76
赖氨酸	0.159 0	0.180 0	0.205 3	0.151 3	0.215 0	0.165 8	0.173 0	14.34
精氨酸	0.273 8	0.292 5	0.195 3	0.254 3	0.307 8	0.321 0	0.210 0	−3.76
脯氨酸	1.700 5	1.626 0	1.656 3	1.580 8	1.565 5	1.681 5	1.715 8	−3.70
色氨酸	0.165 8	0.159 3	0.166 5	0.167 5	0.160 8	0.155 5	0.163 5	−2.17
TA	11.063 7	11.566 8	12.124 4	11.605 3	12.176 1	11.886 2	11.653 9	6.98
EA	2.993 5	3.285 2	3.322 5	3.392 2	3.517 4	3.467 4	3.113 7	11.90
NEA	8.070 2	8.281 6	8.801 9	8.213 1	8.658 7	8.418 8	8.540 2	5.150

　　喷氮对各种氨基酸含量的效应有一定差别。在17种氨基酸中，酪氨酸和缬氨酸6个喷氮处理的平均值较对照增长率最多，分别为25.98%和24.00%；其次为亮氨酸、异亮氨酸、丝氨酸、天门冬氨酸、赖氨酸和苏氨酸，比对照增长12.04%～17.58%，喷氮对增加这8种氨基酸含量有较好的作用；再次为丙氨酸、甘氨酸、谷氨酸和苯丙氨酸，增长10%以下，喷氮的作用较小。而蛋氨酸、组氨酸比对照却分别减少17.28%和13.76%，精氨酸、脯氨酸和色氨酸的含量比对照减少2.17%～3.76%。

　　从小麦籽粒蛋白质中各种氨基酸的百分含量分析（表3-38），各喷氮处理均比对照提高了蛋白质中EA/NEA和EA/TA的比例。其中分别以半仁期、乳熟中期和乳熟末期喷氮处理提高较多。因此，适期叶面喷氮不仅可以显著地增加小麦籽粒蛋白质含量，而且可以有效地提高蛋白质的营养价值。

表 3-38　不同时期喷氮对籽粒蛋白质中氨基酸含量的影响（%）

（赵广才，1985）

喷氮时期	对照（不喷）	挑旗	抽穗	半仁	乳中	乳末	糊熟
天门冬氨酸	4.725	6.005	5.280	4.925	4.530	5.120	4.990
苏氨酸	2.655	3.065	3.000	2.805	2.505	2.660	2.910
丝氨酸	4.270	5.010	4.515	4.595	4.355	4.745	5.020
谷氨酸	29.58	27.90	31.345	27.875	30.59	28.250	31.785
甘氨酸	3.760	3.975	4.545	3.190	3.400	3.280	4.175
丙氨酸	3.480	3.800	3.630	3.500	3.260	3.445	3.565
缬氨酸	3.405	3.870	4.110	3.995	4.190	4.135	3.635
蛋氨酸	1.055	0.880	0.640	0.815	0.655	1.040	0.850
异亮氨酸	3.530	3.885	3.880	3.815	3.865	4.245	3.625
亮氨酸	6.625	7.365	6.910	7.500	7.720	7.525	7.245
酪氨酸	2.650	2.855	3.120	2.875	3.050	3.515	3.285
苯丙氨酸	4.540	4.475	4.215	4.190	4.395	4.500	4.480
组氨酸	1.455	1.275	1.390	1.015	1.385	0.885	0.965
赖氨酸	1.300	1.440	1.580	1.145	1.595	1.265	1.415
精氨酸	2.440	2.345	1.495	1.925	2.290	2.460	2.080
脯氨酸	13.905	13.00	12.74	11.855	11.580	12.855	13.975
色氨酸	1.320	1.270	1.285	1.260	1.190	1.190	1.250
EA：NEA	0.369 0	0.396 7	0.474 1	0.555 6	0.405 3	0.4114	0.363 8
EA：TA	0.269 4	0.284 0	0.321 6	0.357 2	0.288 4	0.291 5	0.266 8

（三）叶面喷氮对加工品质的影响

叶面喷氮不仅对籽粒蛋白质及氨基酸等营养品质有明显的影响，也有改善加工品质的作用。小麦加工品质的指标较多，现仅就较为重要和常用的一些指标进行分析。

从表3-39看出，叶面喷氮可以极显著地提高湿面筋和干面筋含量，沉降值虽未达到显著水平，但也有所提高，表明小麦生育后期叶面喷氮能起到改善加工品质的作用。

表3-39　叶面喷氮对面筋及沉降值的影响
（赵广才，1988）

处理	湿面筋（%）			干面筋（%）			沉降值（毫升）		
喷氮	38.95	a	A	12.96	a	A	31.50	a	A
不喷	39.95	b	B	12.37	b	B	30.73	a	A

有报道指出面团品质与烘焙品质呈极显著相关（王肇慈，1986）。因此常把面团品质作为小麦加工品质研究的重要内容之一。

从表3-40看出，叶面喷氮能显著提高面粉的吸水率，吸水率高的面粉做面包时加水多，既能提高单位重量面粉的出品率，也可做出质量优良的面包，而且面粉的吸水率与其他品质指标也有密切关系。叶面喷氮肥对面团的其他品质指标也均有改善，除软化度外，各项指标均达到显著或极显著差异水平。表明叶面喷氮对改善面团品质非常有效。

表3-40　叶面喷氮对面团品质的影响（中麦2号）
（赵广才，1988）

处理	吸水率（%）			形成时间（分钟）			稳定时间（分钟）			断裂时间（分钟）		
喷氮	59.44	a	A	3.93	a	A	5.95	a	A	8.50	a	A
不喷	58.89	b	A	3.63	b	A	5.46	b	A	7.76	b	B

处理	公差指数			软化度			评价值		
喷氮	37.00	b	A	97.50	a	A	49.79	a	A
不喷	41.50	a	A	99.86	a	A	48.27	b	A

面包烘焙品质也是研究小麦品质极其重要的内容。一般情况

下，面包的烘焙品质与小麦籽粒蛋白质含量、面筋含量、沉降值以及面团的各项品质指标均有密切的关系。在一定程度上，烘焙品质也是上述品质指标的综合反映。面包烘焙品质的具体指标较多，现仅就叶面喷氮对面包体积、比容和面包评分等3项主要指标的作用进行分析。

　　面包体积是最直观、容易识别的指标。从表3‐41中可见，叶面喷氮处理的小麦面包体积为700.80厘米³（100克面粉烤制面包的体积），比对照增加5.24%，达到极显著差异水平。叶面喷氮处理的小麦面包比容为4.48厘米³/克，比不喷氮的增加3.94%，差异显著。试验表明叶面喷氮处理的小麦面包综合评分为78.68分，比不进行叶面喷氮处理的提高4.66%，差异极显著。但是叶面喷氮对各品种的面包烘焙品质所改善的程度不尽相同，其中面包体积增加的幅度为2.5～102.5厘米³，面包评分提高的幅度为0.5～8.5分。综上所述，由于适期适量叶面喷氮有效地提高了蛋白质含量、面筋含量和质量，改善了面团的品质，因而有效地提高了面包的烘焙品质。

表3‐41　叶面喷氮对烘焙品质的影响
（赵广才，1988）

处理	面包体积（厘米³）			比容（厘米³/克）			面包评分		
喷氮	700.80	a	A	4.48	a	A	76.68	a	A
不喷	665.89	b	B	4.31	b	A	75.18	b	B

注：14个冬小麦品种的平均值。

　　小麦的磨粉品质也属于加工品质的范畴。磨粉品质的指标也有很多，现仅就主要指标列于表3‐42，从中可见，不同施肥处理的小麦出粉率虽不尽相同，差异不大，但仍表现出叶面喷氮处理的出粉率较高。而从籽粒硬度和面粉白度的测定结果看，各处理间略有差异，但均不显著，表明不同施肥法对小麦籽粒的磨粉品质影响不大，但叶面施氮处理有提高磨粉品质的趋势。

表 3-42   不同施肥法对磨粉品质的影响

(赵广才，1989)

处理	出粉率（%）	籽粒硬度（秒）	面粉白度（%）
叶面喷氮	67.7 a	17.1 a	73.4 a
土壤施氮	65.4 ab	16.5 a	73.6 a
土施十叶施	64.7 b	16.4 a	73.1 a
对照（不施）	66.1 ab	16.9 a	72.9 a

注：施肥时期均为籽粒灌浆期，施氮量为 2 千克/亩纯氮。

三、灌水对小麦品质的影响

一般认为在小麦生育期水分不足，产量下降，而籽粒蛋白质含量却随之增加，但最终蛋白质产量仍然不高。而灌溉小麦，产量可大幅度增加，蛋白质含量却不增加或有所降低，最终蛋白质产量仍可大幅度增加。一般南方因多雨，比干旱的北方小麦品质差，水浇地小麦常比旱地小麦品质差。水分是与营养元素特别是氮素共同对小麦品质起作用。在干旱的地区，如果土壤肥力很差尤其是氮素营养不足，产量下降，品质也不会好，而在旱肥地产量和品质均会有所提高。在水浇地上充足合理的氮素供应也可使产量提高，而品质不下降或有所提高。因此常出现一些灌水或干旱处理对品质影响不一致或完全相反的试验结果，这与试验中氮素营养的供应状况以及灌水技术有关。

还有报告指出，灌溉使一些品种的烘烤品质变坏，而使另一些品种变好。据河南省试验，小麦品种豫麦 2 号随着灌水量的增大和灌水时间的推迟，其籽粒蛋白质和赖氨酸含量有降低的趋势，但籽粒产量和蛋白质产量却有大幅度增加（表 3-43）。另外从后期干旱对小麦品质影响的试验结果分析，后期干旱条件下所形成的籽粒中蛋白质和干面筋含量均高于浇水处理，蛋白质含量高 0.7～1.0 个百分点，干面筋含量高 0.9～3.9 个百分点，而淀粉的含量则相反。干旱严重影响了淀粉的合成与积累。干旱处理的淀粉含量比浇水处理的少 1.7~4.3 个百分点。籽粒中淀粉含量的减少，相应提高了蛋白质的含量，但干旱处理的蛋白质产量仍然较低。

表 3-43 灌水时期与灌水量对小麦品质的影响

(高瑞玲，1986)

灌水期（月/日）和量（米³/亩）					灌水定额（米³/亩）	耗水量（米³/亩）	籽粒产量（千克/亩）	蛋白质含量（%）	蛋白质产量（千克/亩）	赖氨酸含量（%）
冬灌	4/11	4/19	4/25	5/15						
50	0	0	0	0	50	117.06	162.30	16.39	26.6	0.496
50	13	13	13	0	89	143.73	293.85	16.22	47.7	0.432
50	26	26	26	0	128	190.00	328.95	16.32	53.7	0.445
50	39	39	39	0	167	228.57	390.35	15.46	60.5	0.403
50	52	52	52	0	206	260.73	469.30	15.25	71.6	0.425
50	65	65	65	43	288	320.26	438.60	15.13	66.4	0.393

不同水文年份进行灌溉对产量和品质的影响有较大差异。石惠恩（1988）的研究指出在干旱年份进行不同时期、不同灌水量的处理，均比对照（不灌）明显提高了籽粒产量、蛋白质和赖氨酸含量以及蛋白质产量（表 3-44），且有随着灌水次数和灌水总量的增加而增长的趋势。

表 3-44 干旱年份不同灌溉条件下的小麦产量和品质状况（1985）

(石惠恩，1988)

处理	灌水（米³/亩）	耗水（米³/亩）	千粒重（克）	籽粒产量（千克/亩）	蛋白质含量（%）	赖氨酸含量（%）	蛋白质产量（千克/亩）
CK（不灌）	0	108.2	29.6	242.5	13.74	0.376	29.32
起身灌 1 次	40	142.1	29.8	275.0	14.02	0.414	33.93
起身、拔节灌 2 次	80	175.2	32.5	248.7	14.05	0.419	30.75
冬前、起身、拔节灌 3 次	130	211.8	29.1	352.2	14.42	0.408	44.69

（续）

处理	灌水（米³/亩）	耗水（米³/亩）	千粒重（克）	籽粒产量（千克/亩）	蛋白质含量（%）	赖氨酸含量（%）	蛋白质产量（千克/亩）
冬前、起身、拔、浆灌4次	170	227.1	31.4	372.8	14.55	0.444	47.73
冬前、起身、拔、浆、黄灌5次	210	272.5	32.5	387.3	14.64	0.478	49.89

注：1984—1985年度小麦全生育期内仅降水127.2毫米，占常年平均值的79%。

在多雨年份进行的灌水试验结果表明，籽粒产量和蛋白质产量仍呈随灌水次数和数量增加而提高的趋势。但从蛋白质含量分析，除灌1次拔节水的处理蛋白质含量比对照有所提高外，其他各处理蛋白质含量均比不灌水的稍低，且有随灌水次数和数量的增多而递减的趋势（表3-45）。可见灌水对品质的影响与降雨量有很大关系，欠水年灌水可提高产量和品质，丰水年适当少灌也可提高籽粒蛋白质含量，但灌水过多则对品质不利。

表3-45 多雨年份不同灌水条件下的小麦产量和品质

（石惠恩，1988）

处理	灌水（米³/亩）	耗水（米³/亩）	测坑试验			田间试验		
			籽粒产量（千克/亩）	蛋白质含量（%）	蛋白质产量（千克/亩）	籽粒产量（千克/亩）	蛋白质含量（%）	蛋白质产量（千克/亩）
CK（不灌）	0	165.1	293.6	14.58	36.39	289.8	14.31	36.49
拔1水	50	213.3	335.4	15.12	44.63	341.7	14.48	43.54
冬、孕2水	100	258.8	389.2	14.56	49.86	371.8	14.27	46.69
冬、拔、孕3水	150	307.9	424.1	14.39	53.70	386.2	14.13	48.02
冬、拔、孕、浆4水	200	346.2	428.8	14.16	53.43	417.1	13.35	49.00
冬、返、拔、孕、浆5水	250	398.9	420.7	14.16	52.42	397.7	13.54	47.39

注：1986—1987年度小麦全生育期内降水184.2毫米，为常年的114%。

不同的灌水处理对小麦的加工品质也有一定的影响。尹成华等（1989）报道，从拔节至灌浆期分别每亩灌 11.0 米^3、40.3 米^3、68.7 米^3、98.0 米^3 水时，小麦籽粒干面筋含量由 10.74% 逐渐增至 11.70%。表明小麦生育中后期适当灌水有助于增加干面筋含量。但当灌水量继续增至 127.2 米^3/亩和 155.7 米^3/亩时，其含量呈下降趋势，表明过量灌水有不良影响。在另外的灌水次数试验中也出现类似结果，即灌水 1～5 次均比不灌的提高了干面筋含量，但以灌 3 次水的干面筋含量最高。而且不同灌水次数的处理都比对照的降落值有所减少。

　　在不同肥力条件下灌水与干旱处理对籽粒产量和品质的影响有较大差异，在高、中肥力条件下，水分对蛋白质含量的影响较大；在低肥条件下，水分的影响甚小。笔者利用盆栽并严格控制土壤肥力和土壤水分，结果表明，水、肥及其互作对小麦籽粒产量、蛋白质含量和蛋白质产量均有较大影响。仅从水分处理的结果看，湿润处理的籽粒产量、蛋白质含量和蛋白质产量分别为 17.31 克/盆、11.09% 和 1.96 克/盆，干旱处理分别为 8.53 克/盆、12.62% 和 1.10 克/盆。湿润处理极显著提高了籽粒产量和蛋白质产量，干旱处理极显著提高了蛋白质含量。若仅从肥料处理看，高肥、中肥和低肥的籽粒产量分别为 15.31 克/盆、13.57 克/盆和 9.77 克/盆，蛋白质含量分别为 13.73%、11.92% 和 10.03%，蛋白质产量分别为 2.05 克/盆、1.56 克/盆和 0.98 克/盆。不同肥料处理间均达到显著差异水平。但是水分和肥料的配合处理对籽粒产量、蛋白质含量和蛋白质产量的影响却比较复杂，从表 3-46 可以看出，在湿润条件下，高肥比中、低肥处理极显著地提高了蛋白质含量，中肥虽比低肥高但差异不显著。在干旱条件下的高、中、低肥处理间，籽粒蛋白质含量的差异均极显著。表明施肥量在不同水分条件下对籽粒蛋白质含量均有正向影响，而且在干旱条件下施肥量增加籽粒蛋白质含量的作用比湿润条件下更大些。

表 3-46　不同肥水处理对产量和品质的影响

（赵广才，1988）

处理	籽粒产量（克/盆）			蛋白质含量（%）			蛋白质产量（克/盆）		
高肥湿润	21.11	a	A	12.62	b	B	2.66	a	A
中肥湿润	18.52	b	A	10.76	c	C	1.99	b	B
低肥湿润	12.09	c	B	9.98	c	C	1.21	c	CD
高肥干旱	9.52	d	BC	14.91	a	A	1.42	c	C
中肥干旱	8.63	d	BC	13.13	b	B	1.13	c	CD
低肥干旱	7.45	d	C	10.08	c	C	0.75	d	D

在不同施肥量条件下，水分对籽粒蛋白质含量的影响有一定差别。如在高、中肥条件下干旱处理的籽粒蛋白质含量比湿润处理分别提高 2.29 个百分点和 2.37 个百分点，差异均极显著。但是在低肥条件下，干旱处理的籽粒蛋白质含量比湿润处理仅提高 0.1 个百分点，差异甚小。表明水分只有在施肥量较高时才能明显地影响籽粒蛋白质含量，在缺少肥料的条件下，水分对蛋白质含量基本无影响。

由于籽粒蛋白质产量受籽粒产量和蛋白质含量两项指标制约，而且籽粒产量受肥水的影响比蛋白质含量大，只要肥水管理得当就可以增加产量，相应地提高蛋白质产量。因此在肥、水试验中，增加肥料和土壤水分均有效地提高了籽粒产量和蛋白质产量，二者随水、肥的变化是一致的。

在施肥总量相同条件下，不同浇水、施肥时期及数量的处理中，籽粒蛋白质含量、湿面筋含量、沉降值、面团稳定时间及面包体积均有较大变化（表 3-47），其籽粒蛋白质含量以浇 2 水且施肥后移的处理（F2，浇 2 水，春 5 叶露尖时每亩追尿素 18 千克，开花期每亩追尿素 6 千克）最高。进一步分析表现为在同为浇 2 水的处理中（F1、F2，F1 为浇 2 水，春 2 叶露尖和春 5 叶露尖时分别每亩施尿素 12 千克），氮肥后移比前移的处理蛋白质含量高。在施肥处理相同的 F1、F3、F5（F3 和 F5 施肥与 F1 相同，F3 浇 3 水，F5 浇 4 水）3 个处理中，浇 2 水的 F1 比浇 3 水的 F3 和浇 4 水的 F5 蛋白质含量高，在施肥后移的 F2、F4、F6（F4 和 F6 施肥与 F2 相同，但 F4 浇 3 水，F6 浇 4 水）3 个处理中，浇 2 水的 F2 比浇 3 水的 F4 和浇 4 水的 F6 蛋白质含量高。在同样浇 3 水的处理中（F3、F4），施氮后移的 F4 比 F3 蛋白质含量高，在同浇 4 水的处理中（F5、F6），施氮后移的 F6 比 F5 蛋白质含量高。总之，在浇水次数相同时，施肥后移的处理蛋白质含量高，在施肥处理相同时，浇水次数少的处理蛋白质含量高。在浇水次数相同时，氮肥后移的处理沉降值、湿面筋和面团稳定时间均有所提高。在浇水次数相同时，氮肥后移的处理面包体积有增加的趋势，在施肥处理相同时，有随浇水次数减少而面包体积增加的趋势。

表 3 - 47　不同肥水处理对小麦品质的影响

（赵广才，2000）

处理	蛋白质含量 （%）	沉降值 （毫升）	湿面筋 （%）	稳定时间 （分钟）	面包体积 （厘米³）
F1	16.17 ab	43.5	36.2	7.6 c	893 ab
F2	16.48 a	45.3	36.7	9.0 bc	920 a
F3	16.05 b	43.3	35.8	10.6 ab	823 c
F4	16.31 ab	45.3	37.5	10.3 ab	835 bc
F5	16.05 b	43.5	35.9	7.6 c	834 bc
F6	16.36 ab	45.2	38.4	11.8 a	827 bc

综上所述，水分对小麦品质的影响是复杂的。一般情况下灌水增加籽粒产量和蛋白质产量，而由于增加了籽粒产量对蛋白质的稀释作用使蛋白质含量有所下降。干旱在多数情况下会使蛋白

质含量有所提高,却使籽粒产量和蛋白质产量降低。在肥料充足的条件下或在干旱年份,适当灌水可以使产量和品质同步提高,在较干旱时,肥料充足可使蛋白质含量提高,肥料不足时干旱或湿润都使蛋白质含量降低,二者无明显区别。

第四章

强筋小麦品质调节及
其稳定性

　　小麦的产量和品质不仅受遗传基因制约，而且受生态条件和栽培措施的影响。有研究认为环境对蛋白质含量和面团形成时间的作用最大。而沉降值、硬度、稳定时间、延伸性和拉伸面积的基因型作用大于环境作用。有学者对种在陕西的不同试点的多个品种品质性状的基因型因子进行分析，探讨了小麦品种籽粒品质性状间相互关系的内在规律，认为沉降值与蛋白质含量和粉质参数之间存在密切关系。也有学者对小麦品种主要品质性状的稳定性进行研究，分析了品种、环境及品种与对环境互作对籽粒硬度、蛋白质含量、沉降值及湿面筋含量的影响，认为基因型效应对所有品质参数均有显著影响。由于品种遗传背景不同，来源于不同地区的小麦品种在同一生态和栽培条件下种植，有些品种的产量和品质对栽培措施反应敏感，有些表现相对稳定，而品质和产量对外界条件的反应并不同步。其产量较稳定的品种，品质不一定稳定。品质稳定性好的品种适应性广泛，稳定性较差的品种栽培的可塑性较强。赵广才等人通过选用来自河南省、河北省、山东省、安徽省、江苏省、陕西省和山西省等中国小麦主产区的豫麦34、8901-11、济麦20、皖麦38、烟农19、陕253和临优145等7个优质强筋小麦品种，统一设计不同的施肥和灌水处理，分别在不同生态条件的试验点进行试验，研究不同生态区的品种在相同条件下，不同肥水运筹以及不同生态试验点对营养品质和加工品质的调控效应其及稳定性。

第一节 营养品质的氮肥调节及其稳定性

一、不同生态条件下籽粒蛋白质的氮肥调节及其稳定性

从表4-1可以看出，除山西盐湖外，各试验点不同施氮处理的籽粒蛋白质含量均表现显著或极显著差异，不同处理间的变异系数以河北任丘最大，其极差达到3.99个百分点。从不同处理各试验点间的变异系数分析，有随施氮量增加而逐渐变小的趋势，表明适当增施氮肥，可以有效地降低不同试验点间的籽粒蛋白质含量差异。

表4-1 各试验点不同施氮处理的籽粒蛋白质含量（%）

施氮处理	山东兖州	安徽涡阳	江苏丰县	河南新乡	山西盐湖	河北任丘	平均	变异系数（%）
对照(不施氮)	12.66 cC	12.66 cB	14.48 dC	13.51 cB	13.40 a	11.27 cC	13.07 cC	7.68
150千克/公顷	13.77 bB	14.94 bA	15.13 cB	14.53 bA	14.13 a	13.53 bB	14.31 bB	4.15
225千克/公顷	14.31 aAB	15.31 aA	15.57 bA	14.76 abA	14.29 a	15.20 aA	14.82 aA	3.65
300千克/公顷	14.37 aA	15.43 aA	15.80 aA	14.92 aA	14.35 a	15.26 aA	14.92 aA	3.99
变异系数（%）	5.75	8.91	3.81	4.39	3.12	13.58	5.95	

资料来源：中国农业科学院作物科学研究所，2004。

不同品种的籽粒蛋白质含量在各试验点的表现不尽相同（表4-2），品种与试验点的交互作用显著，在山东兖州和河南新乡以8901-11表现最好，在山西盐湖以豫麦34蛋白质含量最高，安徽涡阳和江苏丰县以临优145突出，在河北任丘以陕253较好。各试验点不同品种间蛋白质含量的变异系数为2.96%～6.87%，以江苏丰县最高。同一品种在不同试验点的蛋白质含量有较大变化，其中临优145的极差为3.15个百分点，8901-11

为 1.92 个百分点。各品种在不同试验点间的变异系数为
2.04%～7.03%，变异系数较小的品种表明在不同环境中蛋白质
含量静态稳定性好；变异系数较大的品种，表明生态条件对其影
响大，其品质的栽培可塑性强。从环境指数分析，以江苏丰县最
高，为 15.25%。以下依次为安徽涡阳、河南新乡、山西盐湖、
河北任丘、山东兖州，这与不同试验点的生态条件和土壤养分含
量有一定关系（表4-3），不同试验点间的差异达到极显著水平。

表4-2 各试点不同品种的籽粒蛋白质含量（%）

品 种	山东兖州	安徽涡阳	江苏丰县	河南新乡	山西盐湖	河北任丘	变异系数(%)
8901-11	14.29 aA	15.27 aA	16.07 bB	15.31 aA	14.80 aA	14.15 abAB	4.38
豫麦34	13.40 cC	14.16 dC	14.76 dD	14.64 bcBC	14.84 aA	13.71 abAB	4.01
烟农19	13.37 cC	13.64 eD	14.30 fE	13.42 dD	13.09 bB	13.80 abAB	4.02
济麦20	13.35 cC	14.52 bcBC	14.54 eDE	13.55 dD	13.29 bB	12.74 cB	4.93
皖麦38	13.76 bB	14.31 cdBC	14.72 dD	14.37 cC	13.04 bB	13.40 bcAB	4.56
陕253	14.16 aA	14.70 bB	15.09 cC	14.76 bBC	14.57 aA	14.53 aA	2.04
临优145	14.09 aA	15.49 aA	17.24 aA	14.96 bAB	14.72 aA	14.38 aA	7.03
环境指数	13.77	14.58	15.25	14.43	14.05	13.81	
变异系数(%)	2.96	4.39	6.87	4.91	6.11	4.46	

资料来源：中国农业科学院作物科学研究所，2004。

表4-3 各试验点0～20厘米土壤养分情况

试验点	有机质(%)	全氮(%)	碱解氮(毫克/千克)	速效钾(毫克/千克)	速效磷(毫克/千克)	pH
江苏丰县	1.92	0.124	109	226	130.1	8.1
安徽涡阳	1.52	0.100	98	213	20.8	8.1
河南新乡	1.38	0.085	95	170	14.2	8.3
山西盐湖	1.11	0.070	86	130	22.5	8.4
河北任丘	1.31	0.084	127	184	31.9	8.3
山东兖州	1.55	0.094	92	97	15.3	8.0

资料来源：中国农业科学院作物科学研究所，2004。

肥料处理和品种的交互作用显著,从表4-4可以看出不同品种对肥料处理的反应不尽相同,在不施氮条件下,以8901-11的蛋白质含量最高,在施氮量为150千克/公顷条件下,8901-11和临优145并列第一,在每公顷施氮225千克和300千克时,临优145均表现最好。临优145的蛋白质含量在施氮处理间的变异系数最大,处理间极差达到2.87个百分点,其次为烟农19,极差为2.19个百分点,其他品种在不同施氮处理间的极差也均在1.63个百分点以上,可见施氮对各品种的蛋白质含量都有重要影响,不同品种的籽粒蛋白质含量对氮肥都很敏感。有些强筋小麦品种在每公顷施氮150千克以下时,籽粒蛋白质含量不能达到强筋标准,如烟农19、济麦20和皖麦38,而在施氮量超过225千克/公顷时,供试品种蛋白质含量均达到国家强筋小麦标准。因此,在实际生产中,为保证达到强筋小麦的国家标准,强筋小麦施氮水平应掌握在225千克/公顷左右。

表4-4 各品种不同处理的蛋白质含量(%)

| 品种 | 施氮处理 | | | | 平均 | 变异系数(%) |
	不施氮(CK)	150千克/公顷	225千克/公顷	300千克/公顷		
8901-11	13.78 aA	15.05 aA	15.64 bAB	15.47 bB	14.99 aA	5.61
豫麦34	13.12 bB	14.39 bB	14.73 dCD	14.77 cC	14.25 cC	5.43
烟农19	12.19 cC	13.63 cC	14.22 efE	14.38 cC	13.61 eE	7.33
济麦20	12.41 cC	13.70 cC	14.11 fE	14.45 cC	13.67 eE	6.53
皖麦38	12.96 bB	13.66 cC	14.53 deDE	14.59 cC	13.94 dD	5.57
陕253	13.20 bB	14.83 aAB	15.17 cBC	15.35 bB	14.64 bB	6.71
临优145	13.32 bAB	15.05 aA	16.04 aA	16.19 aA	15.15 aA	7.72
变异系数(%)	4.18	4.62	4.87	4.43		

资料来源:中国农业科学院作物科学研究所,2004。

二、基因型环境施氮及其互作对籽粒蛋白质的调节及其稳定性

通过对蛋白质含量进行方差分析（表 4-5），表明生态环境（试验点）、施氮量处理、基因（品种）以及各交互作用 F 值测验均极显著。从环境、氮肥量处理、基因型及各项交互作用的平方和占总平方和的百分比分析，氮肥量处理＞基因型＞环境＞环境×氮肥量处理＞环境×基因型＞环境×氮肥量处理×基因型＞氮肥量处理×基因型。从广义上讲，可把氮肥量处理和生态环境统称栽培环境，生态环境与施氮量处理的互作也纳入栽培环境中，3 项相加，广义的栽培环境占 56.73%，把基因型和有基因型的互作划归广义的基因型，4 项相加，广义的基因型占29.20%。表明在各种影响蛋白质含量变异的因素中，栽培环境的影响最大，进而可以理解为小麦蛋白质含量的栽培可塑性很强，合理的栽培环境对提高小麦籽粒蛋白质含量有明显的效果。

表 4-5　蛋白质含量的方差分析表

项目	平方和	F 值	百分比
区组	0.98	0.54	0.10
环境（E）	131.38	28.86**	13.31
氮肥处理（N）	328.96	146.50**	33.32
基因（G）	166.85	78.65**	16.90
交互作用 E×N×G	34.28	1.08**	3.47
交互作用 N×G	16.93	2.66**	1.71
交互作用 E×G	70.29	6.63**	7.12
交互作用 E×N	99.72	8.88**	10.10
总误差	137.98		13.98
总变异	987.28		

资料来源：中国农业科学院作物科学研究所，2004。

试验研究认为，随施氮量提高，不同试验点间的小麦籽粒蛋白质含量变异系数渐小，表明适当施氮可以有效降低不同试验点间的品质差异。变异系数小的品种表明其品质对生态环境适应性较强，其籽粒蛋白质含量的静态稳定性较好；变异系数大的，其品质的栽培可塑性较强。不同施氮水平下各品种在各试验点的表现有很大差异，以任丘试验点临优 145 为例，不施氮处理的籽粒蛋白质含量为 11.16％，每公顷施氮 150 千克的处理为 13.97％，每公顷施氮 225 千克的处理为 15.77％，每公顷施氮 300 千克的处理为 16.62％，极差为 5.46 个百分点，其他品种的极差都在 3 个百分点以上；在其他试验点不同施氮处理的蛋白质含量多数在 2 个百分点以上。表明施氮水平对各供试品种的籽粒蛋白质含量都有很大的影响。不同品种对氮肥的敏感程度有差异，有些品种在不同施氮水平下籽粒蛋白质含量差异很大，施氮对其籽粒蛋白质含量的可塑性很强，合理的栽培环境对改善其品质的效果更为明显。

相同品种在不同生态环境和栽培条件下种植其蛋白质含量会有很大变异，在各种影响蛋白质含量变异的因素中，氮肥处理的影响最大，表现为栽培措施（施氮量）＞基因型＞生态环境（试验点）；把氮肥处理和生态环境统称为栽培环境时，其影响远大于基因型。

三、同一生态条件下施氮对蛋白组分的调节及其稳定性

施氮量对不同蛋白组分的影响不尽相同（表 4-6），对清蛋白和球蛋白（可溶性蛋白）影响小，不同处理间的变异系数分别为 5.65％和 7.36％，对醇溶蛋白和谷蛋白（贮藏蛋白）影响大，处理间的变异系数分别达到 23.97％和 17.11％。贮藏蛋白是面筋的主要成分，对烘焙品质有重要影响。施氮处理可以显著提高贮藏蛋白含量，随施氮量的提高，贮藏蛋白占总蛋白的比例逐

渐增加，进而改善加工品质，不同施氮处理之间湿面筋含量、沉降值、吸水率、形成时间、稳定时间、延伸性、面包体积和面包评分等主要指标均与贮藏蛋白含量呈显著或极显著正相关（$r \geqslant$ 0.90）。从总蛋白含量分析，总蛋白含量越高贮藏蛋白占的比例越大，二者呈极显著正相关（$r = 0.99$）。

表 4-6　不同处理的蛋白组分比较（%）

施氮处理	清蛋白	球蛋白	醇溶蛋白	谷蛋白	清+球	醇+谷	总蛋白
300 千克/公顷	2.276 abA	1.661 aAB	4.526 aA	6.047 aA	3.937 abAB	10.573 aA	15.257 aA
225 千克/公顷	2.375 aA	1.745 aA	4.286 aA	6.124 aA	4.120 aA	10.411 aA	15.205 aA
150 千克/公顷	2.108 bA	1.688 aA	3.368 bB	5.115 bBC	3.796 bBC	8.483 bB	13.535 bB
对照（不施氮）	2.137 abA	1.473 bB	2.601 cC	4.171 cC	3.611 cC	6.772 cC	11.270 cC
变异系数（%）	5.65	7.36	23.97	17.11	5.58	19.84	13.59

资料来源：中国农业科学院作物科学研究所，河北任丘试验点，2004。

　　从表 4-7 可以看出，不同品种之间清蛋白和球蛋白含量变化较小，醇溶蛋白和谷蛋白含量变化较大。因此认为，不同品种之间可溶性蛋白相对较稳定，贮藏蛋白的遗传变异较强。

表 4-7　不同品种的蛋白组分比较（%）

品种	清蛋白	球蛋白	醇溶蛋白	谷蛋白	清+球	醇+谷	总蛋白
8901-11	2.373 aA	1.742 aA	3.879 aAB	5.447 abcABC	4.116 aA	9.326 abAB	14.150 abA
豫麦 34	2.135 bB	1.680 aAB	3.243 bcAB	5.390 bcABC	3.815 bcdB	8.633 bcAB	13.716 abAB
烟农 19	2.209 bAB	1.665 aAB	4.013 aAB	4.891 cC	3.875 bcB	8.905 abcAB	13.801 abAB
济麦 20	2.175 bB	1.555 bcB	3.185 cB	4.948 cC	3.730 dB	8.133 cC	12.738 cB
皖麦 38	2.228 bAB	1.518 cB	4.080 aAB	5.085 cC	3.745 cdB	9.165 abAB	13.401 bcAB
陕 253	2.214 bAB	1.674 aAB	3.993 aAB	5.781 abAB	3.888 bcB	9.774 aA	14.535 aA
临优 145	2.235 bAB	1.659 abAB	3.472 abcAB	6.008 aA	3.894 bB	9.480 abA	14.377 aA
变异系数（%）	3.33	4.73	10.40	7.88	3.33	6.10	4.47

资料来源：中国农业科学院作物科学研究所，河北任丘试验点，2004。

第二节 加工品质的氮肥调节及其稳定性

一、不同生态条件下施氮对加工品质的调节及其稳定性

表 4-8 的数据是 7 个强筋小麦品种（豫麦 34、8901-11、济麦
20、皖麦 38、烟农 19、陕 253 和临优 145）在 6 个试验点（山东兖
州、安徽涡阳、江苏丰县、河南新乡、山西盐湖、河北任丘）的平
均值，从中可见，不同施氮处理对主要加工品质性状的影响不尽相
同，其中湿面筋含量、沉降值、吸水率、形成时间、稳定时间、延
伸性、面包体积均随施氮水平的提高而增加，拉伸面积和面包评分
也有逐渐增加的趋势，但各品质性状在不同施氮处理间的变异系数
有很大差异，其中形成时间、稳定时间、湿面筋含量、沉降值变异
较大，表明这些性状对氮肥反应敏感，吸水率变异较小，对氮肥反
应迟钝，稳定性较好。拉伸面积、延伸性、面包体积和评分对氮肥
的反应居中。

研究表明，在一定施氮量范围内，各项加工品质指标均
有随施氮量增加而提高的趋势（表 4-8），但提高的百分率逐
渐降低。

表 4-8　不同处理加工品质性状比较

品质性状	施氮处理				平均	变异系数（%）
	不施氮（CK）	150千克/公顷	225千克/公顷	300千克/公顷		
湿面筋含量（%）	27.2	30.2	31.7	32.4	30.4	7.60
沉降值（毫升）	37.6	42.2	43.5	44.8	42.1	7.46
吸水率（%）	63.2	63.5	63.7	63.8	63.6	0.42
形成时间（分钟）	3.2	4.9	5.2	5.4	4.7	21.49
稳定时间（分钟）	8.1	9.5	9.5	9.8	9.3	8.27
拉伸面积（厘米²）	88.8	99.1	98.8	102.3	97.3	6.02

（续）

品质性状	施 氮 处 理				平均	变异系数（%）
	不施氮（CK）	150千克/公顷	225千克/公顷	300千克/公顷		
延伸性（厘米）	166.0	174.5	179.1	182.8	175.6	4.13
面包体积（厘米³）	692.3	737.9	743.8	758.5	733.1	3.90
面包评分	75.8	82.2	82.0	84.3	81.1	4.52

注：表中数据为6个试验点的平均值。

资料来源：中国农业科学院作物科学研究所，2004。

表4-9的数据是7个品种不同施氮处理的平均值，从中可见，在品种和施氮处理相同的条件下，不同试验点的主要品质性状仍有很大差异，说明生态条件（包括土壤肥力）对品质性状有很大影响，其中稳定时间在不同试验点间的变异系数最大，其次为拉伸面积和形成时间，吸水率的变异系数最小，其他性状居中。变异系数大的品质性状表明其对生态环境（包括土壤肥力）的反应敏感，变异系数小的品质性状表明其相对较稳定。

表4-9 不同试验点加工品质性状比较

品质性状	山东兖州	安徽涡阳	江苏丰县	河南新乡	山西盐湖	河北任丘	平均	变异系数（%）
湿面筋含量（%）	29.4	30.5	31.9	31.2	29.8	29.6	30.4	3.26
沉降值（毫升）	39.0	45.0	44.9	42.3	40.4	40.4	42.0	5.99
吸水率（%）	63.6	63.0	62.6	64.6	63.8	63.8	63.6	1.10
形成时间（分钟）	4.4	4.9	5.6	4.4	4.5	4.3	4.7	10.58
稳定时间（分钟）	8.2	10.9	12.5	6.7	10.2	7.0	9.3	25.05
拉伸面积（厘米²）	96.1	105.6	112.5	88.8	96.8	83.6	97.2	10.90
延伸性（厘米）	179.8	175.7	182.2	178.8	166.6	170.8	175.7	3.37
面包体积（厘米³）	725.2	735.4	774.3	718.8	705.9	730.3	731.6	3.18
面包评分	79.2	83.3	85.5	79.2	78.9	79.7	80.96	3.41

资料来源：中国农业科学院作物科学研究所，2004。

相同的 7 个强筋小麦品种在不同的 6 个试验地点种植，其加工品质性状会有很大变化。由环境因素影响的小麦品种粉质参数的相对变异程度以稳定时间最大，吸水率最小。在相同的 6 个试验点种植的 7 个不同强筋小麦品种，由基因型（品种）引起的加工品质变异，仍以稳定时间最大，吸水率最小。可见稳定时间受环境因素和基因型的影响均较大，吸水率相对稳定，受环境和基因的影响均较小。

表 4 - 10 的数据是 6 个试验点不同施氮处理的平均值，从中可见，在试验点和施氮处理相同的条件下，不同品种的主要加工品质指标有很大变化，沉降值、形成时间、稳定时间、拉伸面积的变异系数在 13.16％～33.37％，说明品种间差异很大。吸水率的变异系数虽较小，但品种间的极差达到 4 个百分点，也有明显差别。湿面筋、延伸性、面包体积、面包评分的变异系数为 3.3％～7.26％，其中面包体积品种间的极差为 101 厘米^3。在生态环境和施肥处理相同时，强筋小麦品种间加工品质性状的差异主要受其遗传基因制约。

表 4 - 10　不同品种的加工品质性状比较

品质性状	8901 - 11	豫麦 34	烟农 19	济麦 20	皖麦 38	陕 253	临优 145	变异系数（％）
湿面筋（％）	29.86	29.1	29.3	29.5	32.3	30.9	32.3	4.53
沉降值（毫升）	38.7	43.9	36.0	40.6	39.3	43.2	53.1	13.16
吸水率（％）	64.9	63.5	64.6	61.3	65.3	64.0	62.2	2.31
形成时间（分钟）	4.9	5.7	3.5	3.8	4.3	5.4	5.3	18.01
稳定时间（分钟）	11.1	9.9	3.8	9.4	5.9	9.1	12.1	33.37
拉伸面积（厘米^2）	111.6	102.3	52.3	101.9	75.5	106.0	123.5	25.13
延伸性（厘米）	177.0	177.0	170.8	174.1	174.5	172.8	188.6	3.30
面包体积（厘米^3）	774	735	685	733	719	691	786	5.22
面包评分	87	82	71	84	78	77	87	7.26

资料来源：中国农业科学院作物科学研究所，2004。

图 4-1 显示了同一品种在不同施氮处理下面包体积的比较，试验结果表明在同一地点利用同一品种，随施氮量增加面包体积显著扩大，可见适当施氮对面包体积有显著地调节效应。在相同施氮量条件下，同一品种在不同试验点间面包体积差异显著，表明生态环境对面包体积有显著影响（图 4-2）。

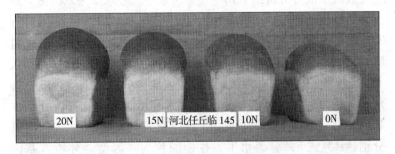

图 4-1　同一品种在不同施氮处理下面包体积比较

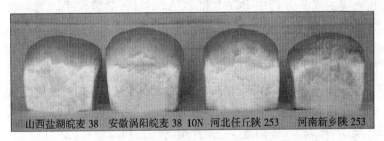

图 4-2　相同施氮量条件下于不同地点种植的小麦面包体积比较

二、基因型环境施氮及其互作对加工品质的调节及其稳定性

用 AMMI 模型对主要品质性状进行分析（表 4-11），各主要加工品质的环境［生态环境（试验点）＋栽培环境（氮肥处理）］效应、基因型（品种）效应以及二者交互效应均呈极显著差异水平。从环境、基因型及其交互作用的平方和占总平方和的

百分比分析，就湿面筋而言，环境＞基因型＞基因型×环境，其中环境效应占 64.10％，基因型效应占 16.86％，其余为基因型×环境的交互效应；3 个交互效应主成分（PCA1、PCA2、PCA3）分析结果均达 1％显著水平。沉降值为基因型＞环境＞基因型×环境，三者分别占 48.68％、29.32％和 22.00％；3 个交互效应主成分分析结果均达极显著水平。吸水率为基因型＞基因型×环境＞环境，三者分别占 56.86％、24.73％和 18.41％；3 个交互效应主成分中 PCA1 和 PCA2 达极显著水平。形成时间为环境＞基因型×环境＞基因型，三者分别占 42.91％、32.85％和 24.23％。3 个交互效应主成分分析结果均达极显著水平。稳定时间为基因型＞基因型×环境＞环境，三者分别占 45.52％、27.80％和 26.68％；3 个交互效应主成分分析结果分别达 1％或 5％显著水平。拉伸面积为基因型＞环境×基因型＞环境，三者分别占 67.14％、17.55％和 15.31％；3 个交互效应主成分分析中 PCA1 和 PCA2 达 1％显著水平。延伸性为环境＞环境×基因型＞基因型，三者分别占 43.14％、36.57％和 20.29；3 个交互效应主成分分析中 PCA1 和 PCA2 达 1％显著水平。面包体积为基因型×环境＞环境＞基因型，三者分别占 40.85％、34.79％和 24.36％；3 个交互效应主成分分析结果分别达 1％或 5％显著水平。面包评分为基因型×环境＞环境＞基因型，三者分别占 46.22％、28.11％和 25.56％；3 个交互效应主成分分析结果分别达 1％或 5％显著水平。

从所选的 9 个主要加工品质指标分析，有湿面筋、形成时间、延伸性、面包体积、面包评分等 5 项指标为环境效应大于基因型效应；沉降值、吸水率、稳定时间、拉伸面积等 4 项指标与此相反，可见不同加工品质性状对环境和基因型的反应有很大差异。

表 4-11　AMMI 模型分析结果

变异来源	湿面筋			沉降值			吸水率		
	平方和	F 值	百分比(%)	平方和	F 值	百分比(%)	平方和	F 值	百分比(%)
环境 (E)	1 016.20	44.13**	64.10	2 589.16	20.27**	29.32	98.44	8.08**	18.41
基因 (G)	267.30	44.49**	16.86	4 298.60	129.03**	48.68	304.05	95.67**	56.86
交互作用(G×E)	301.87	2.18**	19.04	1 942.77	2.54**	22.00	132.21	1.81**	24.73
主成分轴(PCA1)	114.41	4.08**	37.90	898.02	5.78**	46.22	47.39	3.20**	35.84
主成分轴(PCA2)	72.17	2.77**	23.91	424.66	2.94**	21.86	33.66	2.44**	25.46
主成分轴(PCA3)	55.22	2.30**	18.29	286.95	2.15**	14.77	19.39	1.53	14.67
误　差	60.08			333.15			31.78		
总　和	1 585.38			8 830.52			534.70		

变异来源	形成时间			稳定时间			拉伸面积		
	平方和	F 值	百分比(%)	平方和	F 值	百分比(%)	平方和	F 值	百分比(%)
环境 (E)	176.95	23.38**	42.91	894.23	12.85**	26.68	21 682.93	10.92**	15.31
基因 (G)	99.93	50.62**	24.23	1 525.88	84.05**	45.52	95 095.58	183.52**	67.14
交互作用(G×E)	135.47	2.98**	32.85	931.99	2.23**	27.80	24 854.99	2.09**	17.55
主成分轴(PCA1)	65.63	7.12**	48.45	335.37	3.96**	35.98	10 857.35	4.49**	43.68
主成分轴(PCA2)	30.43	3.56**	22.46	287.19	3.65**	30.81	5 594.99	2.49**	22.51
主成分轴(PCA3)	19.67	2.49**	14.52	127.88	1.76*	13.72	3 220.81	1.55	12.96
误　差	19.74			181.56			5 181.84		
总　和	412.35			3 352.12			141 633.50		

变异来源	延伸性			面包体积			面包评分		
	平方和	F 值	百分比(%)	平方和	F 值	百分比(%)	平方和	F 值	百分比(%)
环境 (E)	13 489.71	12.43**	43.14	201 456.83	12.59**	34.79	3 541.14	10.41**	28.11
基因 (G)	6 343.74	22.41**	20.29	141 098.81	33.81**	24.36	3 233.29	36.45**	25.67

（续）

变异来源	延伸性			面包体积			面包评分		
	平方和	F值	百分比(%)	平方和	F值	百分比(%)	平方和	F值	百分比(%)
交互作用(G×E)	11 437.12	1.76**	36.57	236 582.33	2.46**	40.85	5 821.57	2.85**	46.22
主成分轴(PCA1)	3 752.07	2.84**	32.81	117 449.86	6.03**	49.64	3 185.17	7.69**	54.71
主成分轴(PCA2)	2 983.23	2.43**	26.08	46 771.69	2.59**	19.77	1 079.86	2.81**	18.55
主成分轴(PCA3)	1 871.39	1.65	16.36	30 622.52	1.83*	12.94	669.38	1.89*	11.50
误　差	2 830.43			41 738.26			887.16		
总　和	31 270.57			579 137.98			12 595.99		

资料来源：中国农业科学院作物科学研究所，2004。

三、同一生态条件下施氮对加工品质的调节及其稳定性

在同一试验点中，湿面筋、沉降值、形成时间和稳定时间亦均随施氮量的增加逐渐提高（表4-12），处理间变异系数均达12%以上，表明施氮处理对其有明显影响。降落值和吸水率相对稳定，不同施氮处理间变异系数很小，表明其相对较稳定。延伸性、面包体积和面包评分也均随施氮量提高而增加，处理间变异系数在6%以上，其中施氮处理比对照的面包体积增加59～106厘米³，面包评分增加11～16分，表明面包体积的栽培可塑性较强。施氮处理的拉伸面积和最大抗延阻力也比对照增加。

在同一地点相同施氮处理下，不同品种的主要加工品质指标亦有很大变化（表4-13），其中品种间沉降值、形成时间、稳定时间、拉伸面积和最大抗延阻力等指标的变异系数在16%～37%。吸水率的变异系数虽较小，但品种间的极差达到4.2个百分点。湿面筋、延伸性、面包体积和面包评分

的变异系数在$4\%\sim6\%$，其中面包体积品种间的极差为70厘米^3。可见在同一生态环境条件下基因型对主要品质指标亦有重要影响。

表4-12 同一试验点不同施氮处理加工品质性状比较

品质性状	不施氮(CK)	150千克/公顷	225千克/公顷	300千克/公顷	变异系数（%）
湿面筋（%）	23.5	28.9	32.4	33.6	15.30
降落数值（秒）	396.4	416.7	433.0	416.9	3.61
沉降值（毫升）	30.8	41.4	44.0	45.5	16.42
吸水率（%）	62.4	63.7	64.1	64.8	1.58
形成时间（分钟）	2.5	4.0	5.2	5.6	32.23
稳定时间（分钟）	5.7	7.3	7.5	7.5	12.45
拉伸面积（厘米^2）	71.3	87.6	84.6	91.1	10.3
延伸性（厘米^3）	152.7	169.0	175.7	185.6	8.10
最大抗延阻力（延伸单位）	340.3	381.0	344.7	357.9	5.14
面包体积（厘米^3）	666	725	759	772	6.48
面包评分	69	80	84	85	9.21

资料来源：中国农业科学院作物科学研究所，任丘试验点，2004。

表4-13 同一生态条件下不同品种的加工品质性状比较

品质性状	8901-11	豫麦34	烟农19	济麦20	皖麦38	陕253	临优145	变异系数(%)
湿面筋（%）	27.8	28.6	29.5	27.7	31.1	30.9	31.2	5.23
降落数值（秒）	412.8	423.0	422.3	419.3	427.5	380.8	424.8	3.88
沉降值（毫升）	38.3	44.6	32.9	37.4	39.2	43.2	52.1	16.58
吸水率（%）	64.5	64.3	64.8	61.0	65.2	64.0	62.5	2.33

（续）

品质性状	8901-11	豫麦34	烟农19	济麦20	皖麦38	陕253	临优145	变异系数（%）
形成时间（分钟）	4.5	5.7	3.2	3.4	3.4	5.4	4.7	23.47
稳定时间（分钟）	9.1	9.5	3.3	6.1	3.7	9.1	8.4	37.82
拉伸面积（厘米^2）	95.3	100.3	44.5	84.5	53.0	106.0	102.0	29.77
延伸性（厘米^3）	167.8	173.8	167.8	169.3	156.0	172.8	188.0	5.60
最大抗延阻力（延伸单位）	428.5	419.0	177.5	364.3	240.3	462.8	399.5	29.87
面包体积（厘米^3）	763	705	720	756	711	695	765	4.07
面包评分	86	76	75	85	75	79	84	6.12

资料来源：中国农业科学院作物科学研究所，任丘试验点，2004。

仅从上述品种差异分析，湿面筋、沉降值、吸水率、形成时间、稳定时间、拉伸面积、延伸性、最大抗延阻力、面包体积和面包评分的品种间极差分别为3.4个百分点、19.2毫升、4.2个百分点、2.5分钟、6.2分钟、61.5厘米^2、32厘米、285.3延伸单位、70厘米^{3}和11分。若从施氮处理间的差异分析，上述指标的极差分别为10.1个百分点、14.7毫升、2.4个百分点、3.1分钟、1.8分钟、19.8厘米^2、32.9厘米、40.7延伸单位、106厘米^{3}和16分。可见施氮处理对湿面筋含量、面包体积、面包评分的影响大于品种间差异，而沉降值、吸水率、稳定时间、拉伸面积和最大抗延阻力受品种本身遗传因素的影响大于施氮处理。

第三节 营养品质的灌水调节及其稳定性

一、基因型环境灌水及其互作对籽粒蛋白质的调节及其稳定性

在小麦生育期间降水偏少的年份（表4-14），在陕西岐山、河南新乡、江苏丰县、山东兖州、山西盐湖、安徽涡阳、河北任

丘等 7 个试验点（土壤养分见表 4 - 15）利用 7 个强筋小麦品种进行灌水试验。结果表明，不同灌水处理的籽粒蛋白质含量差异显著，随灌水次数增加，平均蛋白质含量有逐渐降低的趋势，但在降水过少的河北任丘试验点，增加灌水使蛋白质含量有所提高。同一品种在不同试验点的蛋白质含量有较大变化。在各试验点间变异系数小的品种，其蛋白质含量静态稳定性较好；而变异系数大的品种则对生态环境变化有较大反应，说明其品质的栽培可塑性较强。

表 4 - 14　小麦生育期间（2005 年 10 月至 2006 年 5 月）**降水量**（毫米）

试验点	陕西岐山	河南新乡	江苏丰县	山东兖州	山西盐湖	安徽涡阳	河北任丘
试验年	161.6	121.0	201.9	159.5	196.4	247.4	47.9
常　年	229.5	158.6	228.0	186.3	190.4	292.0	88.9

注：试验年指 2005—2006 年小麦生长季。

资料来源：中国农业科学院作物科学研究所，2006。

表 4 - 15　各试验点 0～20 厘米土层的土壤养分情况

试验点	有机质（%）	全氮（%）	碱解氮（毫克/千克）	速效钾（毫克/千克）	速效磷（毫克/千克）	pH
陕西岐山	1.64	0.088	68.3	28.0	154.0	8.3
山西盐湖	1.38	0.070	157.0	21.0	122.0	8.3
安徽涡阳	1.45	0.077	79.4	28.0	217.0	8.0
河南新乡	1.56	0.072	60.0	13.0	166.0	8.1
江苏丰县	2.12	0.133	94.6	53.0	119.0	8.0
河北任丘	1.94	0.101	94.9	6.8	126.1	8.4
山东兖州	1.30	—	40.9	21.7	126.1	

资料来源：中国农业科学院作物科学研究所，2006。

对籽粒蛋白质含量的方差分析表明，生态环境（试验点）、灌水处理、基因型（品种）以及各交互作用 F 值测验均达极显

著水平。各因素平方和占总平方和的比例表现为环境＞基因型＞
环境×基因型＞环境×灌水处理×基因型＞环境×灌水处理＞灌
水处理×基因型＞灌水处理。在仅有灌水处理的条件下，环境因
素对小麦籽粒蛋白质含量的影响最大，其次是基因型，灌水及各
项交互作用对蛋白质含量也有重要影响。

从表4-16可见，各试验点不同灌水处理的籽粒蛋白质含量
均表现差异显著，不同处理间的变异系数以山西盐湖点最大，其
蛋白质含量极差达到1.05个百分点。各试验点的平均值呈现随
灌水次数增加蛋白质含量渐少的趋势，但各试验点的结果不尽相
同，如任丘试验点由于降水过少，土壤墒情不足，过于干旱不利
于植株吸收氮素和籽粒蛋白质的形成，增加灌水反而使籽粒蛋白
质含量有所提高。

表4-16　各试验点不同灌水处理的籽粒蛋白质含量（％）

灌水处理	山东兖州	安徽涡阳	江苏丰县	河南新乡	山西盐湖	河北任丘	陕西岐山	平均	变异系数（％）
灌1水	13.93b	14.64b	12.93b	15.12a	15.91a	14.74ab	14.63ab	14.56a	6.42
灌2水	14.29a	14.98a	13.14a	14.74c	15.39ab	14.57b	14.62ab	14.53a	4.85
灌3水	13.73b	14.63b	13.05ab	14.70c	14.93b	15.02a	14.53b	14.37b	4.99
灌4水	13.75b	14.82ab	12.39c	14.95b	14.86b	15.07a	14.73a	14.37b	6.79
平均	13.93d	14.77bc	12.88e	14.88b	15.27a	14.85b	14.63c		
变异系数（％）	1.87	1.13	2.61	1.31	3.18	1.59	0.56	0.70	

资料来源：中国农业科学院作物科学研究所，2006。

从表4-17可以看出，品种与试验点的交互作用显著，在
山东兖州以8901-11、河北任丘以陕253蛋白质含量最高，在
安徽涡阳、江苏丰县、河南新乡、山西盐湖和陕西岐山均以临
优145蛋白质含量最高。各试验点不同品种间蛋白质含量的变
异系数为3.13％～6.75％，以山西盐湖最高。同一品种在不

同试验点的蛋白质含量有较大变化，其中临优 145 的极差为
3.31 个百分点。各品种在不同试验点间的变异系数为
4.39%~7.41%，变异系数较小的品种表明在不同环境中蛋白
质含量静态稳定性好（相对动态稳定性而言，指品种的表现不
随环境变化而变化或变化较小）；变异系数大，表明生态条件
对其影响较大，其品质的栽培可塑性强。从环境指数分析，以
山西盐湖最高，为 15.27%，以下依次为河南新乡、河北任
丘、安徽涡阳、陕西岐山、山东兖州、江苏丰县，不同试验点
间的差异达到极显著水平。

表 4 - 17 各品种在 7 个试验点的籽粒蛋白质含量（%）

品种	山东兖州	安徽涡阳	江苏丰县	河南新乡	山西盐湖	河北任丘	陕西岐山	平均	变异系数（%）
8901 - 11	15.00a	15.35b	13.14b	15.78a	16.49b	15.20b	15.07b	15.15b	6.77
豫麦 34	12.97d	13.99d	12.78c	15.10b	14.69d	14.84c	14.58c	14.14d	6.55
烟农 19	13.63c	14.09d	12.38d	13.73e	14.36e	14.13de	13.42e	13.68f	4.45
济麦 20	13.50c	14.25d	12.56cd	14.16d	14.21e	14.03e	13.96d	13.81e	4.39
皖麦 38	14.45b	14.96c	13.11b	14.90bc	14.97d	14.33d	14.52c	14.46c	4.50
陕 253	13.57c	14.68c	12.64cd	14.66c	15.31c	15.80a	14.96b	14.52c	7.41
临优 145	14.36b	16.06a	13.54c	15.82b	16.85a	15.64b	15.90a	15.45a	7.26
环境指数	13.93	14.77	12.88	14.88	15.27	14.85	14.63		
变异系数（%）	5.01	5.09	3.13	5.23	6.75	4.85	5.47		

资料来源：中国农业科学院作物科学研究所，2006。

在一定范围内，不同灌水处理的籽粒蛋白质含量差异显著，
随灌水次数增加试验点间平均蛋白质含量有逐渐降低的趋势，但
降水量过少的试验点（河北任丘），适当灌水有增加籽粒蛋白质
含量的作用。在各试验点间蛋白质含量变异系数小的品种，其蛋

白质含量的静态稳定性强。变异系数大的品种，其品质的栽培可塑性强。通过合理的栽培措施，创造适宜的栽培环境，可以有效地改善品质。

二、同一生态条件下灌水对蛋白质组分的调节及其稳定性

在河北任丘小麦生育期降水 47.9 毫米的条件下，不同灌水处理对清蛋白、球蛋白和谷蛋白含量有一定影响。总蛋白含量以灌 3 水的处理和灌 4 水的处理较多，显著高于灌 2 水的处理（表 4 - 18）。可见在特别干旱的年份，适当增加灌水对提高籽粒蛋白质含量是有利的。不同处理各种蛋白质组分及总蛋白含量虽有差异，但不同水分处理下各组分占总蛋白的比例差异不显著，不同蛋白质组分占总蛋白的比例差异极显著（表 4 - 19），以谷蛋白占总蛋白的比例最大，以下依次为醇溶蛋白、清蛋白、球蛋白。春季灌 1 水至灌 4 水处理下，可溶性蛋白（清蛋白和球蛋白）占总蛋白的比例依次为 27.27%、28.00%、27.90% 和 27.47%；贮藏蛋白（醇溶蛋白和谷蛋白）的比例依次为 66.08%、64.79%、64.85% 和 66.22%，贮藏蛋白比可溶性蛋白多 1 倍以上。

表 4 - 18　不同处理的蛋白质组分比较（%）

处理	清蛋白	球蛋白	醇溶蛋白	谷蛋白	总蛋白
主区					
灌 1 水	2.52 a	1.50 a	4.14 bc	5.60 a	14.74 ab
灌 2 水	2.56 a	1.52 a	4.02 c	5.42 a	14.57 b
灌 3 水	2.61 a	1.58 a	4.36 a	5.55 a	15.02 a
灌 4 水	2.56 a	1.58 a	4.25 ab	5.73 a	15.07 a
副区					

（续）

处理	清蛋白	球蛋白	醇溶蛋白	谷蛋白	总蛋白
B1 8901-11	2.67 abAB	1.67 aAB	4.35 aABC	5.66 bBC	15.20 bB
B2 济麦 20	2.49 cB	1.59 bBC	3.92 bD	6.00 aAB	14.84 cB
B3 皖麦 38	2.56 bcB	1.39 dD	4.20 abCD	4.74 cD	14.13 deC
B4 烟农 19	2.60 bcAB	1.37 dD	3.95 bCD	4.80 cD	14.03 eC
B5 豫麦 34	2.30 dC	1.52 cC	4.39 aAB	5.42 bC	14.33 dC
B6 陕 253	2.60 bcAB	1.69 aA	4.51 aA	6.22 aA	15.80 aA
B7 临优 145	2.75 aA	1.59 bBC	4.04 bBCD	6.20 aA	15.63 aA
变异系数（%）	5.64	8.21	5.49	11.16	4.84

资料来源：中国农业科学院作物科学研究所，2006。

表 4-19　不同蛋白质组分占总蛋白质含量的比例（%）

蛋白组分	灌 1 水	灌 2 水	灌 3 水	灌 4 水
清蛋白	17.1 C	17.57 C	17.38 C	16.99 C
球蛋白	10.28 D	10.43 D	10.52 D	10.48 D
醇溶蛋白	28.09 B	28.41 B	29.03 B	28.2 B
谷蛋白	37.99 A	37.2 A	36.95 A	38.02 A

资料来源：中国农业科学院作物科学研究所，2006。

　　不同品种的蛋白质组分含量不同，品种间各种蛋白组分含量均表现出显著差异（表 4-19），品种间变异系数最大的是谷蛋白，而谷蛋白在总蛋白中所占比例最大，因此谷蛋白含量对总蛋白有重要影响。供试品种的谷蛋白占总蛋白含量的比例为33.6%～40.4%；其次是醇溶蛋白，与总蛋白的比例为25.85%～30.64%；清蛋白占总蛋白的比例为 16.05%～18.12%；球蛋白占总蛋白的比例为 9.76%～10.99%。可溶性蛋白占总蛋白的比例为 26.66%～28.5%，贮藏蛋白占总蛋白的比例为 62.18%～66.85%。贮藏蛋白与总蛋白含量呈极显著正相关（$r=0.97**$）。

不同灌水条件下各品种间的蛋白质组分含量差异显著（表 4-20）。灌 1 水的处理，8901-11 籽粒中总蛋白质含量最高，其次为临优 145 和陕 253，极显著高于其他品种。谷蛋白含量以 8901-11、临优 145、陕 253 和豫麦 34 极显著高于其他品种。灌 2 水处理，总蛋白含量已临优 145 最高，陕 253 其次，二者之间及与其他品种之间差异均显著；谷蛋白含量，临优 145、陕 253 和豫麦 34 之间差异不显著，但都显著高于其他品种。灌 3 水处理以陕 253 的总蛋白含量最高，8901-11 和临优 145 其次，均显著高于其他品种；谷蛋白含量表现为豫麦 34、陕 253 和临优 145 显著高于其他品种。灌 4 水处理，仍以陕 253 的总蛋白含量最高，豫麦 34、临优 145 和 8901-11 其次，差异显著；谷蛋白含量为陕 253 和临优 145 显著高于其他品种。清蛋白和醇溶蛋白含量虽然在品种间亦有差异，但均呈渐变趋势，变异系数较小。

表 4-20 不同灌水处理下各品种蛋白质组分比较（%）

品种	灌 1 水					灌 2 水				
	清蛋白	球蛋白	醇溶蛋白	谷蛋白	总蛋白	清蛋白	球蛋白	醇溶蛋白	谷蛋白	总蛋白
8901-11	2.67 a	1.61 a	4.19 ab	6.03 aA	15.45 aA	2.62 bB	1.66 aA	4.16 ab	5.31 b	14.46 c
豫麦 34	2.48 b	1.59 a	3.94 bc	5.82 a	14.56 b	2.38 c	1.58 ab	3.55 c	5.89 a	14.16 cd
烟农 19	2.60 ab	1.34 b	4.14 abc	4.81 c	14.16 c	2.56 b	1.34 c	3.81 bc	4.70 c	14.18 cd
济麦 20	2.60 ab	1.25 c	3.78 c	5.11 c	14.12 c	2.60 b	1.31c	4.00 b	4.82 c	14.09 cd
皖麦 38	2.28 c	1.54 a	4.50 a	5.48 b	14.29 bc	2.28 c	1.54 b	4.51 a	5.01 bc	13.96 d
陕 253	2.50 ab	1.61 a	4.51 a	5.92 a	15.18 a	2.56 b	1.63 ab	3.99 b	6.02 a	15.05 b
临优 145	2.52 ab	1.58 a	3.92 bc	6.03 a	15.40 a	2.94 a	1.60 ab	4.12 ab	6.20 a	16.09 a

（续）

品种	灌1水					灌2水				
	清蛋白	球蛋白	醇溶蛋白	谷蛋白	总蛋白	清蛋白	球蛋白	醇溶蛋白	谷蛋白	总蛋白
变异系数(%)	4.93	9.69	6.84	8.63	4.01	8.16	9.26	7.48	11.28	5.23

品种	灌3水					灌4水				
	清蛋白	球蛋白	醇溶蛋白	谷蛋白	总蛋白	清蛋白	球蛋白	醇溶蛋白	谷蛋白	总蛋白
8901-11	2.67 ab	1.71 ab	4.54 ab	5.38 b	15.41 b	2.71 ab	1.72 a	4.53 ab	5.92 bc	15.47 b
豫麦34	2.53 b	1.67 ab	4.04 b	6.26 a	14.90 c	2.55 abc	1.53 b	4.13 abc	6.04 b	15.73 b
烟农19	2.60 ab	1.36 e	4.39 b	4.69 c	14.33 d	2.49 bc	1.54 bc	4.45 bc	4.75 d	13.86 d
济麦20	2.61 ab	1.47 d	4.04 b	4.64 c	13.97 d	2.57 ab	1.45 c	4.00 bc	4.62 d	13.95 d
皖麦38	2.29 c	1.51 cd	4.39 b	5.64 b	14.38 d	2.34 c	1.49 bc	4.15 bc	5.56 c	14.67 c
陕253	2.80 a	1.76 a	4.91 a	6.22 a	16.77 b	2.55 abc	1.76 a	4.61 a	6.70 a	16.21 a
临优145	2.79 a	1.61 bc	4.22 b	6.04 a	15.41 b	2.75 a	1.58 b	3.89 c	6.54 a	15.64 b
变异系数(%)	6.65	9.14	7.02	12.29	6.31	5.38	7.40	6.55	14.15	6.11

资料来源：中国农业科学院作物科学研究所，2006。

水分处理对小麦品质的影响比较复杂，与供试品种、气候条件、具体处理的时间和数量均有关系。一般情况下随灌水次数增多，品质有下降的趋势，但在干旱年份，适当增加灌水对提高籽粒蛋白质含量是有利的，但不同品种的表现有一定差异。不同处理各种蛋白质组分及总蛋白质含量虽有差异，但不同水分处理下各组分占总蛋白质的比例差异不显著，不同蛋白质组分占总蛋白质的比例差异显著。不同灌水处理对醇溶蛋白的影响较大，其中以灌3水的处理醇溶蛋白含量最高，与灌1水和灌2水的处理差异显著。不同品种间各蛋白质质组分差异均显著，在不同灌水条件下均表现为谷蛋白含量＞醇溶蛋白＞

清蛋白＞球蛋白，其比例约为 3.6∶2.7∶1.7∶1。品种间谷蛋白含量的变异系数最大。

第四节　加工品质的灌水调节及其稳定性

一、基因型环境灌水及其互作对加工品质的调节及其稳定性

在灌水、施肥和供试品种等相同条件下，不同试点间吸水率、湿面筋、干面筋、稳定时间、面包体积和面包评分等各项加工品质性状均差异显著（表4-21），表明在排除栽培措施和品种基因型的因素外，生态环境对强筋小麦主要加工品质性状有重要影响，其中湿面筋和干面筋含量在各试点间的变异系数较大，表明生态环境对此性状调节作用较强。

表4-21　不同试点加工品质性状比较

品质性状	吸水率（%）	湿面筋含量（%）	干面筋含量（%）	稳定时间（分钟）	面包体积（厘米³）	面包评分
山东兖州	57.94 c	33.69 c	11.69 d	18.16 d	734.5 d	78.4 c
安徽涡阳	60.21 b	37.42 a	13.11 a	20.03 c	712.6 e	72.9 d
江苏丰县	56.39 d	29.60 f	10.47 e	18.29 d	744.2 c	80.8 b
河南新乡	60.22 b	35.59 c	12.54 c	14.45 e	768.1 b	80.7 b
山西盐湖	57.61 c	36.87 ab	12.82 b	24.23 b	786.2 a	82.2 ab
河北任丘	62.49 a	34.57 cd	12.43 c	33.69 a	737.9 cd	82.6 a
陕西岐山	60.64 b	36.55 b	12.75 b	13.22 e	761.3 b	81.2 ab
平均	59.36	34.90	12.26	20.29	749.3	79.8
变异系数（%）	3.56	7.68	7.38	4.07	3.26	4.17

资料来源：中国农业科学院作物科学研究所，2006。

同一品种在相同灌水和施肥条件下，面粉吸水率、湿面筋、面团稳定时间和面包体积等主要加工品质性状在不同试验

点间均有较大变异（表4-22、表4-23、表4-24、表4-25），其中面粉吸水率在各试点间以济麦20和皖麦38的变异系数最大，湿面筋含量的变异系数以陕253最高，干面筋含量因与湿面筋含量呈极显著的正相关（$r=0.99$），因此干面筋含量的变异系数仍以陕253最大。稳定时间的变异系数以豫麦34和8901-11最大，面包体积的变异系数以济麦20最大，面包体积在面包评分中所占的比重最高，一般面包体积较大的面包评分亦较高，因此面包评分的变异系数仍以济麦20最大。各主要加工品质性状在各试点间的变异系数的排列顺序为稳定时间＞面包评分＞面包体积＞湿面筋＞干面筋＞吸水率。变异系数较大的性状表明其受生态环境的制约较强，或称之为生态可塑性较强；变异系数较小的现状表明在品种基因型和栽培措施相同时其生态稳定性较好。

表4-22 不同试验点不同品种的吸水率（%）

品种	山东兖州	安徽涡阳	江苏丰县	河南新乡	山西盐湖	河北任丘	陕西岐山	平均	变异系数(%)
8901-11	61.33a	61.61c	59.02a	62.18a	58.43a	62.81cd	62.37ab	61.11	2.79
豫麦34	59.53b	59.83d	58.38a	60.67b	57.94a	64.57a	60.54cd	60.21	3.61
烟农19	58.19bc	62.22b	58.32a	60.78b	58.38a	63.61b	61.52bc	60.43	3.59
济麦20	53.76e	59.40d	51.30b	58.94c	54.41b	58.56e	59.82d	56.60	5.97
皖麦38	58.63b	63.37a	55.33a	62.58a	58.42a	63.34bc	62.86a	60.65	5.24
陕253	56.45d	56.54f	55.28a	57.47d	57.67a	62.43d	57.92e	57.68	3.96
临优145	57.68cd	58.52e	57.13a	58.92c	58.00a	62.11d	59.47d	58.83	2.79
环境指数	57.94	60.21	56.39	60.22	57.61	62.49	60.64		
变异系数(%)	4.13	3.90	4.77	3.09	2.50	3.06	2.87		

表 4 - 23 不同试验点不同品种的湿面筋含量（%）

品种	山东兖州	安徽涡阳	江苏丰县	河南新乡	山西盐湖	河北任丘	陕西岐山	平均	变异系数(%)
8901 - 11	34.13 b	35.85 d	29.13 c	34.88 cd	36.56 b	31.98 d	35.39 de	33.99 d	7.65
豫麦 34	30.14 d	33.28 e	27.77de	35.62 c	34.65 c	32.93 d	34.53 e	32.70 f	8.54
烟农 19	34.65 b	37.67 c	28.74cd	34.05 de	36.27 b	34.00 cd	35.83 cd	34.46 c	8.26
济麦 20	32.21 c	37.63 c	29.71 c	33.74 e	34.40 c	32.88 d	36.43 c	33.86 d	7.82
皖麦 38	38.40 a	43.05 a	33.12 a	39.58 a	40.15 a	37.51 a	40.13 a	38.85 a	7.89
陕 253	31.35 c	34.23 e	27.37 e	33.73 e	35.92 b	35.39 bc	34.48 e	33.21 e	8.92
临优 145	34.94 b	40.26 b	31.36 b	37.55 b	40.13 a	37.28 ab	39.05 b	37.22 b	8.54
环境指数	33.69	37.42	29.60	35.59	36.87	34.57	36.55		
变异系数(%)	8.14	9.10	6.86	6.24	6.43	6.39	6.05		

表 4 - 24 不同试验点不同品种的稳定时间比较（分）

品种	山东兖州	安徽涡阳	江苏丰县	河南新乡	山西盐湖	河北任丘	陕西岐山	平均	变异系数(%)
8901 - 11	24.95 a	17.13 d	26.54 a	14.41 c	29.66 b	49.49 a	14.86 c	25.29 b	48.43
豫麦 34	16.37 bc	17.72 d	16.50 bc	8.00 d	20.43 c	32.53 c	7.90 e	17.06 e	48.91
烟农 19	14.52 c	22.40 c	14.51 c	9.04 d	10.08 d	29.16 c	10.63 d	15.76 f	47.07
济麦 20	17.59 bc	17.64 d	14.34 c	15.87bc	32.12 b	36.33 b	13.76 c	21.09 d	43.47
皖麦 38	8.97 d	8.05 e	10.85 d	9.73 d	10.18 d	17.36 e	6.15 f	10.18 g	34.58
陕 253	19.51 b	27.09 b	19.33 b	19.40 b	31.89 b	33.10 c	17.65 b	24.00 c	27.33
临优 145	25.23 a	30.19 a	26.64 a	24.67 a	35.2 a	37.83 b	21.59 a	28.78 a	20.65
环境指数	18.16	20.03	18.39	14.45	24.23	33.69	13.22		
变异系数(%)	31.73	36.55	33.47	42.31	44.06	28.75	41.16		

表 4 - 25　不同试验点不同品种的面包体积比较（厘米^3）

品种	山东兖州	安徽涡阳	江苏丰县	河南新乡	山西盐湖	河北任丘	陕西岐山	平均	变异系数(%)
8901-11	816.5 a	835.6 a	761.5 b	808.5 b	847.5 a	757.1 c	819.8 a	806.6 a	4.32
豫麦 34	767.1 b	771.0 b	791.7 a	788.5 b	780.0 c	795.2 a	790.8 b	783.5 c	1.40
烟农 19	649.8 e	572.5 f	687.5 e	669.4 d	642.5 e	688.5 f	659.0 e	652.7 f	6.05
济麦 20	694.4 d	593.5 e	713.1 d	721.5 c	838.8ab	714.0 e	739.4 d	716.4 e	10.05
皖麦 38	684.0 d	692.7 d	743.1 c	768.3bc	737.7 d	701.7 ef	750.2 d	725.4 e	4.46
陕 253	732.1 c	746.3 c	737.7 c	758.5bc	838.3ab	734.4 d	799.4 b	763.8 d	5.27
临优 145	797.7 a	776.7 b	774.8 b	862.1 a	818.5 b	774.2 b	770.8 c	796.4 b	4.23
环境指数	734.5	712.6	744.2	768.1	786.2	737.9	761.3		
变异系数(%)	8.45	13.80	4.82	8.04	9.48	5.34	6.97		

从强筋小麦主要加工品质性状在不同试验点间的环境指数分析，面粉吸水率、湿面筋含量、干面筋含量、面团稳定时间、面包体积、面包评分的环境指数最高试验点的分别为河北任丘、安徽涡阳、安徽涡阳、河北任丘、山西盐湖、河北任丘，环境指数高的试验点表明其对强筋小麦的某一加工品质性状适合度较好，但试验点的生态环境不仅包括经度、纬度、海拔高度、土壤类型、土壤质地、土壤肥力、光照、温度等相对稳定或变异较小的因素，还包括变异较大的自然降水这一重要因素，自然降水对强筋小麦的加工品质性状有很大的影响，因此某个品质性状的环境指数在不同年份会有一定的变化。

二、同一生态条件下灌水对加工品质的调节及其稳定性

在河北任丘全生育期降水只有 47.9 毫米的干旱条件下，不同灌水处理的面筋含量随灌水次数增加呈逐渐提高趋势，其中灌 3 水和 4 水处理的湿面筋含量显著高于灌 1 水和灌 2 水的处理；干

面筋含量以灌 4 水的处理显著高于其他 3 个处理，灌 3 水和灌 2 水的处理显著高于灌 1 水的处理；面筋指数也呈现随灌水次数增加而提高的趋势（表 4-26）。可见在干旱年份，增加灌水对有利于提高面筋含量和改善面筋质量。从上述 3 项指标的变异系数分析，面筋指数的变异系数最小，表明其受灌水的影响较小，相对较稳定。

表 4-26　面筋含量和面筋指数在不同灌水处理和品种间的差异（%）

	处理	湿面筋	干面筋	面筋指数
灌水处理	灌 1 水	33.75 b	12.11 c	94.78 a
	灌 2 水	33.90 b	12.19 bc	94.95 a
	灌 3 水	35.48 a	12.51 ab	95.07 a
	灌 4 水	35.88 a	12.79 a	95.81 a
	变异系数（%）	3.12	2.52	0.48
品种	8901-11	32.08 c	11.73 b	99.28 a
	豫麦 34	32.96 c	11.83 b	98.40 a
	烟农 19	35.24 b	11.95 b	84.59 c
	济麦 20	32.81 c	11.78 b	98.83 a
	皖麦 38	37.46 a	13.12 a	88.43 b
	陕 253	35.40 b	13.07 a	98.81 a
	临优 145	37.32 a	13.33 a	97.70 a
	变异系数（%）	6.29	5.88	6.33

资料来源：中国农业科学院作物科学研究所，2006。

品种间湿面筋含量变异系数为 6.29%，以皖麦 38 最高，显著高于除临优 145 以外的其他品种。干面筋含量变异系数 5.88%，以临优 145 最高，显著高于除皖麦 38 和陕 253 以外的其他品种。面筋指数变异系数为 6.33%，以 8901-11 最高，显著高于皖麦 38

和烟农 19。8901 - 11 湿、干面筋含量均最少，但面筋指数最高，表明其面筋质量较好。

从不同灌水处理下各品种面筋含量和面筋指数分析（表 4 - 27），在灌 1 水处理中，品种间湿面筋含量的变异系数为 6.03%，以皖麦 38 湿面筋含量最高，显著高于 8901 - 11、豫麦 34、济麦 20 和陕 253。干面筋含量变异系数为 5.39%，以临优 145 最高，显著高于 8901 - 11、豫麦 34、烟农 19 和济麦 20。面筋指数变异系数 7.49%，以烟农 19 最差，其次为皖麦 38，均显著低于其他品种。在灌 2 水处理下，湿、干面筋含量均以临优 145 显著高于其他品种，面筋指数仍然以烟农 19 和皖麦 38 较差，显著低于其他品种。灌 3 水和 4 水处理下，皖麦 38、临优 145 和陕 253 湿、干面筋含量均显著高于其他 4 个品种，烟农 19 和皖麦 38 面筋指数显著低于其余 5 品种。

综上所述，在小麦生育期间降水较少的干旱年份，适当增加灌水次数和灌水量对提高面筋含量和改善面筋质量是有效的。供试品种之间面筋含量和面筋指数呈负相关趋势（$r = -0.486$）。面筋含量高的品种在各灌水条件下均表现较高，面筋指数低的品种在不同灌水处理中均表现较低，表现为品种基因型效益显著。不同品种的面筋含量对灌水反应有别，其中烟农 19 和济麦 20 的面筋含量对灌水反应较小，其他品种反应相对较大。

在同一试验点不同灌水处理对面团形成时间、稳定时间和吸水率亦有显著影响（表 4 - 28）。面团形成时间随灌水次数增加逐渐延长，灌 2 水、灌 3 水、灌 4 水的处理显著长于灌 1 水处理。稳定时间以灌 2 水处理最长，与灌 1 水处理差异显著。吸水率亦随灌水次数增加逐渐提高，灌 4 水处理显著高于灌 1 水和灌 2 水处理。上述 3 项指标在不同灌水处理间形成时间的变异系数最大，其次为稳定时间，吸水率变异系数最小。上述指标供试品种间差异显著，其中以 8901 - 11 面团形成时间最长，皖麦 38 最短，品种间变异系数高达 40.13%。稳定时间与形成时间呈极显

表 4-27 不同灌水处理下各品种面筋含量和面筋指数比较 (%)

品种	灌 1 水			灌 2 水			灌 3 水			灌 4 水		
	湿面筋	干面筋	面筋指数	湿面筋	干面筋	面筋指数	湿面筋	干面筋	面筋指数	湿面筋	干面筋	面筋指数
8901-11	31.70 b	11.57 cd	99.10 a	30.23 d	11.23 d	99.43 c	32.87 d	11.63 b	99.00 a	33.53 d	12.50 bc	99.60 a
豫麦 34	30.93 c	11.17 d	99.27 a	31.73 cd	11.57 c	98.77 c	34.27 cd	12.07 b	97.00 a	34.90 cd	12.53 bc	98.57 a
烟农 19	35.43 a	12.03 bc	80.47 c	34.30 b	11.73 b	84.50 b	35.40 bc	11.87 b	85.77 b	35.83 bc	12.17 c	87.63 b
济麦 20	33.27 b	11.80 cd	98.07 c	32.07 c	11.83 c	99.60 a	32.70 d	11.70 b	98.20 a	33.20 d	11.77 c	99.47 a
皖麦 38	36.30 a	12.77 a	90.03 b	37.27 a	12.87 b	86.03 b	38.17 a	13.33 a	88.13 b	38.10 a	13.50 a	89.50 b
陕 253	33.17 b	12.53 ab	99.10 a	33.70 b	12.47 b	99.10 a	36.80 ab	13.53 a	98.83 a	37.93 a	13.73 a	98.20 a
临优 145	35.43 a	12.93 a	97.40 a	38.03 a	13.63 a	98.00 a	38.13 a	13.47 a	97.70 a	37.67 ab	13.30 ab	97.70 a
变异系数 (%)	6.03	5.39	7.49	8.53	6.91	7.17	6.62	7.05	5.84	5.80	5.73	5.24

资料来源：中国农业科学院作物科学研究所，2006。

著正相关（$r=0.988$，$P<0.01$），品种间变异系数为 28.70%。面团吸水率以豫麦 34 最高，济麦 20 最低，品种间差异显著，但变异系数较小，仅为 3.05%。表明形成时间和稳定时间受品种基因型和灌水处理的影响较大，吸水率相对较稳定。

表 4-28　同一试验点不同处理面团流变学性状比较

处理		形成时间（分钟）	稳定时间（分钟）	吸水率（%）
灌水处理	灌 1 水	19.5 b	32.9 b	61.6 c
	灌 2 水	21.9 a	34.8 a	62.3 b
	灌 3 水	22.9 a	33.2 ab	62.9 ab
	灌 4 水	23.7 a	33.8 ab	63.2 a
	变异系数（%）	8.28	2.49	1.13
品种	8901-11	37.6 a	49.5 a	62.8 cd
	豫麦 34	22.9 bc	32.5 c	64.6 a
	烟农 19	17.8 d	29.2 d	63.6 b
	济麦 20	22.5 bc	36.3 b	58.6 e
	皖麦 38	8.0 e	17.4 e	63.3 bc
	陕 253	20.5 cd	33.1 c	62.4 d
	临优 145	24.7 b	37.8 b	62.1 d
	变异系数（%）	40.13	28.70	3.05

资料来源：中国农业科学院作物科学研究所，2006。

　　不同灌水条件下各品种间的面团流变学特性差异显著（表 4-29）。在灌 1 水处理下，8901-11 面团形成时间和稳定时间均显著长于其他品种，品种间变异系数分别为 47.08% 和 35.11%。吸水率以烟农 19 最高，其次为豫麦 34 和皖麦 38，均显著高于其他品种，品种间变异系数较小，为 2.98%。灌 2 水、灌 3 水和灌 4 水处理均以 8901-11 的面团形成时间和稳定时间

表4-29 同一试验点不同灌水处理下各品种加工品质比较

品种	灌1水			灌2水			灌3水			灌4水		
	形成时间（分钟）	稳定时间（分钟）	吸水率（%）	形成时间（分钟）	稳定时间（分钟）	吸水率（%）	形成时间（分钟）	稳定时间（分钟）	吸水率（%）	形成时间（分钟）	稳定时间（分钟）	吸水率（%）
8901-11	34.0 a	47.5 a	61.5 b	39.8 a	53.9 a	61.7 c	37.0 a	47.4 a	63.5 bc	39.6 a	49.1 a	64.5 a
豫麦34	25.2 b	39.8 b	63.1 a	24.6 b	34.5 bc	65.1 a	18.4 d	28.3 c	65.3 a	23.4 bc	27.6 c	64.8 a
烟农19	9.2 d	21.7 d	63.4 a	19.6 cd	32.7 cd	62.9 b	22.0 cd	32.7 b	64.3 ab	20.4 c	29.5 c	63.9 ab
济麦20	19.4 c	35.2 c	58.3 d	18.7 d	36.5 bc	58.6 d	28.2 b	35.2 b	58.5 d	23.6 bc	38.4 b	58.9 c
皖麦38	7.3 d	13.6 e	63.1 a	7.8 e	17.7 e	62.8 bc	8.3 e	19.0 d	63.4 bc	8.7 d	19.1 d	64.0 ab
陕253	19.1 c	33.5 c	61.0 bc	19.6 cd	30.4 d	62.5 bc	21.1 cd	33.4 b	62.6 c	22.2 c	35.1 b	63.6 ab
临优145	22.3 bc	38.8 b	60.5 c	23.3 bc	38.2 b	62.5 c	25.3 bc	36.6 b	62.6 c	27.9 b	37.7 b	62.7 b
变异系数（%）	47.08	35.11	2.98	43.66	30.90	3.11	38.65	25.86	3.43	38.87	28.21	3.18

资料来源：中国农业科学院作物科学研究所，2006。

最长，与其他品种差异显著。吸水率在灌 2 水处理下以豫麦 34
最高，显著高于其他品种；灌 3 水处理下以豫麦 34、烟农 19 吸
水率较高，与其他品种差异显著；灌 4 水处理下以豫麦 34 最高，
但与 8901 - 11、皖麦 38、烟农 19 和陕 253 差异不显著。从面团
形成时间和稳定时间的变异系数分析，有随灌水次数增加而变小
的趋势。

　　综上所述，在小麦生育期降水极少的条件下，适当增加灌
水次数和灌水量对面团形成时间、稳定时间和吸水率均有正向
影响，灌 2 水、灌 3 水和灌 4 水均显著优于灌 1 水处理。不同
灌水条件下各品种的流变学特性表现不一，其中形成时间和稳
定时间表现为随灌水增加品种间变异缩小，吸水率则表现随灌
水增加品种间变异增大的趋势。在不同灌水处理下，品种间比
较均以 8901 - 11 的面团形成时间和稳定时间最长，显著长于
其他 6 个品种。

　　从表 4 - 30 可见，不同灌水处理间面包体积和面包评分差异
显著，其中灌 3 水和 4 水处理的面包体积显著大于灌 1 水和灌 2
水的处理，面包评分则以灌 4 水处理显著高于其他处理。供试品
种间面包体积和评分亦有显著差异，豫麦 34 面包体积最大，评
分最高，与其他品种差异显著，其中面包体积极差达到 106.7 厘
米^3，可见品种的遗传因素对面部体积的影响很大。

表 4 - 30　不同灌水处理和品种的面包烘焙品质比较

	处理	面包体积（厘米^3）	面包评分
灌水处理	灌 1 水	721.7 b	80.8 b
	灌 2 水	726.1 b	81.4 b
	灌 3 水	744.6 a	82.5 b
	灌 4 水	759.0 a	85.9 a
	变异系数（%）	9.54	2.76

（续）

处理		面包体积（厘米^3）	面包评分
	8901 - 11	757.1 c	85.5 b
	豫麦 34	795.2 a	88.4 a
	烟农 19	688.5 f	76.7 d
品	济麦 20	714.0 e	82.1 c
种	皖麦 38	701.7 ef	77.0 d
	陕 253	734.4 d	83.3 bc
	临优 145	774.2 b	85.5 b
	变异系数（%）	5.34	5.35

资料来源：中国农业科学院作物科学研究所，2006。

不同灌水条件下各品种面包体积和评分差异显著（表 4 - 31）。豫麦 34、临优 145 和陕 253 均表现随灌水次数增多，面包体积逐渐增大。烟农 19 的面包体积对灌水反应不敏感，处理间变化不大。其他 3 个品种基本随灌水增加面包体积呈增大趋势。面包体积在面包评分中占有较大比重，二者呈极显著正相关（$r = 0.954$，$P < 0.01$）。在不同灌水条件下，豫麦 34、临优 145 和 8901 - 11 的面包体积和评分均分列前 3 位，灌 1 水处理下与其他品种差异显著。在灌 2 水处理下，豫麦 34 面包体积和评分显著高于其余品种；灌 3 水处理下，豫麦 34 面包体积显著大于除临优 145 外的 5 个品种，面包评分显著高于烟农 19 和皖麦 38；灌 4 水处理下，豫麦 34 面包体积显著大于除临优 145 以外的品种，面包评分显著高于烟农 19、皖麦 38 和济麦 20。

综上所述，在本试验条件下，适当增加灌水有利于改善小麦的加工品质。随灌水次数增加，面筋含量和面筋指数均有提高；增加灌水对面团形成时间、稳定时间和吸水率均有正向影响；面包体积和评分也随之增加。供试品种间加工品质有一定差异，不同品种及不同品质指标对灌水的反应程度不同，其中烟农 19 和济麦 20 的面筋含量对灌水反应较小。形成时间和稳定时间表现为随灌水增加品种间变异缩小，吸水率则表现随灌水增加品种间变异增大的趋势。烟农 19 的面包体积对灌水处理反应不敏感，不同灌水处理间变化不大，其他品种的面包体积对灌水处理反应较大。在不同灌水处理下，均以 8901 - 11 的面包体积最大，其中在灌 4 水处理下面包体积最大和评分最高。可见灌水处理和品种的基因型对面团体积和评分均有重要影响。

表 4 - 31　同一试验点不同灌水处理下各品种面包品质比较

品种	灌 1 水		灌 2 水		灌 3 水		灌 4 水	
	体积(厘米^3)	评分	体积(厘米^3)	评分	体积(厘米^3)	评分	体积(厘米^3)	评分
8901 - 11	752.5 b	84.3 a	732.5 c	82.8 bc	762.5 bc	85.8 a	780.8 bc	89.0 ab
豫麦 34	778.3 a	85.3 a	787.5 a	91.0 a	789.2 a	85.7 a	825.8 a	91.7 a
烟农 19	693.3 c	79.2 b	685.8 d	76.2 d	684.2 d	75.3 c	690.8 f	76.0 d
济麦 20	696.7 c	79.2 b	720.0 c	81.7 bc	706.7 d	82.5 ab	732.5 de	85.0 bc
皖麦 38	664.2 d	71.3 c	677.5 d	75.3 d	744.2 c	80.3 b	720.8 e	81.0 c
陕 253	710.8 c	80.2 b	719.2 c	79.2 cd	750.8 bc	83.7 ab	756.7 cd	90.0 a
临优 145 5	755.8 b	85.8 a	760.0 b	83.8 b	775.0 ab	84.0 ab	805.8 ab	88.5 ab
变异系数(%)	5.71	6.26	5.34	6.52	5.05	4.47	6.35	6.55

资料来源：中国农业科学院作物科学研究所，2006。

第五章

优质高产栽培实用技术

第一节 优质高产实用技术

一、小麦叶龄模式栽培原理与技术

小麦叶龄指标促控法栽培管理技术是张锦熙先生等人多年研究的成果，并通过全国多省、市示范推广，取得显著增产效果。本项技术是从小麦生长发育规律研究入手，深入剖析了小麦植株各器官的建成及其相互间的关系，自然环境条件和栽培管理措施对小麦生长发育、形态特征、生理特征、物质生产和产量形成的影响。以小麦器官同伸规律为依据，以叶龄余数作为鉴定穗分化和器官建成进程，以及运筹促控措施的外部形态指标，以不同叶龄肥水的综合效应和 3 种株型模式为依据，以双马鞍形（W）和单马鞍形（V）两套促控方法为基本措施的规范化实用栽培技术。该技术适宜在全国各类冬麦区推广应用，具有显著的增产效果。现将其理论基础及综合栽培技术分述如下。

（一）小麦器官建成的叶龄模式

小麦主茎出现的叶片数称为叶龄。叶龄指标可以用叶龄指数和叶龄余数来表示，叶龄指数是指主茎上已出叶片数占主茎总叶片数的百分率。叶龄余数是主茎叶片的余数，即主茎还没有出生的叶片数，用小麦全生育期主茎叶片总数减去主茎上已出现的叶片数（叶龄），其差数（指还未露尖的主茎叶片数），即为叶龄余数。叶龄出现的顺序和过程与整个植株的生长发育进程和其他器官的建成，存在密切的对应或同伸关系。通过叶片数目、出叶速

138

度、叶片大小可以反映植株生长发育的全面情况。小麦植株是一个完整的、统一的生物体，它的各种器官的生长发育是按照一定的相关规律有节奏地进行的，叶龄与各种器官生长发育的关系，可以概括为如下规律：

1. 叶龄与器官的同伸规律　生物体是一个统一的整体，生物体的各种器官之间，从生物学意义上讲，是有一定形式的相关性的。在小麦各个器官的生长发育过程中，同伸关系是相关性的一种形式，并且具有规律性。组成小麦植株的各个部分，从植物形态学的角度看，都是器官。根、茎、叶、穗、花和种子是它的六大基本器官。通常把上述各种器官的某一部分也看做是器官，因此，小麦的叶片和叶鞘是器官，节间是器官，分蘖也是器官。小麦的茎秆是分节的，两节之间的部分是节间，节和节间也都是器官。从小麦的叶在茎秆上的着生方式看，属于互生叶，所有的叶片都是在茎秆的不同节位上。小麦的各个器官都是在一定节位上发生的，凡是在同一节位上出生的叶片、叶鞘、节间、分蘖和节根等属于同位异名器官（即各个器官的出生节位相同而名称不同）；而从下到上在不同节位上出生的同一种器官（如不同节位上出生的叶片或其他器官）则是同名异位器官。同位异名器官的生长规律是先长叶片，次长叶鞘，再长节间，然后才长分蘖和节根。同时伸长器官为异位异名器官（出生节位不同，名称也不同的器官）。这种同时伸长的异位异名器官称为同伸器官。同伸器官之间的关系有一定的规律性，即同伸规律。在一定的叶龄期，如以 n 代表开始伸长的叶片（始伸叶片），则与其同时伸长的器官是 $n-1$ 叶的叶鞘、$n-2$ 叶的叶鞘所着生节位的节间和 $n-3$ 叶的叶腋中出现的分蘖，以及该分蘖基部的节根（图 5-1、图 5-2）。根据这一规律判断，如果开始伸长的叶片为春 6 叶（B_1）时，则春 5 叶（B_2）的叶鞘（S_2）、春 4 叶（B_3）的叶鞘（S_3）所发生的节间（N_3）等与其同时伸长。小麦春生露尖叶与器官的同伸关系详见表 5-1。

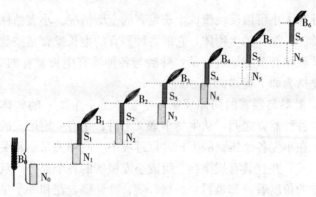

图 5-1　小麦各器官生长发育的相关示意图

1. 同一横线内为同伸器官　2. B 代表叶片，S 代表叶鞘，N 代表节间

3. B_0 代表穗，B_1 代表旗叶，S_1 代表旗叶鞘，N_0 代表穗下节，
N_1 代表旗叶鞘着生的节间，依次为 B_2、S_2、N_2…

4. B_6 为春生第一叶（北京）　5. N_5、N_6 为未伸长节间

（张锦熙，1982）

表 5-1　春生露尖叶与器官同伸关系

（张锦熙，1982）

器官	生长 状态	越冬 心叶	春生 1 叶露尖	春生 2 叶露尖	春生 3 叶露尖	春生 4 叶露尖	春生 5 叶露尖	春生 6 叶 （旗叶）露尖	春生 6 叶 展开
叶位	待伸叶	3	4	5	6				
	始伸叶	2	3	4	5	6			
	速伸叶	1	2	3	4	5	6		
	显伸叶		1	2	3	4	5	6	
	定型叶			1	2	3	4	5	6
鞘位	待伸鞘	2	3	4	5	6			
	始伸鞘	1	2	3	4	5	6		
	速伸鞘		1	2	3	4	5	6	
	显伸鞘			1	2	3	4	5	6
	定型鞘				1	2	3	4	5	6

（续）

器官	生长状态	越冬心叶	春生1叶露尖	春生2叶露尖	春生3叶露尖	春生4叶露尖	春生5叶露尖	春生6叶（旗叶）露尖	春生6叶展开
节间位	待伸节间		1	2	3	4	5		
	始伸节间			1	2	3	4	5	
	速伸节间				1	2	3	4	5
	显伸节间					1	2	3	4
	定型节间						1	2	3

小麦主茎叶龄与分蘖生长的对应关系，也称为同伸关系。具体表现为：在主茎长出第三叶时，在条件适合时可发生胚芽鞘蘖，但在一般大田生产中，由于胚芽鞘节在土壤中相对较深和条件较差，胚芽鞘分蘖很少出现。因此，生产上通常不把胚芽鞘蘖计算在内。主茎的心叶叶位（以 N 表示）与一级分蘖心叶相差3个叶位，表现为 N - 3 的同伸关系。一般当主茎第四片叶露尖时，第一叶腋中长出的分蘖开始露尖，主茎第五叶露尖时，第二片叶的叶腋中长出的分蘖露尖，主茎第六叶露尖时，第三叶的叶腋中长出的分蘖露尖（依此类推）。从主茎的叶腋中长出的分蘖称为一级分蘖（也称为子蘖）。从主茎的第一、二、三……片叶腋伸出的分蘖，称为第一、第二、第三……子蘖（通常称为第一、二、三……蘖，而把"子"省掉），分别记名为 1N、2N、3N……。从一级分蘖长出的分蘖称为二级分蘖（也称为孙蘖）。从第一子蘖的鞘叶，第一、二……完全叶伸出的分蘖称为第一、二、三……孙蘖，分别记名为 1N - 1，1N - 2，1N - 3……。从第二子蘖的鞘叶，第一、二完全叶出生的分蘖，分别记名为 2N - 1，2N - 2，2N - 3……余类推。从二级分蘖叶腋中伸出的分蘖称为三级分蘖（也称为重孙蘖），从孙蘖的鞘叶，第一、二……完全叶的叶腋出生的分蘖，分别叫第一、二、三……重孙蘖，因为它们分属于第一、第二、第三……子蘖群，分别记名为 1N - 1 - 1、1N - 1 - 2、1N - 1 - 3……，1N - 2 - 1、1N - 2 - 2、1N - 2 -

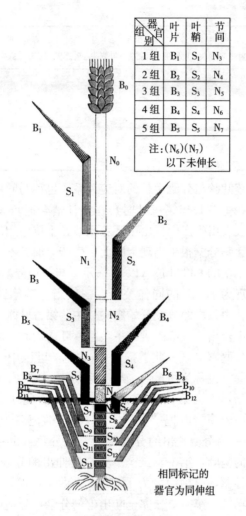

器官组别	叶片	叶鞘	节间
1组	B_1	S_1	N_3
2组	B_2	S_2	N_4
3组	B_3	S_3	N_5
4组	B_4	S_4	N_6
5组	B_5	S_5	N_7
注:$(N_6)(N_7)$ 以下未伸长			

相同标记的
器官为同伸组

图 5 - 2 小麦同伸器官分组模式图

(张锦熙,1982)

$3\cdots\cdots$,$2N$ - 1 - 1、$2N$ - 1 - 2、$2N$ - 1 - $3\cdots\cdots$,$2N$ - 2 - 1、$2N$ - 2 - 2、$2N$ - 2 - $3\cdots\cdots$,$3N$ - 1 - 1、$3N$ - 1 - 2、$3N$ - 1 - $3\cdots\cdots$,$3N$ - 2 - 1、$3N$ - 2 - 2、$3N$ - 2 - $3\cdots\cdots$余类推。从三级分蘖上长出

的分蘖称为四级分蘖，因生产上很少见，故不再赘述。一般生长正常的小麦在不计算芽鞘蘖的情况下，主茎 3 叶时有 1 个茎（主茎），4 叶时有 1 个主茎和 1 个 1 级分蘖共 2 个茎，5 叶时有 1 个主茎和 2 个 1 级分蘖共 3 个茎，6 叶时有 1 个主茎、3 个 1 级分蘖及 1 个二级分蘖共 5 个茎，7 片叶时有 1 个主茎、4 个 1 级分蘖和 3 个二级分蘖共 8 个茎，8 叶时有 1 个主茎、5 个 1 级分蘖、6 个 2 级分蘖和 1 个 3 级分蘖共 13 个茎，具体分蘖情况见下表5-2。

表 5-2　同伸蘖出现分期表

同伸蘖出现分期	蘖		位		各期出现分蘖数	总茎数累计	主茎叶片数	芽鞘蘖的蘖位
						1	3	Y
第一期	$1N$				1	2	4	
第二期		$2N$			1	3	5	$Y-1$
第三期	$1N-1$		$3N$		2	5	6	$Y-2$
第四期	$1N-2$	$2N-1$		$4N$	3	8	7	$Y-3$ $Y-1-1$
第五期	$1N-3$ $1N-1-1$	$2N-2$	$3N-1$	$5N$	5	13	8	$Y-4$ $Y-1-2$ $Y-2-1$
第六期	$1N-4$ $1N-1-2$ $1N-2-1$	$2N-3$ $2N-1-1$	$3N-2$	$4N-1$　$6N$	8	21	9	$Y-5$ $Y-1-3$ $Y-2-2$ $Y-3-1$ $Y-1-1-1$
第七期	$1N-5$ $1N-1-3$　$2N-4$ $1N-2-2$　$2N-1-2$ $1N-3-1$　$2N-2-1$ $1N-1-1-1$		$3N-3$ $3N-1-1$	$4N-2$　$5N-1$　$7N$	13	34	10	以下从略

注：（1）此分期表只按主茎分蘖为准开列，因芽鞘蘖常不能正常出现，故只附记在后，未算进出现分蘖数内。第八期以下从略。

（2）此表引自中国农业科学院主编的《小麦栽培理论与技术》69 页。

2. 叶龄与穗分化的对应关系　由于小麦品种冬春性和播期早晚等条件不同，主茎叶片总数有较大差异。春性春播早熟品种主茎叶片总数一般为 6～8 片，而适期播种的冬性小麦主茎叶片总数可达 13～14 片。因此叶龄与营养器官之间虽有密切的同伸关系，但叶龄与穗分化进程之间的相关性较复杂，主要是营养器官和生殖器官的生长对外界环境条件的要求不同所致。然而在同一地区、同一品种和播期相似的条件下，主茎某叶龄和穗分化的某个阶段却有相对稳定的对应关系（表 5-3、图 5-3）。值得指出的是在不同生态条件下，叶龄与穗分化在二棱末期以前，有一定变化，从二棱末期以后，则比较稳定，这就为采取管理措施提供了共性的理论基础。

（二）小麦叶龄模式栽培的理论基础

1. 叶片不同生长进程的肥水效应　通过解剖观察，当植株的某一春生叶片从前一将展开或已展开的叶片基部伸出 1～2 厘米时，称之为露尖叶片（用 n 代表）。此时该叶的长度已达到定型叶片长度的 60%～70%，接近伸长末期，故又称之为显伸叶；在露尖叶片（n）内还包裹着最多 5 片已分化的叶片，其中 $n+1$ 位叶正快速伸长，其长度为该叶定型长度的 30% 左右，故也称之为速伸叶；$n+2$ 位叶也已开始伸长，其长度为 0.2～0.8 厘米，称为始伸叶；$n+3$ 以后各位叶长均在 0.2 厘米以下，称为待伸叶，尚未达到始伸标准。

春季不同叶龄追肥灌水，对始伸叶、待伸叶和速伸叶，都依次有不同程度的促进作用（表 5-4）。春生 1 叶露尖时追肥灌水，主要促进中下部叶片（2、3、4 叶）伸长；春 2 叶露尖时追肥灌水，主要促进中部叶片（春 3、4、5 叶）的伸长；春 3 叶露尖时追肥灌水，主要促进中、上部叶片（春 4、5、6 叶）的伸长；春 4 叶露尖时追肥灌水，主要促进上部叶片（春 5 叶和旗叶）的伸长；春 5 叶和旗叶露尖时追肥灌水，对春 5 叶和旗叶本身的影响很小。若以 n 代表追肥灌水时的露尖叶片，其肥水效应表现为各

表5-3　叶龄指标与穗分化的对应关系

(张锦熙，1982)

叶龄指标	计算标准	叶龄或叶龄余数								
		N-6	N-5	N-4	N-3	N-2	N-1	N	N展开	抽穗
直观法	主茎不同叶位的叶龄									抽穗
叶龄余数法	叶龄余数范围	6~5.8	5.8~5	4.8~4	3.8~3	3.5~2.8	2.2~1.5	1.5~0.8	0	抽穗
	平均	5.93	5.27	4.37	3.43	2.97	1.87	0.87	0	抽穗
倒数叶片推算法	不同倒数叶片的叶龄	倒7叶露尖前后	倒6叶露尖前后	倒5叶露尖前后	倒4叶露尖前后	倒3叶露尖前后	倒2叶露尖前后	倒1叶露尖前后	挑旗	抽穗
春生叶龄指标法	从春生1叶露尖算起	越冬心叶伸长	春生1叶露尖前后	春生2叶露尖前后	春生3叶露尖前后	春生4叶露尖前后	春生5叶露尖前后	春生6叶露尖前后		
与叶龄相对应的穗分化阶段		伸长期	单棱期	二棱初期	二棱末至护颖分化	小花分化	雌雄蕊原基分化	药隔期	四分子期	花粉粒形成

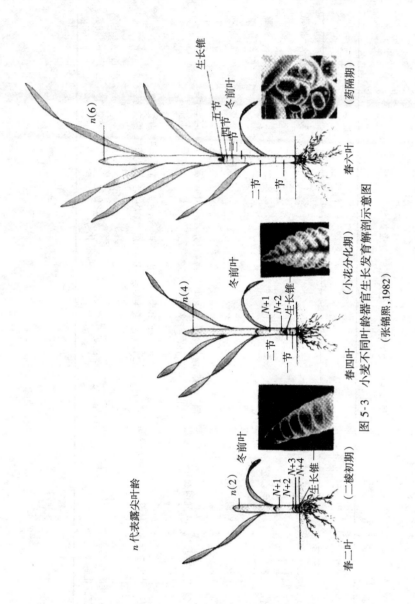

图 5-3　小麦不同叶龄器官生长发育解剖示意图
(张锦熙, 1982)

期追肥灌水后，均以 $n+2$ 位叶（始伸叶）的增长幅度最大；此为待伸叶 $n+3$ 和速伸叶 $n+1$；再次为显伸叶 n 本身；其他叶片一般增长幅度较小。

表5-4　不同叶龄肥水对叶片长度的影响（厘米）

（张锦熙，1982）

肥水时期	春1叶	春2叶	春3叶	春4叶	春5叶	旗叶
春生1叶露尖	13.3	20.3*	24.7*	22.9	18.6	14.0
春生2叶露尖	12.7	19.3	24.5	24.3*	19.6	14.0
春生3叶露尖	12.8	18.7	23.7	24.1	22.1*	16.0
春生4叶露尖	12.9	18.9	22.5	20.3	19.0	16.7*
春生5叶露尖	12.4	18.8	22.1	19.8	16.6	14.0
春生6叶露尖	12.5	18.6	22.3	20.0	16.3	13.1
CK	12.6	19.0	21.9	19.7	16.3	12.5

注：* 为受影响最大部位。CK则挑旗前不追肥灌水，从挑旗开始与各处理灌水一致，下同。

每一叶片的生长进程，都是开始缓慢，以后逐渐进入快速伸长阶段，最后又逐渐转慢，整个伸长过程呈S形生长曲线。叶鞘和节间也有同样的伸长过程。追肥灌水时，对处于S形曲线第一个转折点的始伸叶（即 $n+2$ 位叶）影响最大，次为处于S形曲线起点的待伸叶（即 $n+3$ 位叶），再次为处于S形曲线两个转折点中间部位的速伸叶（即 $n+1$ 位叶），对处于S形曲线上部转折点前后的叶片（即 n 位叶），则受影响很小。由于不同叶位叶片的生长过程是衔接有重叠的，当 n 位叶生长转入S形曲线的第二个转折点时，$n+2$ 位叶的生长正转入S形曲线的第一个转折点。此期追肥灌水，对 n 位叶本身影响不大，但对 $n+2$ 位叶则是受影响最大的阶段。

除上述基本规律以外，由于追肥灌水时期的生长阶段和当时的气候条件差异，其增长幅度也是不一致的。如春生 1、2、3、4 叶露尖时分别用肥水促进，受影响最大的叶位应为 3、4、5、6 叶，但各叶片的绝对增长幅度却有较大差异（表 5-5）。春生 3、4、5、6 叶的绝对增长量逐渐加大，与生长阶段和早春气温低，生长缓慢，后期穗气温升高，生长速度加快有关。据 Friends 的研究，叶片的生长以 20℃和较弱的光照强度（1 000～19 000 勒克斯）下为最快，单个叶片的叶面积最大，其中温度条件与上述推论一致。

表 5-5　肥水时期与叶片增长幅度
（张锦熙，1982）

肥水时期	受影响最大叶位（$n+2$）	受影响叶片增长（厘米）	
		增长幅度	平均
春生 1 叶露尖	春 3 叶	0.15～0.40	0.26
春生 2 叶露尖	春 4 叶	0.25～0.60	0.39
春生 3 叶露尖	春 5 叶	0.20～1.10	0.58
春生 4 叶露尖	春 6 叶	0.40～1.40	0.82
平均	—	—	0.55

2. 叶鞘不同生长进程的肥水相应　春季不同叶龄肥水对叶鞘的影响，除定型者外，也都有一定的促进作用。凡是追肥灌水后建成的叶鞘，其长度都大于对照，而且增长幅度最大的部位也是与 $n+2$ 叶片的同伸鞘位一致（表 5-6）。若仍以外部露尖叶片为 n，则内部 $n+2$ 位叶为始伸叶，与始伸叶同时伸长的叶鞘为 $(n+2)-1$ 位叶即 $n+1$ 位叶的叶鞘。在 n 叶露尖时追肥灌水，受促进最大的为 $n+2$ 位叶的叶片（表 5-4）和与 $n+2$ 位叶同时伸长的 $n+1$ 位叶的叶鞘（表 5-6），递次为 $n+2$ 叶的叶鞘和 n 叶本身的叶鞘，其余叶鞘的增长幅度都相对较小。叶鞘与叶片生长不同之处在于叶片一般从植株基部到顶部，呈

两头小中间大的梭形分布，而叶鞘则从植株基部到顶部逐渐增大，其中旗叶叶鞘较其他各叶鞘长度增加13%～68%。与叶片相比，各个叶鞘的长度比较稳定，相对差异较小，肥水效应叶不及叶片显著。

表5-6　不同叶龄肥水对叶鞘长度的影响（厘米）

（张锦熙，1982）

肥水时期	春1叶鞘	春2叶鞘	春3叶鞘	春4叶鞘	春5叶鞘	旗叶鞘
春生1叶露尖	9.97	14.25*	13.55	13.69	13.97	16.01
春生2叶露尖	9.86	14.22	14.25*	13.51	14.18	16.01
春生3叶露尖	9.95	13.88	14.20	14.77*	15.80	16.53
春生4叶露尖	10.32	13.26	13.25	14.24	15.97*	17.22
春生5叶露尖	9.70	12.58	13.26	13.33	15.21	17.68*
春生6叶露尖	9.64	12.93	12.74	12.80	14.09	17.23
CK	9.88	12.89	12.36	13.09	13.73	15.80

注：＊为受影响最大部位。

3. 节间不同生长进程的肥水效应　不同叶龄追肥灌水，对相应节间的促进作用一般是前一阶段生长的节间增长幅度大的，后一阶段生长的节间增长幅度就相对较小（可延续1～2个节间）；先长的节间伸长速度放慢后，后长的节间又加快伸长。这种波浪式的变化，进一步证实了下述论点"植物的器官在生长过程中是体内贮存物质的消耗者，先生长器官长得快，消耗体内物质多，贮存相对较少，就会影响后生长器官的生长；生长速度减慢以后，贮存物质又相对逐渐增多，而且先长的器官建成后，由消耗者转变为光合产物的制造者或贮存者，可以为后一个阶段的器官生长提供较多的同化物质，使后者生长速度再次加快"。这种波浪式的生长进程，贯穿于小麦一生和各种器官上，节间较其他器官更为明显。这一规律为有计划地采取促控措施提供了理论依据。

试验表明，当以 n 代表肥水当时的露尖叶片，受肥水影响最大的节间是 $(n+2)-2$，即 n 叶本身叶鞘所着生的节位的节间（表5-7）。其他节间受促进的大小，与该节位相应的同伸叶一致，前期肥水促进，对下部节间影响最大，对上部节间影响小；后期肥水促进，对下部节间影响小；春生3、4叶露尖肥水促进，对各节间都有不同程度的影响。

表5-7 不同叶龄肥水对节间长度的影响（厘米）

（张锦熙，1982）

肥水时期	第1节间长	第2节间长	第3节间长	第4节间长	穗下节间长
春生1叶露尖	11.6	12.8	13.1	22.1	26.6
春生2叶露尖	11.4	12.2	12.9	21.0	28.0
春生3叶露尖	11.7*	13.1	13.6	21.3	29.3
春生4叶露尖	11.1	13.4*	14.7	22.5	30.0
春生5叶露尖	10.8	12.3	14.7*	22.0	29.1
春生6叶露尖	10.5	11.9	14.0	23.6*	28.7
CK	10.0	12.0	12.6	20.5	28.4

注：* 为受影响最大的节间。

4. 群体动态结构的肥水效应 不同叶龄追肥灌水对提高叶面积系数和延长绿叶功能期都有一定作用。春1、2叶追肥灌水，起身后叶面积系数明显增大，但拔节后下部叶片衰老较早，叶面积系数下降较快；春生3、4叶追肥灌水，叶面积系数增长最快、最多，持续时间也最长，尤其春3叶水的更为显著；春生5叶和旗叶追肥灌水的，叶面积系数增长甚小或不增长，但可显著延长叶片功能期，特别是旗叶露尖时追肥灌水，直到灌浆期叶面积系数才加快下降（表5-8）。

表 5-8　不同叶龄肥水处理叶面积系数动态变化

（张锦熙，1982）

肥水时期	3月28日	4月6日	4月19日	2月25日	5月5日	5月15日	5月30日
春生1叶露尖	1.2	2.0	4.1	5.7	3.8	3.2	2.6
春生2叶露尖	—	1.6	4.4	5.8	4.2	3.6	2.7
春生3叶露尖	—	1.7	4.8	6.8	6.0	4.5	2.3
春生4叶露尖	—	1.7	3.8	6.1	5.2	4.0	2.0
春生5叶露尖	—	1.7	3.0	5.6	4.6	4.0	2.5
春生6叶露尖	—	1.7	3.0	5.2	4.7	4.6	2.4
CK	1.3	1.7	3.0	5.2	3.6	3.7	1.8

不同叶龄追肥灌水对总茎数和成穗率有一定影响。小麦返青后，在春生 1、2 叶前后是春生分蘖期；当春生 3 叶露尖后进入护颖分化期，基部节间开始伸长，分蘖芽停止生长；春生 4 叶露尖后，分蘖迅速两极分化；挑旗时总茎数已接近成穗数。在春生 1、2 叶期追肥灌水，有增加分蘖和穗数的作用；春 3、4 叶期肥水，也有促蘖增穗的作用；春 5、6 叶肥水，对增穗的作用已经很小（表 5-9）。因此，提高穗数的关键时期在于春生 2 叶前后追肥灌水。

5. 穗部性状的肥水效应　春生 1~5 叶露尖是小穗、小花分化的主要时期，在地力基础较好的情况下，在此阶段内肥水早晚，对穗部性状影响较小，据研究，每穗小花总数在 139.6~143.5，成花数均占 1/3 左右，差异甚小；而在药隔期促进的，不仅不孕小穗数少，而且成花结实率高，每穗粒数显著增加，是促进穗大粒多的关键时期。药隔期肥水促使粒多、穗重的原因，除该发育阶段肥水有利于保花增粒外；关键是前期"蹲苗"促进了碳水化合物的积累，在生育中期茎叶中的物质贮藏量高，单位叶面积和单位茎秆长度的干重显著增加。肥水促进后，为向穗部

小麦生产配套技术手册

表5-9 不同肥水处理对成穗数的影响

(张锦熙，1982)

肥水时期	1976—1978年基本苗6万/亩 红良4号			1976—1978年基本苗6万/亩 农大139			1977—1978年基本苗8万/亩 农大139			平均		
	总茎数(万/亩)	穗数(万/亩)	分蘖成穗(%)	总茎数(万/亩)	穗数(万/亩)	分蘖成穗(%)	总茎数(万/亩)	穗数(万/亩)	分蘖成穗(%)	总茎数(万/亩)	穗数(万/亩)	分蘖成穗(%)
春生1叶露尖	—	—	—	—	—	—	111.7	47.7	38.3	—	—	—
春生2叶露尖	59.6	29.1	43.1	51.1	35.9	66.0	103.8	48.9	42.7	71.5	38.0	48.2
春生3叶露尖	65.1	30.7	41.8	51.6	33.0	59.3	103.7	49.8	43.7	73.5	37.8	46.6
春生4叶露尖	57.2	28.5	43.9	46.8	32.0	63.7	103.8	49.3	43.1	69.3	36.6	47.8
春生5叶露尖	56.2	28.0	43.8	46.7	32.1	64.1	103.6	47.5	41.3	68.8	35.9	47.0
春生6叶露尖	56.2	25.6	39.0	46.7	29.0	56.3	103.6	47.4	41.2	68.8	34.0	44.0

152

输送较多的同化物质创造了条件。因此，单位长度的茎秆重与籽粒产量具有密切关系。表5-10显示了不同叶龄时期肥水处理对穗部性状的影响。

表5-10 不同肥水处理对穗部性状的影响

(张锦熙，1982)

肥水时期	穗长（厘米）	小穗数（穗）	不孕小穗数（穗）	粒数（穗）	千粒重（克）
春生1叶露尖	7.44	18.2	1.70	29.5	39.2
春生2叶露尖	7.44	18.4	1.67	29.7	40.1
春生3叶露尖	7.48	18.0	1.79	29.2	40.7
春生4叶露尖	7.34	18.0	1.66	29.5	40.3
春生5叶露尖	7.57	18.0	1.68	28.9	40.3
春生6叶露尖	7.76	17.9	0.78	32.9	40.2

6. 不同叶龄肥水对器官的综合影响和株形变化 根据叶龄与穗分化的对应关系和器官同伸关系的研究结果，不同叶龄肥水对器官的综合影响列于表5-11。由于春季不同叶龄时期追肥灌水，对株形的影响主要有3种类型（图5-4）。其一为春生1、2叶露尖时追肥灌水，中部叶片较大，上下两层叶片相对较小，叶层呈两头小、中间大的梭形分布；基部节间较长。在群体较小的情况下，这种株形的群体对提高单位面积穗数和提高早期光能利用率是有利的；在群体较大时，易造成早期郁闭。其二为春3、4叶露尖时追肥灌水，上部叶片较大，中下部节间较长，叶层呈倒锥形分布，在群体较大的情况下，极易因"头重脚轻"造成倒伏。但在群体较小的低产地块，对迅速扩大营养体是有利的。其三为春5、6叶时追肥灌水，植株各叶层叶片相对较小，特别是上部叶片小，基部节间短粗，上部节间相对较长，叶层呈塔形分布，有利于壮秆防倒，提高穗粒重。

表 5-11　不同肥水对器官的综合影响
（张锦熙，1982）

肥水时期	受影响叶位	受影响鞘位	受影响节位	受影响穗位	每穗粒数	千粒重
春生1叶露尖	2、3*、4	1、2*、3		增穗*		
春生2叶露尖	3、4*、5	2、3*、4	1	增穗*		
春生3叶露尖	4、5*、6	3、4*、5	1*、2	增穗		
春生4叶露尖	5、6*	4、5*、6	1、2*、3		增粒	
春生5叶露尖	6	5、6*	2、3*、4		增粒	增重
旗叶露尖		6	3、4*、5		增粒*	增重*
旗叶展开			4、5*		增粒*	增重*

注：* 为影响最大部位，无标记为影响次之，无明显影响者未列入。

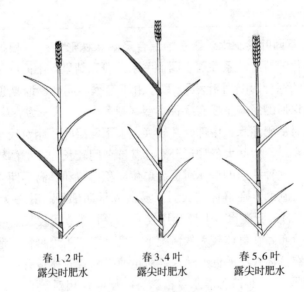

春1、2叶　　　　春3、4叶　　　　春5、6叶
露尖时肥水　　　露尖时肥水　　　露尖时肥水

图 5-4　不同时期追肥灌水株型示意图
（张锦熙，1982）

（三）小麦叶龄模式的综合技术

小麦植株各器官的建成及其相互间的关系，自然环境条件和栽培管理措施对小麦生长发育、形态特征、生理特征、物质生产和产量形成的影响。以小麦器官同伸规律为依据，以叶龄余数作为鉴定穗分化和器官建成进程，以及运筹促控措施的外部形态指标，以不同叶龄肥水的综合效应和3种株型模式为依据，以双马鞍（W）形和单马鞍（V）形两套促控方法为基本措施提出小麦叶龄模式的综合栽培技术。

1. 双马鞍形促控法　此法又称三促二控法，适用于中下等肥力水平或土壤结构性差，保肥保水力弱，群体小，麦苗长势不壮的麦田，关键措施是：一促冬前壮苗。根据土壤肥力基础和产量指标，按照平衡施肥的原理，测土配方施足底肥，包括有机肥和化肥。确定适当播期和播量，选择适用良种保证整地和播种质量，足墒下种，争取麦苗齐、全、匀、壮，并有适当群体。各地情况不一，但都应力争实现冬前壮苗。并适当浇好冬水，确保小麦安全越冬。一控是在越冬至返青初期，控制肥水实行蹲苗。一般是在春生一叶露尖前，不浇水不追肥，冬季及早春进行中耕镇压，保墒提高地温，防止冻害。二促返青早发稳长，促蘖增穗。在春生1～2叶露尖前后浇水追肥，促进分蘖，保证适宜群体，以增加成穗数。浇水后适当中耕，促苗早发快长。二控是在春生3～4叶露尖前后，控制肥水，再次蹲苗，控制基部节间过长，健株壮秆，防止倒伏。三促穗大粒多粒重，在春生5～6叶露尖前后，追肥浇水，巩固大蘖成穗，促进小麦发育，形成壮秆大穗，增加穗粒数，争取穗粒重。同时注意及时防治病、虫、草害，确保植株正常生长，实现稳产、高产。此法由于采取三促二控措施，故称双马鞍（W）形促控法（图5-5）。

2. 单马鞍形促控法　此法又称二促一控法，适用于中等以上肥力水平，群体合理，长势健壮的麦田。关键措施是：一促冬

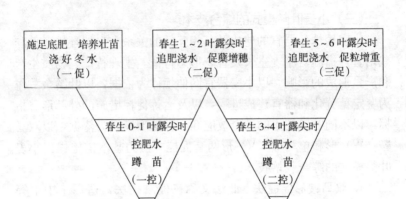

图 5-5　双马鞍（W）形促控法示意图

（张锦熙，1982，赵广才整理）

前壮苗。根据不同的土壤肥力基础和产量目标，确定相应的施肥水平，适当增施有机肥和底化肥，要求整地精细，底墒充足，播种适期、适量，保证质量，力争蘖足苗壮。北方农谚所说的冬前壮苗标准是：三大两小五个蘖，十条麦根七片叶（包括心叶），叶片宽短颜色深，趴在地上不起身。不同生态区的壮苗标准不同，但都应在达到当地壮苗标准时实行此管理方法。并适时浇好冬水，保苗安全越冬。一控是在返青至春生 4 叶露尖时控制肥水，蹲苗控长，稳住群体，控叶蹲节，防止倒伏。主要管理措施以中耕松土为主，群体过大的麦田可适当镇压，或在起身期采取化学调控手段，适当喷施植物生长延缓剂，以缩短节间长度，降低株高，壮秆防倒。二促穗大、粒多、粒重。在春 5～6 叶露尖前后肥水促进，巩固大蘖成穗，增加粒数和粒重。其他管理同常规措施。这种"冬前促，返青控，拔节攻穗重"的措施，称为单马鞍（V）形或大马鞍形促控法（图 5-6）。应用这种方法可使植株上 3 片较短而厚，下 2 节较短而粗，上部节间相对较长，在同等叶面积系数前提下，可以提高光能利用率，穗大粒多，是争取高产不倒和高产再高产的理想株形。

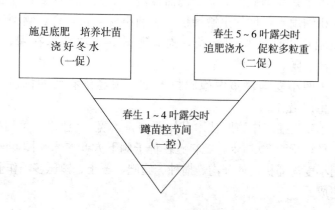

图 5-6 单马鞍（V）形促控法示意图

（张锦熙，1982，赵广才整理）

二、小麦沟播集中施肥技术

小麦沟播集中施肥技术是张锦熙等人针对我国北方广大中低产麦区的旱、薄、盐碱地多，产量低而不稳的实际情况，在总结借鉴国内外传统经验的基础上，研究了小麦沟播集中施肥的生态效应，对小麦生长发育、产量结构的影响和增产效应，经多年研究提出的一项综合实用技术，并相应研制了侧深位施肥沟播机，促进了该技术的示范推广。小麦沟播集中施肥技术增产的关键是由于改善了小麦的生育条件，旱地小麦深开沟浅覆土可借墒播种，把表层干土翻到埂上，种子播在墒情较好的底层沟内，有利于出苗，并可促进根系生长。盐碱地采用沟播可躲盐巧种，使表层含盐高的土壤翻到埂上，提高出苗率。易遭冻害地区的小麦，沟播可降低分蘖节在土壤中的位置，平抑地温，减轻冻害死苗，各类型的土壤中由于采用沟播，均能使相应的土壤含水量增加，有利小麦出苗和生长。冬季由于沟播田沟埂起伏可减轻寒风侵袭，防止或减轻冻害，遇雪可增加沟内积雪，有利小麦安全越冬。春季遇雨能减少地面径流，防止地表冲刷，并能使沟内积纳雨水，增加土壤墒情，有利小麦生长发育。侧深位集中施肥可以防止肥料烧苗，提高肥效。该项技术在晋、冀、鲁、豫、陕、京、津等省、直辖市示范推广，取得显著增产效果。表明小麦沟播集中施肥技术是一项经济有效的抗逆、增产、稳产措施。

小麦沟播集中施肥技术具体要求是沟宽 40 厘米，每沟播 2 行，平均行距 20 厘米。肥料施在种子侧下方 5 厘米（图 5-7）。使用小麦沟播机可使开沟、播种、施肥、覆土、镇压多项作业一次完成。

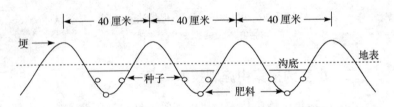

图 5-7　小麦沟播集中施肥示意图

（赵广才，2003）

三、小麦优势蘖利用高产栽培技术

该技术由中国农业科学院作物科学研究所赵广才主持完成。国家"九五"重中之重科技攻关项目"小麦超高产形态生理指标与配套技术体系研究"的研究成果之一。其主要内容是以优势蘖利用为核心的"三优二促一控一稳"高产栽培体系。适宜在黄淮冬麦区和北部冬麦区的中高产麦田应用，具有显著的保优增产效果。

三优：

（1）优良超高产品种选用。根据在豫、鲁、冀、苏等高产麦区多年多点试验及生产实践，确定超高产小麦的应用品种指标为具有超高产潜力（产量潜力在 600 千克/亩以上），矮秆（株高在 80 厘米左右）、抗逆（抗病、抗倒）和产量结构协调（成穗 40 万～50 万/亩），穗粒数 33～36 粒，千粒重 40～50 克。

（2）优势蘖组的合理利用。根据超高产小麦主茎和分蘖的生长发育形态生理指标和产量形成功能的差异，提出优势蘖组的概念和指标，即在利用多穗型品种进行超高产栽培中，主要利用主茎和一级分蘖的 1、2、3 蘖成穗，在每亩基本苗 12 万～15 万时，单株成穗 4 个左右，即充分利用优势蘖的苗蘖穗结构。

（3）优化群体动态结构和群体质量。根据对超高产小麦群体结构和群体质量的研究，提出优化群体动态结构指标为：每亩基本苗 12 万～15 万，冬前总茎数 70 万～80 万，春季最高总茎数 90 万～110 万，成穗数 40 万～50 万。优化群体质量主要指标为：最高叶面积系数在 7～8，开花期有效叶面积率在 90% 以上，高效叶面积率在 70%～75%。开花至成熟期每亩干物质积累量在 500 千克左右，收获期的群体总干物质在 1 350 千克以上，花后干物质积累量占籽粒产量的比例在 80% 左右。

二促：

（1）一促冬前壮苗，打好丰产基础。根据多年多点对超高产麦田土壤养分测定分析，提出应培肥地力使之有机质含量达到 1.2%～1.5%，全氮含量在 0.1% 左右，速效氮、磷、钾含量分别达到 90 毫克/千克、25 毫克/千克、100 毫克/千克左右，锌、硼有效态含量分别在 2 毫克/千克、0.5 毫克/千克左右。根据超高产小麦对多种营养元素的吸收利用的特点，提出在上述地力指标的基础上，施足底肥，每亩施纯氮 8～9 千克，五氧化二磷 9～11 千克，氧化钾 8～9 千克，锌、硼肥各 1 千克左右，实现冬前一促，保证冬前壮苗和底肥春用。

（2）二促穗大、粒多、粒重，高产、优质。第二促即在拔节后期（雌雄蕊分化至药隔期）重施肥水促进穗大、粒多、粒重。一般每亩施纯氮8～9千克。其施肥策略是根据超高产小麦形态生理指标确定氮肥的合理运筹，即为促进冬前分蘖和保证早春壮长，底施氮肥应占计划总施氮量的40%～50%，雌雄蕊分化期是小麦生长发育需氮的高峰和管理的关键期，随灌水施入计划总施氮量的40%～50%，扬花期施入计划总氮量的5%左右。

一控：合理控水控肥，控蘖壮长。根据超高产小麦的吸氮特点和生长发育特性及超高产栽培的要求，在返青至起身期严格控制肥水，控制旺长，控制无效分蘖，调节合理群体动态结构，使植株健壮，基节缩短，防止倒伏。

一稳：后期健株稳长，促粒防衰。根据超高产小麦生育中后期生长发育特点，后期管理以稳为主，适当施好开花肥水，一般可每亩追施2千克左右氮素，或结合一喷三防进行叶面喷肥，促粒大、粒饱，提高粒重，同时做好防病治虫，保证生育后期稳健生长，防止叶片早衰，确保正常成熟。

在这一体系中还体现了节水栽培的内容，即播前保证足墒下种，具体操作视墒情而决定是否浇底墒水。冬前看天气及墒情和苗情决定是否浇冻水，节省返青水，推迟春水，浇好拔节水和开花水，全生育期重点浇好3水，即底墒水或冻水、拔节水和开花灌浆水，比过去的一般高产田节约灌水1～2次。

四、小麦高产高效应变栽培技术

该技术由中国农业科学院作物科学研究所赵广才主持完成。根据多年试验研究和小麦生产实践，结合近年来全球气候变暖的实际情况，研究提出以"二调二省"为核心内容的冬小麦高产高效应变栽培技术。

（一）调整小麦播种期的理论依据及其技术方案

1. 调整播期的理论依据 针对全球气候变化对农业的不利影响，因地制宜采取应变措施，研究采用新技术，提高农业生产对气候变化不利影响的抵御能力，以避免或减轻由此带来的灾害。研究了 1951—2007 年逐年北方冬麦区小麦越冬前气温变化（北京气象资料，图 5 - 8），从 20 世纪 50 年代至今小麦播种至越冬的积温总体呈逐渐上升趋势，2001—2007 年小麦越冬前＞0℃积温平均为 727.87℃，比 1961—1970 年同期增加 104.5℃，比 1971—1980 年同期增加 100℃。这 100℃相当于小麦最适播期 6 天左右的积温，可使小麦主茎生长 1.3 片叶片，若按传统播期播种，随主茎叶片增多，分蘖将大量增加，群体将超量繁茂，土壤养分和水分消耗过多，还可使部分小麦穗分化提前，抗寒、抗旱能力下降，造成早春冻害或干旱死苗，故调整播期势在必行。

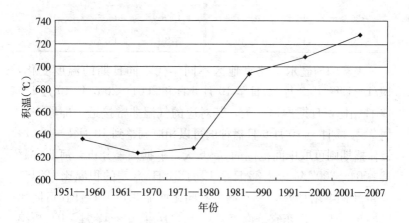

图 5 - 8 北京地区不同年份冬小麦越冬积温变化

（赵广才，2009）

从表 5 - 12 可见不同年代相同日期日平均温度有较大差别，2001—2007 年间 9 月 25～30 日日平均气温比 1971—

1980 年同期平均增加 2.2℃，10 月 1～6 日日平均气温增加
1.3℃。2001—2007 年 9 月 25 日至 10 月 6 日比 1971—1980
年间同期积温增加 20.5℃，日平均增加 1.7℃。这段时间正
是传统的小麦播种期，掌握这段时期的温度变化对调整播期
尤为重要。

表 5－12　不同年代相同日期气温比较（℃）
（赵广才，2009）

日期（月/日）	1971—1980	2001—2007	日期（月/日）	1971—1980	2001—2007
9/25	17.9	20.9	10/1	16.5	17.6
9/26	17.1	20.0	10/2	16.1	17.7
9/27	16.7	18.9	10/3	16.2	16.5
9/28	17.5	19.5	10/4	15.7	16.8
9/29	16.7	18.8	10/5	14.7	16.8
9/30	16.8	17.7	10/6	15.2	16.4
平均	17.1	19.3	平均	15.7	17.0

　　表 5－13 显示了北京地区不同年代不同日期的温度变化，
1971—1980 年 9 月 25 日至 10 月 6 日和 2001—2007 年 10 月 1～
12 日相比，日期推迟 6 天，其对应的气温非常接近，即原来计
划 9 月 25 日至 10 月 6 日播种的可以相应调整到 10 月 1～12 日，
最佳播期则可取中间范围的 5～6 天。另据调查分析，河北省赵
县 2004—2007 年 9 月 25 日至 12 月 31 日＞0℃的积温比 1971—
1980 年同期增加 90.7℃；高邑县同比增加 97.6℃；任丘市同比
增加 93.3℃。山东省济南市 2004—2007 年 10～12 月＞0℃积温
比常年同期增加 103.4℃；兖州市 2004—2007 年 10～12 月比
1971—1980 年同期增加 62.3℃。河南省郑州市 2004—2007 年
10～12 月＞0℃积温比 1971—1980 年同期增加 134.1℃；新乡县
同比增加 78.1℃。上述 3 省 7 地的小麦冬前＞0℃积温虽与北京

地区不尽相同，但积温明显升高的趋势一致，通过上述分析研究，为调整播期提出了理论依据。

表 5-13　不同年代不同日期气温比较
（赵广才，2009）

日期（月/日）	1971—1980	日期（月/日）	2001—2007
9/25	17.9	10/1	17.6
9/26	17.1	10/2	17.7
9/27	16.7	10/3	16.5
9/28	17.5	10/4	16.8
9/29	16.7	10/5	16.8
9/30	16.8	10/6	16.4
10/1	16.5	10/7	16.5
10/2	16.1	10/8	15.3
10/3	16.2	10/9	15.2
10/4	15.7	10/10	15.9
10/5	14.7	10/11	14.7
10/6	15.2	10/12	14.4
平均	16.39	平均	16.14

2. 调整播期技术方案　根据以上分析，北方冬麦区（北部冬麦区和黄淮冬麦区）播期应在传统播期范围推迟 1 周左右，以确保小麦适期播种，冬前 >0℃ 积温控制在 550~600℃，最高不超过 650℃。由于不同年份之间温度有所差异，在调整播期时还应注意当时的气温变化，把最佳播期控制在平均气温 16~17℃ 的范围。

（二）调整小麦基本苗的理论依据及技术方案

1. 调整小麦基本苗的理论依据　据调查，全国小麦主产区播种量偏大的现象严重，北部冬麦区尤其突出，一些适期播种的小麦，播种量每 15 千克/亩以上，甚至超过 25 千克。黄淮冬麦区一些适期播种的小麦，播种量达到 10～15 千克。播种量偏大的直接后果：一是浪费种子，增加成本；二是造成群体过大，个体发育不良，田间郁闭，容易发生病虫害，后期光合作用不良，茎秆细弱，容易倒伏，造成减产。经过多年多点试验研究发现，多穗型（40 万穗/亩以上）高产小麦主茎和 1、2、3 蘖生长发育的形态指标和产量形成功能均显著优于其他分蘖（表 5 - 14、表 5 - 15）。根据多种性状分析，把主茎和一级分蘖的 1、2、3 蘖确定为优势蘖组。

表 5 - 14　主茎和各蘖主要穗部性状及其整齐度

（赵广才，1981）

蘖位	穗粒数	变异系数（%）	千粒重（克）	变异系数（%）	穗粒重（克）	变异系数（%）	穗粒重占产量（%）
Z	33.67 a A	19.6 b B	44.05 a A	9.41 a	1.48 a A	21.3 b B	25.09 a A
1N	29.72 ab AB	23.3 b B	43.43 a AB	11.51 a	1.29 b AB	26.2 b BC	20.48 b AB
2N	27.71 bc AB	24.1 b B	42.24 b B	10.13 a	1.17 bc BC	26.1 b BC	19.04 b AB
3N	25.01 c B	28.6 b AB	40.40 c C	11.02 a	1.01 c CD	34.1ab ABC	16.53 b B
1N-1	18.86 d C	43.1 a A	40.21 c C	11.72 a	0.78 d DE	43.4 a AB	7.78 c C
4N	17.11 d C	42.1 a A	40.35 c C	12.04 a	0.69 de E	46.0 a A	4.71 d CD
2N-1	15.39 d C	43.2 a A	38.96 d D	10.64 a	0.60 e E	43.9 a AB	2.78 de DE
1N-2	19.10 C	43.0 a A	40.31 c C	11.32 a	0.77 d DE	43.6 a AB	1.97 e E

表 5 - 15　主茎和分蘖的成穗率（%）

（赵广才，1981）

基本苗（万/亩）	蘖位							
	Z	1N	2N	3N	1N-1	4N	2N-1	1N-2
30	100	78.02						
20	100	100	77.19					
12	100	99.6	91.7	81.0	43.2			
7.5	100 aA	99.6 aA	99.6 aA	98.9 aA	54.3 bB	57.4 bB	47.1 bcB	32.9 cB

小麦优势蘖的利用与基本苗密切相关，在基本苗 7.5 万～30 万/亩范围内，成穗优势蘖（y）与基本苗（x）的关系为 $y = -0.000\,5x^2 - 0.081\,2x + 4.671\,5$，$R^2 = 0.994\,2$。分蘖的合理利用是小麦高产栽培的重要环节。试验表明，主茎和低位蘖在多种性状上具有优势，因而适当利用主茎和低位蘖是合理的。过多利用主茎势必需要较多基本苗，而基本苗过多易导致群体过大，田间郁蔽，个体发育不良，基部节间长，秆弱易倒，不利高产。基本苗过少不易达到理想的穗数，且高位蘖的穗部性状较差，单穗粒重降低，因此合理利用优势蘖成穗，使成穗蘖位的形态生理指标及穗部性状都实现最优状态，则是实现小麦高产的重要措施。基于上述模型在多穗型品种的高产栽培中，黄淮冬麦区中南部基本苗可采用 12 万～15 万/亩，单株利用优势蘖成穗 3.0～3.8 个，播种偏晚或北部基本苗可控制在 15 万～18 万/亩，单株利用优势蘖成穗 2.5～3.5 个，北部冬麦区控制在 20 万～25 万/亩，单株利用优势蘖成穗 2.3～3.0 个。上述研究确定了优势蘖合理利用模式，为调整基本苗提供了理论依据。

2. 调整基本苗技术方案　根据小麦优势蘖的原理，提出在现有播种量基础上，适当减少播种量（在种子发芽率正常的条件下，在传统播量基础上，黄淮冬麦区平均每亩降低播种量 1～3 千克，北部冬麦区平均每亩降低 2～4 千克）。以控制合理群体，发挥个体优势，提高群体质量，充分利用小麦优势蘖成穗。推荐黄淮冬麦区中南部的半冬性品种基本苗控制在 12 万～15 万/亩，分蘖力较低的弱春性或春性的品种可适当增加；北部（半冬性品种）15 万～18 万/亩。北部冬麦区的南部（半冬性、冬性品种）可控制在 15 万～20 万/亩，中部（冬性品种）18 万～20 万/亩，北部（冬性品种）20 万～25 万/亩。过晚播种要适当增加基本苗。过晚播种指冬前积温低于 500℃，冬前总叶片少于 5 叶的情况下，根据实际播期、品种分蘖特性等因素，在适宜播量基础上，冬前积温每减少 15℃，增加 1 万基本苗，以确保足够的成穗群体。

（三）节省灌水的理论依据及其调整方案

1. 节省灌水的理论依据 适当的水分供给是小麦正常生长发育和获得高产的必要条件，小麦一生中各生育阶段的需水量有很大差异，拔节期以前温度较低，植株较小，田间的耗水量相对较少，如北方冬麦区冬小麦从播种到拔节，在 180 天左右的生长发育期间内（占全生育期的 2/3 以上），耗水量只占全生育期的 30%～40%；拔节到抽穗，小麦进入旺盛生长期，耗水量急剧增加，在这一个月左右的时间内，耗水量占全生育期的 20%～35%；抽穗到成熟一般需要 35～40 天，这一阶段耗水量占全生育期的 26%～42%。因此，应根据小麦不同时期的需水和自然降水情况，进行合理的灌水管理，既要节水，又要保证小麦需水关键时期的水分供给，才能确保小麦的高产、高效。据调查，当前很多麦田一般年份春季灌水偏早，既浪费水，又对小麦生长不利。早春小麦生长的主要限制因素是温度，土壤墒情较好的麦田，早春管理的主要目标是提高地温，促苗早发，控苗壮长。试验结果表明，同是灌 2 水和施肥总量相同时，适当推迟灌水和施肥时期，穗粒数和千粒重增加，产量显著提高，表明灌拔节水和开花水、重施拔节肥轻补开花肥，比灌返青水和拔节水、施返青肥和拔节肥等量分配的处理对提高产量有利。在灌水次数和施肥数量相同，适当推迟肥水时期，使千粒重增加，产量提高，表明节省返青水，增加开花灌浆水，对提高粒重和产量有效。2006年在任丘试验，供试品种（7 个）和施肥处理相同时，灌 3 水比 2 水的处理多灌一次返青水，水分利用效率降低，增产效果不显著。在山东兖州试验灌 3 水（多灌 1 次返青水）比 2 水的处理产量略减，差异不显著，但水分利用效率显著降低。2007 年在中国农业科学院农场高肥力条件下（4 个供试品种），增加返青水的处理显著减产；表明在高肥力土壤条件下，增灌返青水促进了过多无效分蘖，群体过大，基部节间较长，抗倒伏能力减弱，后期引起倒伏减产，水分生产效率显著降低。以上多项试验结果均为在正常降水年型节省返青水提供了依据。

2. 调整灌水技术方案　应根据土壤墒情和冬前降水情况，确定是否灌冻水。冬前降水多，墒情好的麦田，节省冻水。根据小麦生长发育规律和需水关键时期的需要，推迟春季第一次灌水时期，从节约用水和综合效益考虑，在非特别干旱的年份，节省返青水，重点灌好拔节水，全生育期节约灌水 1～2 次。只有在群体较小的麦田，才考虑采用前述双马鞍形促控法，适当灌返青水，促进春季分蘖，构建合理群体。

（四）节省肥料的理论依据及其调整方案

1. 氮肥高效利用的理论依据　据调查不少地区小麦生产中施肥不科学，氮素用量在 20 千克/亩以上，甚至达到 25～30 千克/亩。研究发现不同类型高产小麦在不同生育期茎秆和叶片的氮素含量动态（图 5-9）、植株氮素积累强度变化（图 5-10）及其积累进程（图 5-11）与植株需肥规律有一定的相关性，据此提出高效施氮策略。即高产栽培应遵循植株吸氮规律，采用"因需施氮"与节水调控相结合的高效肥水调控措施。研究表明，冬前分蘖盛期，植株氮素积累强度较大，充足的底肥对冬前分蘖十分重要。此后植株生长渐缓，进入越冬期，一直到返青前后植株的氮素积累强度平稳降低。返青起身后，植株氮素积累强度逐渐增加，到拔节至孕穗期，氮素积累强度达到高峰。以后又下降，抽穗后，茎秆和叶片的氮素迅速转移到籽粒生长中心，故其氮素每日均在减少，一直到收获期达到最低，以至氮素积累强度出现负值。从籽粒形成初期至乳熟中期氮素积累强度一直呈上升趋势，然后逐渐下降，总体呈抛物线变化趋势。从植株氮素积累强度分析，孕穗期达到氮素积累高峰，因此在拔节期增加肥料供应是符合高产小麦生长发育需要的，对增加籽粒产量和改善品质都有明显效果，是非常重要的增产、保优措施。

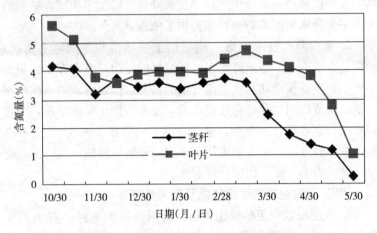

图 5 - 9　高产冬小麦茎、叶含氮量的变化

（赵广才，1998）

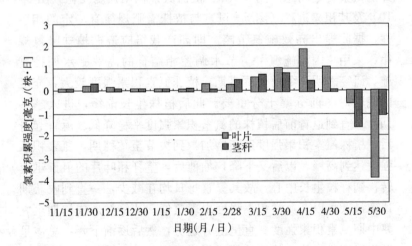

图 5 - 10　高产冬小麦茎、叶氮素积累强度变化

（赵广才，1998）

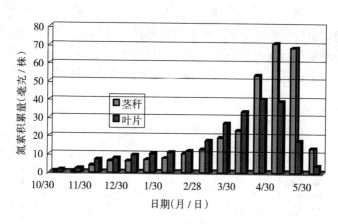

图 5 - 11　高产冬小麦茎、叶氮素积累进程

(赵广才，1998)

　　根据高产小麦生长发育过程中植株体内氮素变化规律分析，促进分蘖生长，培育冬前壮苗，施足底肥至关重要，一般可施入计划全部施氮量的 40%～50%。越冬期间，植株生长缓慢，植株体内含氮量保持一个低平衡状态，此时需氮量不多，充足的底肥可以满足越冬期间生长需要。返青期，植株体内氮素含量开始增加，但为了控制群体和调节合理株形结构，抑制基节过速伸长，仍以控制肥水为主，以控苗壮长为主攻目标。进入拔节期，植株生长加快，植株氮素积累强度也出现高峰，表明此期是小麦生长需氮的高峰和关键时期，因此重施肥水是高产小麦生产管理的重要措施，可施入计划全部施氮量的 40%～50%。扬花以后小麦茎叶氮素向籽粒转移，籽粒的氮素积累强度呈现"低—高—低"的变化，灌浆中期蛋白质积累强度最大（图 5 - 12），表明此期仍需较多的氮素供应，因此在扬花灌浆初期，施入计划全部施氮量的 5%～10%，以促进灌浆，力争粒大粒饱，实现高产、优质。这与一般基肥占 60%～70%，苗蘖肥占 10%～15%，拔节孕穗肥占 15%～20% 的运筹法相比，明显降低了基肥施用比例，大幅度增加了拔节孕穗肥，使小麦前期吸氮量和无效分蘖同时得

到适度控制，而又有效地增加了中、后期供氮量与群体生产力，为高产形成提供了合理的氮素营养基础。这种施肥策略适应于高产小麦前期吸氮比重降低，中、后期吸氮量增高的特性，同时提高了氮素利用效率，为调整施肥实现氮肥高效利用提供了理论依据。

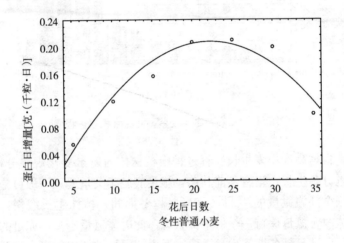

图 5-12　冬性普通小麦籽粒蛋白质积累强度变化

(赵广才，1992)

2. 调整施肥技术方案　根据小麦生长发育需要和当前生产中化肥用量过多的问题，建议一般麦田在现有施肥基础上平均每亩减少氮素用量 1～3 千克，推荐施肥量为中、高产田小麦全生育期每亩施氮素 15～18 千克，五氧化二磷 7～9 千克，氧化钾 6～8 千克。氮肥底、追比例为 5∶5 或 4∶6，追肥时期重点在拔节期，磷、钾肥可全部底施。弱筋中、高产麦田小麦全生育期施氮素 12～15 千克/亩，底、追比例为 7∶3，五氧化二磷和氧化钾各 5～7 千克/亩。磷、钾肥可全部底施，也可以留 1/3 作追肥。

本技术体系中还要注意三防，即适时防病虫、防草害、防倒伏。

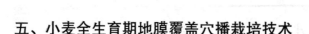

五、小麦全生育期地膜覆盖穴播栽培技术

该技术是甘肃省农业科学院粮食作物所研究开发的抗旱节水增产技术，并相应研制了小麦机械覆膜播种机，加速了该技术的推广应用。目前该技术将传统的条播—盖膜—揭膜改为盖膜穴播用机械一次完成，全生育期不再揭膜，从而使节水，抗旱、增产效果更为明显，成为我国北方干旱半干旱地区以及雨养农业或灌溉水资源缺乏地区，实现小麦抗逆、稳产的实用栽培技术。具体操作为机械起埂覆膜，埂高15～20厘米，有浇水条件的埂面1.4米，穴播7～8行，行距20厘米，穴距11厘米左右，每穴播种12粒左右，每亩播种40万粒左右；旱地埂面0.8米，穴播4～5行，穴距11厘米，每穴播种10粒左右，每亩播种35万粒左右（图5-13）。埂面宽度和播种行数，还可根据当地情况自行调整，每穴粒数也可根据土壤肥力情况和品种分蘖力进行调节，土壤肥力好品种分蘖多的可适当减少每穴粒数。近年河北省农业技术推广总站在引进该技术时，对覆膜穴播机进行改进，在膜侧沟内条播1行小麦，更合理地利用了穴间，取得较好的增产效果。

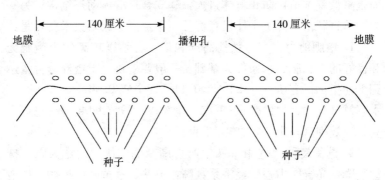

图5-13 地膜覆盖穴播示意图

（赵广才，2003）

六、小麦精播高产栽培技术

冬小麦精播高产栽培技术是山东农业大学研究完成的科技成果，该技术较好地解决了小麦中产变高产过程中高产与倒伏的矛盾，突破了冬小麦单产 400 千克/亩左右徘徊不前的局面，使单产提高到 500 千克以上，对我国黄淮及其类似生态区的小麦生产具有普遍的指导意义和应用价值。

所谓精播高产栽培技术，是以降低基本苗、培育壮苗、充分依靠分蘖成穗构成合理群体为核心的一套高产、稳产、低消耗的栽培技术体系。其突出特点是：个体健壮、群体动态结构合理、中后期绿色器官衰老缓慢、光合效率高、肥水消耗少。其基本内容是：在麦田肥水条件较好的基础上，选择增产潜力大，分蘖、成穗率均较高的良种，适时早播、逐步降低基本苗至 6 万～12万/亩；提高整地及播种质量，培育壮苗；扩大行距和促控相结合，保证群体始终沿着合理的范围发展，改善拔节后群体内光照和通风条件、充分发挥个体的增产潜力，使植株根系发达、个体健壮、穗大粒多、高产不倒。

精播高产栽培的基本原则是处理好群体与个体的矛盾，一方面是降低基本苗，防止群体过大，建立合理群体动态结构；另一方面培育壮苗，促进个体发育健壮。精播高产栽培技术要点是：

1. 培肥地力 实行精播高产栽培，必须以较高的土壤肥力和良好的土、肥、水条件为基础。一般要求耕层土壤养分含量达到下列指标：有机质 1.22%±0.14%、全氮 0.08%±0.008%，水解氮（47.5±14）毫克/千克，速效磷（29.8±14.9）毫克/千克，速效钾（91±25）毫克/千克。

2. 选用良种 选用单株生产力高，抗倒伏，大穗大粒、株型紧凑，光合能力强、经济系数高，早熟、落黄好，抗病、抗逆性好的良种。

3. 培育壮苗 培育壮苗，除控制基本苗数外，还要采用一系列措施：

（1）施足底肥。以农家肥为主，化肥为辅。重施磷肥，氮、磷、钾肥配合，分层施肥。一般每亩施优质有机肥 2 000～3 000 千克，纯氮 7～8 千克、五氧化二磷 7～8 千克和氧化钾 5～6 千克。当 0～20 厘米土层内速效磷含量在 5～10 毫克/千克以下时，植株对当季施用的磷肥利用率较高。底施磷肥和拔节以前追施磷肥，增产效果显著。但在同样施磷量条件下，追施效果不如底施效果，晚追不如早追。在土壤缺磷，没有施底磷肥的或施磷肥不足的情况下，应尽早追施磷肥，最好在冬前追施，或返青期追施，并以氮、磷混合追施，氮磷比例以 1∶1～1.5 为宜。对缺乏锌、钼、锰、硼等微量元素的土壤，应根据缺素情况，适当施用缺少的微肥。

（2）提高整地质量。适当加深耕层，破除犁底层，加深活土层。整地要求地面平整、明暗坷垃少而小，土壤上松下实，促进根系发育。

（3）坚持足墒播种，提高播种质量。在保墒或造墒的基础上，选用粒大饱满、生活力强、发芽率高的良种。实行机播，要求下种均匀，深浅一致，适当浅播，播种深度 3～5 厘米，行距 23～30 厘米，等行距或大小行播种，确保播种质量。

（4）适期播种。在适期播种范围内，争取早播。一般适宜的播种期应定在日平均气温 16～18℃，要求从播种到越冬开始，有 0℃以上积温 580～700℃为宜。

（5）播种量适宜。播种量要求实现每亩基本苗数为 6 万～12 万。

4. 合理的群体结构 合理群体结构动态指标是：每亩基本苗 6 万～12 万，冬前总茎数 50 万～60 万，春季最高总茎数 60 万～80 万，成穗 40 万～45 万，多穗型品种可达 50 万穗左右。叶面积系数冬前 1 左右，起身期 2.5～3，挑旗期 6～7，开花、灌浆期 4～5。

欲创建一个合理的群体结构，除上述培育壮苗措施之外，还应采取以下措施：

(1) 及时间苗、疏苗、移栽补苗。基本苗较多、播种质量较差的，麦苗分布不够均匀，疙瘩苗较多，应在植株开始分蘖前后，进行间苗、疏苗、匀苗，以培育壮苗。这是一项重要的增产措施。

(2) 控制多余分蘖。为了调节群体，防止群体过大，必须控制多余的分蘖，促进个体健壮，根系发达。精播麦田，当冬前总茎数达到预期指标后，即可进行深耕锄，深度在 10 厘米左右。耕后搂平、压实或浇水，防止透风冻害。

返青后如群体过大，冬前没有进行过深耕锄的，亦可进行深耘锄，以控制过多分蘖增生，促进个体健壮。深耘锄对植株根系有断老根、喷新根、深扎根，促进根系发育的作用，对植株地上部有先控后促进的作用。控制新生分蘖形成和中小蘖的生长，促使早日衰亡，可以防止群体过大，改善群体内光照条件，有利大蘖生长发育，提高成穗率，促进穗大粒多，增产显著。

(3) 重施起身或拔节肥水。精播麦田，一般冬前、返青不追肥，麦田群体适中或偏小的重施起身肥水，群体偏大，重施拔节肥水。追肥以氮肥为主，每亩施尿素 20 千克左右，开沟追施。如有缺磷、钾的，也要配合追施磷、钾肥。这次肥水，是促进分蘖成穗，提高成穗率，促进穗大粒多的关键措施。

早春返青期间主要是划锄，以松土、保墒、提高地温，不浇返青水，于起身或拔节期追肥后浇水，浇水后要及时划锄保墒。要重视挑旗水，浇好扬花和灌浆水。

5. 预防和消灭病虫及杂草危害 对各地常年易发病虫害，做好病虫测报，及时防治，避免或减轻小麦生育期间病、虫、草害发生。

根据我国目前的生产现状，某些地区由于条件（如土壤肥力、肥水条件、技术水平）的限制，还不能实行精播的，可采用

"半精播"栽培技术。主要是适当提高基本苗，每亩为 13 万～16 万，其他可参考精播栽培技术，在管理上要特别重视防止群体过大，既要保证每亩穗数，又要促进个体健壮。要十分重视培养地力，改善生产条件，逐步创造条件实行精播。

七、晚茬麦栽培技术

我国种植晚茬小麦有着悠久的历史，早在明代《农政全书》等农书中就有在山东等地种晚茬麦的记载。在当时条件下，晚茬小麦产量很低。新中国成立以后，随着耕作制度的改革和复种指数的提高，晚茬小麦面积逐年扩大。这些晚播的小麦由于种的晚，冬前积温不足，造成苗小、苗弱，根系发育差，成穗少，产量低而不稳，一般较适期播种的小麦减产 10%～30%，并随着时间的推迟，减产的幅度相对增大。四川省农业科学院在广汉、资阳的分期播种试验表明，早中熟品种绵阳 26 和 107，最佳播期为 10 月 24 日，迟至 11 月 7 日播种，减产达 25%和 16.3%。江苏省常年晚茬麦比全省平均产量低 30～40 千克/亩，比适期播种的平均产量低 50～60 千克/亩。因此，晚茬麦的生产情况直接影响着我国小麦生产的形势。如何种好晚茬麦，不断提高晚茬麦产量，对保证全国夏粮平衡增产，增加小麦总产有着重要意义。

为提高晚茬小麦产量，广大农业科技人员在总结传统经验的基础上，经过多年探索研究，认识了晚茬小麦的生育规律及特点，总结出各种适于不同条件的晚茬麦栽培技术，即晚茬麦"四补一促"栽培，独秆栽培和地膜覆盖等栽培技术。近年来，各地由于因地制宜地运用了这些在晚播条件下的栽培技术，有效地解决了晚茬麦产量低且不稳的问题，促进了我国小麦大面积均衡增产。

根据晚茬麦冬前积温少、根少、叶少、叶小、苗小、苗弱，春季发育进程快等特点，要保证晚茬麦高产稳产，在措施上必须坚持以增施肥料、选用适于晚播早熟的小麦良种和加大播种量为重点的综合栽培技术。重点抓好以下五项措施（即四补一促栽培技术）：

1. 增施肥料，以肥补晚 由于晚茬麦冬前苗小、苗弱、根少，没有分蘖或分蘖很少以及春季起身后生长发育速度快，幼穗分化时间短等特点，并且由于晚茬麦与棉花、甘薯等作物一年两作，消耗地力大，棉花、甘薯等施有机肥少，加上晚播小麦冬前和早春苗小，不宜过早进行肥水管理等原因，必须对晚播小麦加大施肥量，以补充土壤中有效态养分的不足，促进小麦多分蘖、多成穗、成大穗、夺高产。

晚茬麦的施肥方法要坚持以基肥为主，以有机肥为主，化肥为辅的施肥原则。根据土壤肥力和产量目标，做到因土施肥，合理搭配。一般产量 250～300 千克/亩的麦田，每亩基肥施有机肥 3 000 千克，尿素 10～15 千克，过磷酸钙 50 千克为宜，种肥尿素 2.5 千克或硫酸铵 5 千克；产量目标为 350～400 千克/亩的晚茬麦，可每亩施有机肥 3 500～4 000 千克，尿素 15～20 千克，过磷酸钙 40～50 千克，种肥尿素 2.5 千克或硫酸铵 5 千克，要注意肥、种分用，防止烧种。

2. 选用良种，以种补晚 实践证明，晚茬麦种植早熟半冬性、偏春性和春性品种阶段发育进程较快，营养生长时间较短，容易形成大穗，灌浆强度较大，达到粒多、粒重，早熟、丰产，这与晚茬麦的生育特点基本吻合。

3. 加大播种量，以密补晚 晚茬麦由于播种晚，冬前积温不足，难以分蘖，春生蘖虽然成穗率高，但单株分蘖显著减少，用常规播种量必然造成穗数不足，影响单产的提高。因此，加大播种量，依靠主茎成穗是晚茬麦增产的关键。播期越迟，播量越大。

4. 提高整地播种质量，以好补晚

（1）及早腾茬，抢时早播。晚茬麦冬前早春苗小、苗弱的主要原因是积温不足，因此，早茬、抢时间是争取有效积温，夺取高产的一项十分重要的措施。在不影响秋季作物产量的情况下，尽力做到早腾茬，早整地，早播种，加快播种进度，减少积温的损失，争取小麦带蘖越冬。为使前茬作物早腾茬，对晚收作物可采取麦田套种或大苗套栽的办法，以促进早熟早收，为小麦早播种奠定基础。

（2）精细整地，足墒下种。精细整地不但能给小麦创造一个适宜的生长发育环境，而且还可以消灭杂草，防治小麦黄矮病和丛矮病。前茬作物收获后，应抓紧时间深耕细耙，精细整平，对墒情不足的地块要整畦灌水，造足底墒，使土壤沉实，严防土壤透风失墒，力争小麦一播全苗。如时间过晚，也可采取浅耕灭茬播种或者串沟播种，以利于早出苗、早发育。

足墒下种是小麦全苗、匀苗、壮苗的关键环节，保全苗安全越冬对晚茬麦尤为重要。在播种晚、湿度低的条件下，种子发芽率低，出苗慢，如有缺苗断垄补种也很困难，只有足墒播种才能获得足苗足穗、稳产、高产的主动权。晚茬麦播种适宜的土壤湿度为田间持水量的 70%～80%。如果低于下限就会出苗不齐，缺苗断垄，影响小麦产量。为确保足墒下种，最好在前茬作物收获前带茬浇水，并及时中耕保墒，也可在前茬收后抓紧造墒及时耕耙保墒播种。如果为了抢时早播也可播后浇蒙头水，待适墒时及时松土保墒，助苗出土。

（3）宽幅播种，适当浅播。采用复播技术可以加宽播幅，使种子分布均匀，减少疙瘩苗和缺苗断垄，有利于个体发育。重复播种的方法是用播种机或耧往返播 2 次，第一次播种子量的 60%～70%，第二次播种子量的 30%～40%。在足墒的前提下，适当浅播可以充分利用前期积温，减少种子养分消耗，以促进晚茬麦早出苗、多发根，早生长，早分蘖。一般播种深度以 3～4 厘米为宜。

（4）浸种催芽。为使晚茬麦早出苗，播种前用 20～30℃的温水浸种 5～6 小时后，捞出晾干播种，也可提早出苗 2～3 天。

5. 科学管理，促壮苗多成穗

（1）镇压划锄，促苗健壮生长。据晚茬麦的生育特点，返青期促小麦早发快长的关键是温度，镇压划锄不仅可以增湿保墒，而且可以防盐保苗，从而促进根系发育，培育壮苗，增加分蘖。

（2）狠抓起身期的肥水管理。小麦起身后，营养生长和生殖生长并进，生长迅猛，对肥水的要求极为敏感，水肥充足有利于促分蘖多成穗，成大穗，增加穗粒重。追肥数量一般麦田可结合浇水每亩追尿素 15～20 千克，或碳酸氢铵 25～40 千克；基肥施磷不足的，每亩可补施过磷酸钙 15～20 千克。对地力较高、基肥充足、麦苗较旺的麦田，可推迟到拔节后期追肥浇水。晚茬麦由于生长势弱，春季浇水不宜过早，以免因浇水降低地温影响生长，一般以 5 厘米地温稳定于 5℃时开始浇水为宜。

（3）浇好孕穗、灌浆水。小麦孕穗期是需水临界期，浇水对保花增粒有显著作用。这一时期应视土壤墒情适时浇水，以保证土壤水分为田间持水量的 75% 左右，并适量补追孕穗肥，每亩施尿素 5 千克左右。晚茬麦由于各生育期相对推迟，抽穗开花比适期播种的小麦晚 3～4 天，推迟了灌浆时间，缩短了灌浆期，但灌浆强度增大。因此，对晚茬麦田应及时浇好灌浆水，以延长灌浆时间，提高千粒重，保证晚茬麦获得高产。

八、小窝疏株密植播种高产栽培技术

小窝疏株密植播种技术是在传统窝播麦基础上进行的一系列改革：即改宽窝距为密窝距，窝行距从 23 厘米×26 厘米缩小到 10 厘米×20 厘米，每亩从 1 万窝左右提高到 3 万多窝，改每穴苗数集中为合理分布，每窝从十几苗减少到 4～7 苗，改泥土盖种为精细粪肥盖种。实践证明，小窝疏株密植每亩一般可增产 5%～13%。该技术主要在四川、重庆及鄂西、滇北、陕南等部分地区应用。

小窝密植的技术要点如下：

（1）合理确定基本苗数和穴（丛）数。小窝密植的适宜的基本苗数，高产条件下以 10 万～15 万苗/亩为宜。如果气温较低、降雨较少、日照时数较多、穗容量高的地区，以每亩 3 万穴左右（行距 20～22 厘米，穴距 10～12 厘米）为宜，反之，以 2.0 万～2.5 万穴（行距 22～24 厘米，穴距 10～12 厘米）为宜。

（2）合理确定播种深度。应在土壤干湿度适宜时开穴（沟），穴（沟）的深度 3～4 厘米为宜。田湿偏浅，田干稍深，盖种厚度 2 厘米左右为宜。

（3）合理施肥。底肥中氮素化肥可对在人畜粪水中施于穴内，也可单施，过磷酸钙等磷肥可混在整细了的堆厩肥中盖种。拔节孕穗肥视苗情而定。

九、稻田套播小麦栽培技术

稻田套播麦（简称稻套麦、套播麦），是指在前作迟熟水稻收获前将小麦种裸露套播于稻田内，并与水稻短期共生（存），立苗后收获水稻，再进行配套管理的种麦方式，又称稻田寄种麦，是免耕小麦的方式之一。

稻田套播麦的主要栽培技术要点：

1. 播种技术

（1）种子处理。播前用植物生长延缓剂浸种，可起到矮化增蘖、控旺促壮作用。有效防止麦苗在稻棵中寡照条件下窜高、叶片披长、苗体黄弱的现象。

（2）适期套播。适期套播是稻套麦高产的关键措施之一。过早套播共生期长，易导致麦苗细长不壮，过迟套播则难以齐苗。套播期应选择在当地的最佳播期内，在确保套播麦齐苗的前提下，与水稻的共生期越短越好，最适在 7～10 天，不宜超过 15 天（1 叶 1 心）。在生产上，稻田套播麦要依水稻成熟期综合兼顾适播期与共生期的长短。

（3）适量匀播。稻套麦基本苗一般应比常规麦增加 10%～

30%，并考虑地力、品种特性、共生期长短等。一般小麦1叶期收获水稻的田块基本苗12万～18万/亩，2叶期收稻的18万～20万/亩，3叶期收稻的20万～25万/亩。同时，播种时一定要保证匀度，保证田边、畦边等边角地带足苗。

2. 立苗技术

（1）旱涝保全苗。"旱年"可采取以下应变措施：一是割稻前灌跑马水，并预先浸种到露白，待稻田呈湿润状态时立即撒种；二是灌水后保持水层，把麦种撒下田，12小时后把田内水放干；三是收稻后如天气晴好，气温高，必须再灌一次跑马水，而且一定要及时。"湿年"如遇连阴雨，一要整理好稻田排水沟，做到雨止田干；二是适当缩短共生期；三是抢收稻子，及时割稻离田，防止烂芽死苗。

（2）套肥套药争全苗。在割稻后稻套麦麦苗已处于2叶期，如遇天气干旱，肥料难以施下，即使施下去，利用率也不高、肥效差。因此在收稻前必须套肥，一般每亩施尿素10千克，复合肥15千克。其次，稻套麦杂草发生早，收稻后再用药，草龄已大，防治效果低。在播前1～2天或播种时用除草剂拌细土在稻叶无露水时均匀撒于田间。部分不能用药的田，在稻子离田后1周左右用药防除。

（3）及早覆盖促壮苗。一般宜在收稻后齐苗期进行有机肥覆盖，3叶1心前开沟覆泥。开沟一定要在墒性适宜、沟土细碎且可均匀撒开时进行。沟宽2米为宜，畦面上覆土厚度2厘米左右。

3. 管理技术

（1）高效施肥。增磷补钾，合理施氮。首先确保"胎里富"；其次及早追施壮蘖肥，做到基肥不足苗肥补；再次重施拔节孕穗肥。上述3次氮肥的施用比例3～4：2～3：4。

（2）三沟配套，抗旱防湿降渍。

（3）及时防治病虫草害。

4. 抗逆技术

（1）**防冻。**冻后及早增施速效肥，促其恢复生长。

（2）**防衰。**稻套麦根系分布浅，后期易早衰，除了保证覆土的厚度和增加后期的肥料外，结合防治病虫，叶面喷施一些化学肥料或化学制剂。

（3）**防倒。**稻套麦如若播种技术不过关，易导致群体偏大，再加上根系分布浅，后期易发生倒状。措施主要有：一是增加覆土的厚度；二是药剂拌种或于麦苗倒5叶末至倒4叶初喷施植物生长延缓剂；三是对旺长的田块及时进行机压麦。

十、小麦垄作栽培技术

垄作栽培技术是将原本平整的土壤用机械起垄开沟，把土壤表面变为垄沟相间的波浪形，垄体宽40～45厘米，高17～20厘米，沟宽35～40厘米（上口），垄体中线到下一个垄体中线80～85厘米，在垄上种3行小麦，小麦行距15厘米。小麦收获前沟内可套种玉米。小麦垄作栽培有以下优点：

（1）**改变了灌溉方式。**由传统平作的大水漫灌改为垄沟内小水渗灌。据山东省农业科学院在青州试点调查结果表明，平作的麦田平均每亩每次灌溉需用水60米^3，1米^{3}水可生产1.0～1.2千克小麦，而垄作栽培只需要36米^3，1米^{3}水可生产1.8～2.0千克小麦，水分利用率可提高40%左右，垄作栽培比平作节水30%～40%，而且小水渗灌避免了土壤板结，增加了土壤的通透性，为小麦根系生长和微生物活动创造了条件。垄作技术可以发生较多的次生根，根系比较发达，分蘖也比较多，而且比较粗壮。

（2）**改进了施肥方法。**由传统的表面撒施肥改为垄沟内集中施肥，相对增加了施肥深度，可达到15～18厘米，提高化肥利用率10%～15%。

（3）**通风透光，充分发挥边行优势。**由于每个垄体只种3行小麦，充分发挥了小麦的边行优势，促进小麦的个体发育，使小麦基部粗壮，茎秆健壮，抗倒和抗病能力增强。垄作栽培有利于田间的通风透光，改善小麦冠层的小气候条件，尤其在生长中后期，这种效果更为明显，可以促进植株的光合作用和籽粒灌浆，使穗粒数增加，千粒重提高。

（4）便于套作玉米，提高全年产量。垄作为麦田中套种玉米创造了有利条件，小麦种在垄上，玉米种在垄底，既改善了玉米生长条件，又便于玉米中、后期的田间管理，有利于提高单位面积全年产量。

小麦垄作栽培需要配备垄作播种机，通过农机与农艺相结合，才能更好地发挥小麦垄作栽培技术的优越性。此外，小麦垄作栽培需要在有一定灌水条件的麦田进行。

十一、西南旱地套作小麦带式机播技术

四川省农业科学院作物研究所针对西南冬麦区旱地小麦的生产特点设计研制了 2B-4、2B-5 型旱地小麦播种机，并以此为基础研究集成了"旱地套作小麦带式机播技术"。

（一）技术原理

"旱地套作小麦带式机播技术"的核心是采用 2B-4 或 2B-5 型旱地小麦播种机播种。该播种机体积小、重量轻（不足 30 千克），山丘区广泛用于耕整作业的微耕机驱动，转运方便，操作简单，播种量和播种深度根据需要调节。

作业时，微耕机前进，镇压轮上的驱动齿在地面阻力作用下带动镇压轮转动，进而通过其上的齿轮和链条带动排种器转动，种子顺势落入开沟下种器开出的沟底并被泥土覆盖，后面镇压轮镇压进一步提高播种质量。播种效率 1.0～1.2 公顷/天，和传统"稀大窝"播种方式相比，播种效率可提高 8～10 倍。由于该技术播种均匀、盖种质量高、出苗效果好、群体质量较高、抗逆能力增强。配合高产品种、适期播种、配方施肥、病虫害综合防控等技术，可进一步发挥该技术节支增产潜力。

（二）技术规程

1. 规范轮作 传统的小麦/玉米/甘薯旱地三熟，是在小麦收获之后，将小麦带的土壤翻挖到玉米带（该过程称作"上厢"），形成玉米垄作，然后在玉米植株脚下移栽甘薯。这样，必须等到甘薯挖收之后才能播种小麦，常常造成小麦迟播减产，也不利于耕地培肥。提高旱地小麦产量和促进土壤培肥的有效途径之一，是坚持规范改制，实施宽带轮作。以2米（"双三0"模式）或1.66米（"双二五"模式）为一单元，等分成甲、乙两带。甲带于11月上、中旬播种小麦，直至翌年4月底至5月上旬收获后，接种甘薯或大豆；乙带在冬季空置（即所谓预留行，为玉米按时播栽预留空间），也可种植蔬菜、绿肥，到3月下旬至4月上旬，直播或移栽春玉米。第二年，甲、乙带互换，实现分带轮作，用养结合。规范化轮作，既有利于小麦适期播种，又利于耕地培肥。

2. 选准品种 四川盆地小麦生长具有"两短一长"的特点，即分蘖时间短、全生育期短、灌浆期长。选择分蘖成穗力强、灌浆快、千粒重高的小麦品种，具有更强的优势。四川旱地小麦主要分布在广大川中丘陵地区，是条锈病的频发区和重发区，也时常受到冬干春旱的严重威胁。因此，选用的品种还应具备较强的抗旱、抗病性。

3. 适期播种 四川盆地夏、秋雨水较多，但从11月上旬开始，雨水日渐稀少，在11月至翌年4月，冬干春旱严重，加上丘陵区缺乏灌溉设施，常遇干旱威胁。因此，旱地小麦必须立足前期土壤墒情，建立开端优势。但是，也要考虑到过早播种可能遭遇倒春寒危害。多年研究和生产实践表明，11月上旬是大部分丘陵区小麦的适宜播期，最迟不超过11月15日。

4. 选择机型，规范播种 "双三〇"模式选用2B-5型带式播种机，每带播5行小麦；"双二五"模式选用2B-4型带式播种机，每带播 4 行小麦。按每公顷 210 万～250 万（每亩 14.0 万～16.6 万）基本苗计算，具正常发芽力的中、小型籽粒（千粒重 40～45 克）品种，每公顷播 120～142.5 千克（每亩 8.0～9.5 千克），中、大型籽粒（千粒重 45～50 克）则每公顷播 135～165 千克（每亩 9～11 千克）。

首先将底肥撒施到小麦播种带上，然后进行人工翻耕或微耕机旋耕整地。将 2B-5 型（"双三 0"模式）或 2B-4 型（"双二五"模式）播种机，挂载到微耕机上进行播种。播种深度控制在 3～4 厘米为宜。沙壤土，翻挖或旋耕整地相对容易，整地质量也有保证，对播种有利。对于黏重土壤，应注意整地质量，并在适宜的墒情范围播种。

5. 科学用肥，足氮增磷 丘陵旱地土壤肥力不高，但并非仅靠增加施肥量即能获得高产。因此，在特定气候生态条件和生产水平下，科学施肥对于高产至关重要。施肥试验结果表明，低台土获得高产的氮素用量一般在 150 千克/公顷左右，中、高台土则需要增加到 180 千克/公顷左右。盆中浅丘麦区有效磷缺乏，尤其是部分区域的黄壤更低，而有效钾含量丰富。因此，特别需要注意增施磷肥。

鉴于丘陵地区的生产条件，必须采取既科学又简便的施肥方式。一是广泛推广优质专用复合肥，实现平衡施肥；二是以底肥为主，借雨追肥。具体操作要根据地力状况和目标产量，确定每公顷的氮素需求总量，以 70% 作底肥，并以此为依据折算成复合肥，播种时一次性施用。针对土壤缺磷现状，适当增加磷肥。占总氮量 30% 的氮素，在分蘖至拔节阶段，雨后撒施在小麦带。

6. 综合防治病虫害 小麦条锈病是威胁西南小麦生产的第一大病害，尤其在丘陵旱地麦区流行频率高，为害损失重。盆地内一般 12 月中、下旬始现，感病后不断发展形成中心病团，3 月中下旬进入流行期，4 月上、中旬遇适宜条件即会迅速蔓延，加重为害。在合理布局品种和药剂拌种基础上，应在 2～3 月份抓好中心病团的防控和 4 月份的喷药防治工作。

春雨较多年份，赤霉病可能出现中度以上流行，须引起高度重视，适时防治。

小麦抽穗后，可能面临条锈病、赤霉病和蚜虫的共同为害，要掌握好适当的用药时机，进行"一喷三防"。

第二节　主产麦区保优高产技术规程

随着社会的发展和时代的进步，人们的生活水平日益提高，对小麦产品的需求不仅是数量的增加，而且追求质量的改善和提高。小麦品质不仅依品种和自然生态条件而异，而且与栽培措施有密切关系。也就是说，小麦品质既受品种本身遗传基因的制约，又受自然条件和栽培措施等综合因素的影响，是基因、生态环境和栽培技术共同作用的结果。在自然和栽培条件相对一致的地区或年份，品质差异主要受品种基因型的影响，而自然和栽培等条件相差较大地区，其品质差异来自基因和生态条件（包括自然条件和栽培条件）两个方面，而后者对其影响程度往往高于前者。国外有资料显示，如相同品种分别种植在美国、匈牙利和英国，其平均蛋白质含量分别为 17.8%、15.8% 和 12.5%，最高和最低相差 5.3 个百分点，表明小麦籽粒蛋白质含量受自然环境和栽培条件影响非常明显。国内学者的众多研究证明：不同品种、不同地点和年份等因素对小麦蛋白质含量、面筋含量、氨基酸含量、面粉流变学特性、面包烘烤特性、馒头、面条和饼干、糕点的加工品质均有重要影响。同一品种、不同的栽培措施可能使品质相差甚远。改善耕作栽培技术，合理增施肥料及改进施肥方法，适当掌握灌溉技术等都是提高小麦产量和品质的有效途径。以下仅就我国主产麦区及不同优质专用类型小麦的保优调肥技术规程分别介绍。

一、强筋优质专用小麦保优调肥技术规程

（一）土壤条件

适宜中壤和轻黏壤条件下种植，而不宜在沙性土壤和缺水、缺肥的瘠薄地条件下种植。要求地势平坦、土层深厚，表层具有良好的团粒结构，土壤容重 1.2～1.5 克/厘米³，耕层土壤有机质含量 1.2% 以上，全氮 0.09% 以上，水解氮 80 毫克/千克以上，速效磷 15 毫克/千克以上，速效钾 80 毫克/千克以上。

（二）土壤耕作

1. 深耕 深耕地有利于打破犁底层，增加土壤的通透性，改善土壤有益微生物的生存环境，促进根系下扎和养分吸收，对小麦健壮生长极为有利。实行隔季深耕，耕翻深度宜在 20～25 厘米。以利作物秸秆和基肥均匀深翻入土，提高养分利用率。耕地应在宜耕期内进行，防止过湿或过干耕翻土地。确保在播种时土壤耕层含水量保持在田间最大持水量的 70%～80%，即一般壤土含水量在 16%～18%。

2. 深松 深松可不破坏表土层，而打破犁底层，在多年连续旋耕、未进行深耕的地块，可每隔 2～3 年进行一次深松，然后再旋耕。

3. 整地 耕地后及时耙耱对提高整地质量至关重要，努力做到耙透、耙平、耱实，消灭明暗坷垃，达到上松下实。在耕翻、耙耱过程中，注意保墒，防止跑墒。根据不同的种植方式做畦，整地待播。

（三）有机肥

有机肥养分全、肥效长，增施有机肥能够全面提高和改善土壤肥力和理化性状。鉴于当前土壤有机质含量普遍较低的状况，增施有机肥尤为重要，是提高有益微生物活性和促进作物矿物营养代谢和水分吸收利用的重要措施，也是改善品质、提高产量的基础。耕地前每亩施用优质有机肥 3 000～5 000 千克，或优质腐

熟圈肥 1 000 千克。实行保护性耕作栽培，大力推广秸秆还田，配合施用无机肥料，达到培肥地力和改良土壤的目的。

（四）化肥（基肥）

基施化肥的种类和数量要在测土基础上根据土壤养分情况确定，原则是磷钾肥全部作基肥施入，氮肥基施数量以全生育期氮肥总施用量的 40%～50% 为宜。一般地块参考基肥施用数量为：每亩施纯氮 7～9 千克，五氧化二磷 8～10 千克，氧化钾 7～9 千克，硫酸锌 1.0～1.5 千克。在施入了大量优质有机肥的情况下，尽可能少用氮素化肥作基肥，以减轻地下水污染。当耕层土壤养分较低时，则应适当增加所缺乏营养元素的投入量；对土壤中含量丰富的元素，则可不施入或者降低施用数量，实现营养平衡，为小麦生长发育创造条件。

（五）播种

1. 品种选用与种子质量　应选用通过省级或国家审定的高产稳产优质强筋小麦品种。种子质量应达到国家标准二级以上，纯度不低于 98%，净度不低于 97%，发芽率不低于 90%。

2. 种子处理

（1）种子精选。选用饱满的大粒种子是实现幼苗健壮的基础，未经精选的种子不仅影响出苗率，而且出苗势弱，分蘖少，长势差，不利于个体的健壮生长和群体良好发育。除去小粒、秕粒、破碎粒、霉变粒、虫伤粒和杂质，提高用种质量。

（2）发芽试验。种子应在播种前 10 天再作 1 次发芽试验，以保证种子质量。

（3）包衣或拌种。实行种子包衣和进行药剂拌种是防治地下害虫为害和防治土传疾病的有效措施。关键是要针对当地病虫害发生和为害的实际情况，要求先进行试验，选好适宜的包衣剂，统一进行包衣，但不得降低发芽势、发芽率和出苗率。

没有包衣设备和条件的单位，应根据常年病虫发生特点，统一选购适宜的药剂，分户进行药剂拌种。防治蛴螬、蝼蛄、金针虫等到地下害虫，可选用50％的辛硫磷乳剂，每100毫升药剂对水8～10千克，拌麦种60～120千克。或用20％甲基异硫磷乳剂100克，对水2.5～3.0千克，拌麦种50千克，堆闷3～4小时后播种。防治土传病害，用20％粉锈宁乳剂50毫升或15％粉锈宁可湿性粉剂75克，对水2～3千克，拌麦种50千克，以防治纹枯病、黑穗病、根腐病等病害；防治全蚀病可用12.5％全蚀净20毫升拌麦种10千克，或蚀敌100克拌麦种10千克。拌种后应注意增加10％左右的播种量。同时，药剂拌种后，应在4～8小时内播完，不可隔夜再播，防止烧种或导致麦苗畸变。

3. 适期、适墒、适量播种

（1）播种时期。根据当地的气候变化特点和小麦目前的生产水平，在播期方面要避免播种过早造成基础群体过大。一般在日平均气温16～18℃时播种为宜。北部冬麦区常年最佳的播期范围为9月29日至10月8日，黄淮冬麦区最佳播期范围在10月5～15日。

（2）适墒播种。做到足墒适墒播种，一般壤土播种时土壤含水量应保持在16％～18％。土壤墒情较差时，必须造墒播种，以播种出苗齐全。

（3）播种量。播种量的高低是确定基本苗和建立合理群体结构的基础，播种量的多少与要求基本苗高低、整地质量、土壤墒情以及种子千粒重和田间发芽率等因素密切相关，实践证明，半精播量是获得高产、稳产的有效措施。优质强筋小麦区适宜采用半精量播种技术。在做好种子发芽试验的基础上，要严格控制播量。北部冬麦区基本苗以20万～25万/亩为宜，黄淮冬麦区基本苗以15万～20万为宜。适时早播的高水肥地可采用低限，晚播情况下可适当增加播量。个别前茬作物腾茬早、抢墒播种的早播麦田，应适当降低播量。

（4）实行机播，提高播种质量。实行机播是全面提高播种质量的重要环节，是小麦出苗齐全、生长均匀的重要措施。机播一是有利于控制播种量，达到适宜的基本苗；二是有利于控制行距的大小，使小麦出苗均匀，生长整齐；三是有利于掌握适宜的播种深度，培育壮苗。

播种深度宜掌握在 3～4 厘米，过深容易使出苗推迟，形成弱苗，且会降低出苗率。播种过浅易造成种子落干或加重麦苗冬季冻害。

（5）种植方式。以 16～18 厘米行距的平播为主。

（6）播后镇压。播后镇压是麦田保墒，促进出苗的关键措施。近年来秸秆还田面积迅速扩大，由于秸秆还田造成土壤过于暄松，不利小麦出苗和苗期生长，播后镇压是解决这一问题的行之有效的办法。镇压可踏实土壤，促进根系生长，减少土壤水分蒸发，对于抗旱保苗有明显的效果，进行播后镇压的麦田，小麦返青期土壤含水量显著高于未镇压的地块，保墒保苗效果明显，应普遍实行播后镇压。

（六）冬前麦田管理

1. 查苗补苗 出苗后要及时查苗，对缺苗断垄的麦田要及早补种，杜绝 10 厘米以上的缺苗和断垄现象。待麦苗长到 3～4 叶期，结合疏苗和间苗，进行 1 次移栽补苗。注意渠边地头种满、种严。

2. 适时冬灌，及时镇压 浇冻水有利于沉实土壤，保证麦苗安全越冬，有利于麦田贮存水分，为明年小麦及时返青生长提供良好的墒情，争取管理上的主动。应根据冬前降水情况，适时进行冬灌，一般应掌握在昼消夜冻时，即平均温度在 3℃左右时为宜。浇过水的麦田，应在越冬前及时镇压，以防止麦田裂缝、寒风飕根死苗，减轻冻害。

3. 中耕保墒 苗期管理以中耕灭草为主。小麦出苗后遇雨、冬灌或因其他原因造成土壤板结，应及时进行中耕（划锄），破除板结，通气保墒，促进根系和幼苗的健壮生长。适时中耕保墒，可达到提高地温、促进冬前分蘖的效果。对旺长麦田可采取深中耕，控制无效分蘖滋生，中耕后要及时镇压，以防冻害。

4. 防病治虫 小麦苗期易发生灰飞虱、叶蝉、麦蜘蛛等为害，有时发生黄矮病或纹枯病，应针对病虫发生情况及时防治。对未拌种、地下害虫发生严重的地片，要及时补苗，并用辛硫磷等与细土拌匀，撒在小麦基部或对水 1 500 倍液顺垄浇灌，或撒毒谷防治。

（七）春季田间管理

1. 中耕松土，保温提墒，促苗早发 早春小麦返青前后，小麦生长的主要限制因素是气温较低，此时不要急于浇水，过早浇水，会使地温降低，不利小麦生长。而应以中耕松土为主进行管理，以提高地温，减少墒情损失，促苗早发稳长。推迟春水，蹲苗壮长。

2. 化控防倒 对于植株较高的品种，可在小麦起身期，适当进行化学调控，目前常用的植株生长延缓剂有壮丰安、矮壮素、多效唑等。无论使用何种药剂，均应按照说明严格掌握剂量和喷药时期，并要注意喷洒均匀，防止药害。一般在起身期合理施用植物生长延缓剂可降低株高 5～10 厘米，并使其茎秆粗壮，有利于防止倒伏。

3. 重施拔节肥 拔节初期仍以控为主，春季肥水管理应适当推迟，以避免形成过大群体或植株偏高，而使穗、粒性状变劣。拔节期为春季肥水管理的重要时期，在小麦春 5 叶至旗叶露尖前后（穗分化期在雌雄蕊分化至药隔形成期），重施肥水，促穗增粒。一般可掌握在小麦计划总施氮量的 40%～50%，具体可根据土壤肥力、底肥情况和苗情而定。推荐施肥量为：每亩施尿素 15～20 千克（纯氮 6.9～9.2 千克）。开花灌浆初期，可随灌水追施尿素 3 千克左右，以促进灌浆和提高籽粒蛋白质含量。

4. 叶面追肥 叶面喷肥不仅可以弥补根系吸收作用的不足，及时满足小麦生长发育所需的养分，而且可以改善田间小气候，减少干热风的危害，增强叶片功能，延缓衰老，提高灌浆速率，增加粒重，提高小麦产量，同时可以明显改善小麦籽粒品质，提高容重，延长面团稳定时间。叶面追肥的最佳施用期为小麦抽穗期至籽粒灌浆期，叶面施肥提倡使用磷酸二氢钾或尿素溶液，每亩用 1 千克对水 40～50 千克均匀喷洒。同时注意最好在晴天下午 16 时以后喷洒，以免烧伤叶片，有利于叶片吸收营养。

5. 防治病、虫、草害　做好病虫害发生预测预报工作，加强纹枯病、锈病、白粉病和赤霉病等易流行和为害严重病害和各种虫害的综合防治，治早、治好。本区早春重点注意及时防治纹枯病。小麦生育后期是多种病虫害发生的主要时期，对产量、品质影响较大。主要有麦蚜、锈病、白粉病、叶枯病、赤霉病等，要做好预测预报，随时注意病虫害发生动态，达到防治指标，及早进行防治。尤其要注意蚜虫和白粉病的发生，适时及早防治。防治蚜虫，每亩用 40% 乐果乳油 40 毫升，对水均匀喷雾防治，一般用药 1 周后注意检查效果，发现还有较多蚜虫时，应再防治 1 次。防治锈病、白粉病、赤霉病，可用多菌灵或粉锈宁叶面喷雾防治。

麦田杂草在各地均有不同程度的发生。应根据发生情况人工除草或化学除草，一般用麦草净防治阔叶杂草比较安全可靠。

6. 一喷三防　小麦生育后期，做好一喷三防，即防病、防虫、防干热风。

（八）适时收获

为保证种子纯度和小麦原粮品质，在麦收前应注意田间去杂，保证纯度，留种麦田更应严格去杂，适时收获。小麦蜡熟末期是收获的最佳时期，此时干物质积累达到最多，千粒重最高，应及时收获。作为优质专用小麦生产，必须做到单收单脱，单独晾晒，单贮单运。考虑到机械收割等因素，可在完熟期收获，严禁过晚收获降低产量和品质，注意防止穗发芽。收获后及时晾晒，防止遇雨和潮湿霉烂，并在入库前做好粮食精选，保持优质小麦商品粮的纯度和质量。

二、中筋优质专用小麦保优调肥技术规程

（一）土壤条件
同强筋优质专用小麦的土壤条件。

（二）土壤耕作
同强筋优质专用小麦的土壤耕作技术。

（三）有机肥
有机肥养分全、肥效长，增施有机肥能够全面提高和改善土壤肥力和理化性状。鉴于当前土壤有机质含量普遍较低的状况，增施有机肥尤为重要，是提高有益微生物活性和促进作物矿物营养代谢和水分吸收利用的重要措施，也是改善品质、提高产量的基础。耕地前每亩施用优质有机肥 2 000～3 000 千克，或优质腐熟圈肥 1 000 千克。实行保护性耕作栽培，大力推广秸秆还田，配合施用无机肥料，达到培肥地力和改良土壤的目的。

（四）化肥（基肥）
基施化肥的种类和数量要在测土基础上根据土壤养分情况确定，原则是磷钾肥全部做基肥施入，氮肥基施数量以全生育期氮肥总施用量的 40%～50% 为宜。一般地块推荐基肥施用量为：每亩施纯氮 6～8 千克，五氧化二磷 6～8 千克，氧化钾 6～7 千克，硫酸锌 1 千克。在施入了优质有机肥的情况下，可相应少用氮素化肥作基肥，以减轻地下水污染。当耕层土壤养分较低时，则应适当增加所缺乏营养元素的投入量；对土壤中含量丰富的元素，则可不施入或者降低施用数量，实现营养平衡，为小麦生长发育创造条件。

（五）播种
1. 品种选用与种子质量。选用通过省级或国家审定的高产优质小麦品种。种子质量应达到国家标准二级以上，纯度不低于 98%，净度不低于 97%，发芽率不低于 90%。

2. 种子处理

（1）种子精选。选用饱满的大粒种子是实现幼苗健壮的基础，未经精选的种子不仅影响出苗率，而且出苗势弱，分蘖少，长势差，不利于个体的健壮生长和群体良好发育。应除去小粒、秕粒、破碎粒、霉变粒、虫伤粒和杂质，提高用种质量。

（2）发芽试验。种子应在播种前10天再作1次发芽试验，以保证种子质量。

（3）包衣或拌种。实行种子包衣和进行药剂拌种是防治地下害虫为害和防治土传疾病如根腐病、黑穗病、纹枯病、全蚀病等的有效措施。关键是要针对当地病虫害发生和为害的实际情况，要求先进行试验，选好适宜的包衣剂，不得降低出苗率和苗势，统一进行包衣。没有包衣设备和条件的单位，应根据常年病虫发生特点，统一选购适宜的药剂，分户进行药剂拌种。防治蛴螬、蝼蛄、金针虫等到地下害虫，可选用50％的辛硫磷乳剂，每100毫升药剂对水8～10千克，拌麦种60～120千克，堆闷3～4小时后播种。防治上述土传病害，用20％粉锈宁乳剂50毫升或15％粉锈宁可湿性粉剂75克，对水2～3千克，拌麦种50千克，以防治纹枯病、黑穗病、根腐病等病害；防治全蚀病可用12.5％全蚀净20毫升拌麦种10千克，或蚀敌100克拌麦种10千克。拌种后应注意增加10％左右的播种量。同时，药剂拌种后，应在4～8小时内播完，不可隔夜再播，防止烧种或导致麦苗畸形。

3. 适期、适墒、适量播种

（1）播种时期。根据当地的气候变化特点和小麦目前的生产水平，在播期方面要避免播种过早造成基础群体过大。一般在日平均气温16～18℃时播种为宜。北部冬麦区常年最佳播期范围是9月29日至10月8日，黄淮冬麦区常年最佳的播期范围为10月5～15日。由于本区南北跨度较大，偏北地区可采用适宜播期的前段，偏南地区可采用适宜播期的后段。

（2）适墒播种。做到足墒、适墒播种，一般壤土播种时土壤含水量应保持在 16%～18%。土壤墒情较差时，必须造墒播种，以保证全苗。

（3）播种量。播种量的高低是确定基本苗和建立合理群体结构的基础，播种量的多少与要求基本苗高低、整地质量、土壤墒情以及种子千粒重和田间发芽率等因素密切相关，实践证明，黄淮麦区采用精量和半精量播种是获得高产、稳产的有效措施。土壤肥力较高、播种较早的地区宜采用精播播种技术。在做好种子发芽试验的基础上，要严格控制播量。黄淮冬麦区南部基本苗以 12 万～15 万/亩为宜，黄淮冬麦区北部基本苗以 15 万～20 万/亩为宜，北部冬麦区基本苗以 20 万～25 万/亩为宜。

（4）实行机播，提高播种质量。实行机播是全面提高播种质量的重要环节，是小麦出苗齐全、生长均匀的重要措施。机播一是有利于控制播种量，达到适宜的基本苗；二是有利于控制行距的大小，使小麦出苗均匀，生长整齐；三是有利于掌握适宜的播种深度，培育壮苗。机播应采用精量或半精量播种机。

播种深度宜掌握在 3～4 厘米，过深容易使出苗推迟，形成弱苗，且会降低出苗率。播种过浅易造成种子落干或加重麦苗冬季冻害。

（5）种植方式。以 16～18 厘米行距的平播为主。

（6）播后镇压。播后镇压是麦田保墒，促进出苗的关键措施。近年来秸秆还田面积迅速扩大，由于秸秆还田造成土壤过于暄松，不利小麦出苗和苗期生长，播后镇压是解决这一问题的行之有效的办法。镇压可踏实土壤，促进根系生长，减少土壤水分蒸发，对于抗旱保苗有明显的效果，进行播后镇压的麦田，小麦返青期土壤含水量显著高于未镇压的地块，保墒保苗效果明显，应普遍实行播后镇压。

（六）冬前麦田管理

同强筋优质专用小麦的管理措施。

（七）春季田间管理

1. 重施拔节肥 拔节初期仍以控为主，春季肥水管理应适当推迟，以避免形成过大群体或植株偏高，而使穗、粒性状变劣。拔节期为春季肥水管理的重要时期，在小麦春 5 叶至旗叶露尖前后（穗分化期在雌雄蕊分化至药隔形成期），重施肥水，促穗增粒。一般可掌握在小麦计划总施氮量的 40%～50%，具体可根据土壤肥力、底肥情况和苗情而定。推荐施肥量为：每亩施尿素 14～18 千克（纯氮 6～8 千克）。开花灌浆初期，可随灌水追施尿素 2 千克左右，以促进灌浆和提高籽粒蛋白质含量。各地还需根据地力和苗情灵活掌握。

2. 叶面追肥 叶面喷肥不仅可以弥补根系吸收作用的不足，及时满足小麦生长发育所需的养分，而且可以改善田间小气候，减少干热风的危害，增强叶片功能，延缓衰老，提高灌浆速率，增加粒重，提高小麦产量，同时可以明显改善小麦籽粒品质，提高容重，延长面团稳定时间。叶面追肥的最佳施用期为小麦抽穗期至籽粒灌浆期，叶面施肥提倡使用磷酸二氢钾或尿素溶液，每亩用 1 千克对水 40～50 千克均匀喷洒。同时注意最好在晴天下午 16 时以后喷洒，以免烧伤叶片，有利于叶片吸收营养。

3. 合理化控 在播种较早，密度较大，植株长势较旺时，应在小麦起身期叶面喷施植物生长延缓剂，以控制基部节间伸长，降低株高，防止倒伏。喷施植物生长延缓剂可与适量除草剂混合喷施，可同时起到麦田除草的良好效果。化控时间以小麦起身前后为宜，要进行除草和化控，防止后期倒伏。是否使用化控措施取决于群体大小、个体健壮程度等田间综合因素，生长正常无倒伏风险地麦田不必使用化控措施。

4. 防治病虫草害 做好病虫害发生预测预报工作，加强纹枯病、锈病、白粉病和赤霉病等易流行和为害严重的病害和各种虫害的综合防治，治早、治好。早春重点注意及时防治纹枯病。小麦生育后期是多种病虫害发生的主要时期，对产量、品质影响较大。主要有麦蚜、锈病、白粉病、叶枯病、赤霉病等，要做好预测预报，随时注意病虫害发生动态，达到防治指标，及早进行防治。尤其要注意蚜虫和白粉病的发生，适时及早防治。防治蚜虫，每亩用40％乐果乳油40毫升，对水均匀喷雾防治，一般用药一周后注意检查效果，发现还有较多蚜虫时，应再防治1次。防治锈病、白粉病、赤霉病，可用多菌灵或粉锈宁叶面喷雾防治。

麦田杂草在各地均有不同程度的发生。应根据发生情况人工除草或化学除草，一般用麦草净防治阔叶杂草比较安全可靠。

5. 一喷三防 小麦生育后期，做好一喷三防，即防病、防虫、防干热风。

（八）适时收获
同强筋优质小麦的收获事项。

三、弱筋优质专用小麦保优调肥技术规程

弱筋小麦应主要在弱筋小麦产业带种植，主要集中在长江中下游冬麦区。

（一）土壤条件
适宜轻壤和沙性土壤条件下种植，而不宜在保肥、保水能力较强的黏性土壤种植。

整地：高标准建立麦田一套沟。由于南方（稻区）小麦一生中降雨多，且中、后期雨水偏多，容易发生渍害，是小麦生产的关键制约因子。高标准做好麦田三沟配套（腰沟、边沟、围沟），是实现小麦优质、高产的重要措施，真正做到能排能降，雨停田干，旱涝保收。

（二）有机肥
有机肥养分全、肥效长，增施有机肥能够全面提高和改善土壤肥力和理化性状。鉴于当地主要稻茬麦或套播麦，多采用少、免耕耕作，可采用优质有机肥作基肥或覆盖肥。

（三）化肥（基肥）

基施化肥的种类和数量要在测土基础上根据土壤养分情况确定，原则是磷钾肥全部做基肥施入，氮肥基施数量以全生育期氮肥总施用量的 70％为宜（基肥和追肥比例为 7∶3）。一般地块推荐基肥施用数量为：每亩施纯氮 8.4～9.8 千克，五氧化二磷8～9 千克，氧化钾 8～9 千克。

（四）播种

1. 品种选用与种子质量　优质弱筋小麦主要应以通过国家或省级审定的优质弱筋小麦品种为主，种子质量应达到国家标准二级以上，纯度不低于 98％，净度不低于 97％，发芽率不低于 90％。

2. 种子处理

（1）种子精选。选用饱满的大粒种子是实现幼苗健壮的基础，未经精选的种子不仅影响出苗率，而且出苗势弱，分蘖少，长势差，不利于个体的健壮生长和群体良好发育。应除去小粒、秕粒、破碎粒、霉变粒、虫伤粒和杂质，提高用种质量。

（2）发芽试验。种子应在播种前 10 天再作 1 次发芽试验，以保证种子质量。

（3）药剂拌种。用药剂拌种防治地下害虫和土传病害。

3. 适期适墒适量播种

（1）播种时期。根据当地的气候变化特点和小麦目前的生产水平，在播期方面要避免播种过早造成基础群体过大。一般在日平均气温 14～16℃时播种为宜。优质弱筋小麦产业带常年最佳的播期范围为 10 月 26 日至 11 月 5 日。

（2）播种量。播种量的高低是确定基本苗和建立合理群体结构的基础。实践证明，优质弱筋小麦产业带基本苗以 10 万～12 万/亩为宜，即一般每亩播种量在 5～6 千克。

（五）种植方式

以稻茬麦和稻田套播麦为主。以 22～30 厘米行距为主，一般以 25 厘米为宜。

（六）田间管理

1. 适期追肥　优质弱筋小麦追肥的突出特点是不能过晚，一般在起身期至拔节初期进行追肥，追肥一般可掌握在小麦计划总施氮量的 30％ 左右。推荐施肥量为：每亩施尿素 7～9 千克（折合纯氮 3～4 千克）。严格控制后期追肥。

2. 防治病、虫、草害　做好病虫害发生预测预报工作，加强纹枯病、锈病、白粉病和赤霉病等易流行和为害严重病害和各种虫害的综合防治，治早、治好。小麦生育后期是多种病虫害发生的主要时期，对产量、品质影响较大。主要有麦蚜、锈病、白粉病、叶枯病、赤霉病等，要做好预测预报，随时注意病虫害发生动态，达到防治指标，及早进行防治。尤其要注意蚜虫、白粉病和赤霉病的发生，适时及早防治。防治蚜虫，每亩用 40％ 乐果乳油 40 毫升，对水均匀喷雾防治，一般用药 1 周后注意检查效果，发现还有较多蚜虫时，应再防治 1 次。防治锈病、白粉病、赤霉病，可用多菌灵或粉锈宁叶面喷雾防治。

麦田杂草在各地均有不同程度的发生。应根据发生情况人工除草或化学除草，一般用麦草净防治阔叶杂草比较安全可靠。

3. 一喷三防　小麦生育后期，做好一喷三防，即防病、防虫、防干热风。

（七）适时收获

同强筋优质专用小麦的收获事项。

第三节　小麦高产创建技术规范模式

小麦高产创建是近年来农业部重点开展的工作内容之一。经过多年的生产实践，小麦高产创建取得了长足进展，获得了很多有益的经验。严格的小麦高产创建规范化生产，为小麦丰产、丰收提供了技术保障。表 5-16 至表 5-46 分别介绍我国小麦主产区及各地小麦高产创建技术规范模式。

表5-16　北部冬麦区500千克/亩小麦高产创建技术规范式

月	9月	10月			11月			12月			1月			2月			3月			4月			5月			6月	
旬	下	上	中	下	上	中	下	上	中	下	上	中	下	上	中	下	上	中	下	上	中	下	上	中	下	上	中
节气	秋分	寒露		霜降	立冬		小雪	大雪		冬至	小寒		大寒	立春		雨水	惊蛰		春分	清明		谷雨	立夏		小满	芒种	
生育期	播种出苗期	出苗至三叶期			冬前分蘖期			越冬期									返青期	起身期		拔节期			抽穗至开花期			灌浆期	成熟期	
主攻目标	苗全、苗齐、苗匀、苗壮				促根增蘖培育壮苗			保苗安全越冬									促苗早发稳长	蹲苗壮蘖		促大蘖成穗			保花增粒			养根护叶增粒增重	产、丰收	适时收获
关键技术	精选种子药剂拌种适期播种播后镇压				防治病虫适时灌好冻水			适时镇压麦田严禁放牧									中耕松土镇压保墒	蹲苗控节除草		重施肥防治病虫			浇开花灌浆水防治病虫一喷三防					

操作规程：

1. 播前精选种子，做好发芽试验，药剂拌种或种子包衣，防治地下害虫，药剂拌种。硫酸钾或氯化钾10千克，硫酸锌1.5千克。

2. 压；出苗后及时查苗，发现缺苗断垄等及时补种，确保全苗。田边地头种满种严。播深3~5厘米。种严。

3. 冬前灌冻水，需灌冻水时，一般要在日平均气温17℃左右灌冻水。冬季镇压，镇压提高地温。磷酸二铵20千克左右。每亩基本苗20万~25万，播后镇压。

4. 冬季灌溉镇压，弥补裂缝，弥合表裂缝，提高地温。每亩基本苗20万~25万。

5. 返青期中耕松土，不浇水。

6. 起身期施肥，一般浇返青水。一般浇返青水，根不浇返青水。

7. 拔节期重施肥，促大蘖成穗。磷酸二铵，注意观察纹枯病发生情况，发现病情及时防治，不施肥。

8. 浇好开花灌浆水，发现病情及时防治。每亩追施尿素18千克。灌水追肥时间约在4月15~20日；注意化学除草。时间在5月10日左右；注意观察白粉病、锈病发生情况。

9. 适时收获，防止穗发芽，避免烂场雨。及时防治蚜虫，吸浆虫和白粉病，做好一喷三防，确保丰产、丰收，颗粒归仓。

中国农业科学院作物科学研究所

表5-17 黄淮冬麦区北片600千克/亩小麦高产创建技术规范模式

月	10月			11月			12月			1月			2月			3月			4月			5月			6月	
旬	上	中	下	上	中	下	上	中	下	上	中	下	上	中	下	上	中	下	上	中	下	上	中	下	上	中
节气	寒露		霜降	立冬		小雪	大雪		冬至	小寒		大寒	立春		雨水	惊蛰		春分	清明		谷雨	立夏		小满	芒种	
生育期	播种期		出苗至三叶期	冬前分蘖期						越冬期						返青期	起身期		拔节期			抽穗至开花期			成熟期	
主攻目标	苗全、苗匀、苗壮			促根增蘖 培育壮苗						保苗安全越冬					促苗早发稳长		巩固壮蘖		促大蘖成穗			保花增粒		养根护叶 增粒增重	丰产丰收	硫酸
关键技术	精选种子 药剂拌种 适期播种 播后镇压			防治病虫 适时灌好冻水 冬前化学除草						适时镇压 麦田严禁放牧					中耕松土 镇压保墒		肥水 控节 除草		重施肥水 防治病虫			浇开花灌浆水 防治病虫 一喷三防		灌浆水 一喷三防	适时收获	

操作规程

1. 播前精选种子，做好发芽试验。药剂拌种或种子包衣。每亩底施磷酸二铵20千克，尿素10千克，钾或氯化钾10千克、硫酸锌1.5千克。
2. 在日平均温度17℃左右播种，一般控制在10月2～12日，播深3～5厘米，每亩基本苗在14万～22万。田边地头要种满种严。
3. 冬前及时查苗，发现缺苗断垄要应及时补种，确保全苗。以防传播病毒病；根据冬前降水情况和土壤墒情决定是否冬前浇水。
4. 冬季适期灌水，冬前期注意观察麦飞灰飞虱，叶蝉等害虫发生情况及时防治，时间在11月20～30日；冬前进行化学除草。
5. 返青期中耕松土，提高地温。镇压保墒；一般不浇返青水。不施肥。
6. 起身期不浇水。注意观察纹枯病发生情况；发现病情及时防治；注意化学除草。
7. 拔节期重施肥水，促大蘖成穗。每亩追施尿素18千克，灌水追肥时间在4月10～15日；灌水追肥时每亩施尿素2～3千克尿素，时间约在5月5～10日；及时防治。
8. 浇好开花灌浆水，强筋品种或有脱肥迹象的麦田，可随灌水每亩施2～3千克尿素。注意观察白粉病、锈病发生情况，做好一喷三防。
9. 适时收获，防止穗发芽、吸浆虫和白粉病，避免烂场雨，确保丰产、丰收，颗粒归仓。

中国农业科学院作物科学研究所

表5-18　黄淮冬麦区南片600千克/亩小麦高产创建技术规范模式

月份	10月			11月			12月			1月			2月			3月			4月			5月			6月	
旬	上	中	下	上	中	下	上	中	下	上	中	下	上	中	下	上	中	下	上	中	下	上	中	下	上	中
节气	寒露		霜降	立冬		小雪	大雪		冬至	小寒		大寒	立春		雨水	惊蛰		春分	清明		谷雨	立夏		小满	芒种	
生育期	播种期	出苗至三叶期		冬前分蘖期			越冬期								返青期起身期			拔节期			抽穗至开花期	灌浆期			成熟期	小满
主攻目标	苗全、苗匀、苗齐、苗壮			促根增蘖培育壮苗			保苗安全越冬							促苗早发稳长促壮蘖，构建丰产群体			促大蘖成穗			保花增粒	养根护叶增粒增重			丰产丰收	
关键技术	精选种子药剂拌种适期播种及时镇压			防治病虫适时灌好冻水冬前化学除草			适时镇压麦田严禁放牧							中耕松土蹲苗控节			重施肥水防治病虫			浇孕穗灌浆水防治病虫一喷三防				适时收获	

操作规程

1. 播前精细整地，实施秸秆还田和测土配方施肥，做好种子与土壤处理，防治地下害虫与苗期病害。一般每亩底施磷酸二铵20～25千克、尿素8千克，硫酸钾或氯化钾10千克；或三元复合肥（N∶P∶K=15∶15∶15）25～30千克；硫酸锌1.5千克。

2. 在日平均温度17℃左右播种，一般控制在10月5～15日，播深3～5厘米，并做到足墒匀播，每亩基本苗12万～15万，确保全苗。

3. 播前应重点做好麦田化学除草；出苗后及时查苗，发现缺苗断垄及时补苗，注意防治灰飞虱、叶蝉等害虫；冬前应重点做好麦田冬前除草，同时加强对地下害虫、麦黑潜叶蝇和胞囊线虫病的查治。

4. 冬季适时镇压，弥实土壤裂缝，提高地温，保墒防冻。

5. 返青期中耕松土，提温保墒；群、个体生长正常麦田一般不灌返青水，不浇水、不施肥；起身期一般不浇水、不施肥。

6. 拔节期重施肥水，促大蘖成穗和穗花发育。一般在4月5～10日结合浇水每亩追施尿素18千克；或分2次追肥。注意防治白粉病、锈病，防治麦蚜、麦蜘蛛。

7. 适时浇好孕穗灌浆水，第一次在4月15～20日，促穗花发育；第二次浇在4月25日至5月5日可结合浇水每亩追施2～3千克尿素，做好一喷三防，早控条锈病、白粉病。防治麦蚜、麦蜘蛛。

8. 适时收获，防止烂场发芽，避开烂场雨，丰收，确保丰产、丰收，颗粒归仓。

中国农业科学院作物科学研究所

表5-19 长江中下游冬麦区500千克/亩小麦高产创建技术规范模式

月	10月	11月			12月			1月			2月			3月			4月			5月			6月
旬	下	上	中	下	上	中	下	上	中	下	上	中	下	上	中	下	上	中	下	上	中	下	上
节气	霜降	立冬		小雪	大雪		冬至	小寒	大寒		立春	雨水		惊蛰	春分		清明	谷雨		立夏		小满	芒种
生育期	播种期	出苗至三叶期	冬前分蘖期				越冬期				返青起身期			拔节期				抽穗开花		灌浆期			成熟期
主攻目标	苗全、苗匀、苗齐、苗壮		促根增蘖 培育壮苗				保苗安全越冬				促苗早发稳长 蹲苗壮蘖			促大蘖成穗				保花增粒		养根护叶 增粒增重			丰产丰收
关键技术	精选种子 药剂拌种 适期播种 播后镇压						蹲苗控节 防治病、虫、草害 麦田严禁放牧							重施拔节孕穗肥 防治病、虫、草害						防治病虫 一喷三防			适时收获

操作规程

1. 播前精选种子，做好发芽试验，进行药剂拌种或种子包衣，预防苗期病害；硫酸钾或氯化钾10～15千克，或三元复合肥（N:P:K=15:15:15）25～30千克，尿素8千克，每亩底施磷酸二铵20～25千克，尿素8千克、硫酸锌1.5千克。
2. 在日平均温度16℃左右播种，一般控制在10月25日至11月5日，播深2～3厘米，每亩基本苗10万～14万，播后及时镇压；出苗后及时查苗，发现缺苗断垄应及时补种，确保全苗；田边地头要种满种严。
3. 幼苗期注意观察灰飞虱、叶蝉等害虫发生情况，及时防治；注意秋季杂草防除。
4. 起身期注意观察纹枯病和杂草发生情况，及时防治。
5. 拔节孕穗期重施肥，促大蘖成穗。3月上、中旬和4月初各施尿素9千克，注意观察白粉病、锈病发生情况，及时防治。
6. 开花灌浆期注意观察蚜虫和白粉病、锈病和赤霉病发生情况，及时彻底防治，做好一喷三防。
7. 适时收获，防止穗发芽，避开烂场雨，丰收，颗粒归仓。

中国农业科学院作物科学研究

表 5-20 西南冬麦区 500 千克/亩小麦高产创建技术规范模式

月	10月	11月			12月			1月			2月			3月			4月			5月		
旬	下	上	中	下	上	中	下	上	中	下	上	中	下	上	中	下	上	中	下	上	中	下
节气	霜降	立冬		小雪	大雪		冬至	小寒		大寒	立春		雨水	惊蛰		春分	清明		谷雨	立夏		小满
生育期	播种期	出苗至三叶期			幼苗至起身期（无明显越冬期）						拔节期						抽穗至开花期		灌浆期			成熟期
主攻目标		苗全、苗匀、苗齐、苗壮			促根增蘖培育壮苗 促苗早发稳长 腾苗壮蘖						促大蘖成穗						保花增粒 养根护叶增粒增重				丰产丰收 适时收获
关键技术	精选种子 药剂拌种 适期播种				防治病、虫、草害 麦田严禁放牧 腾苗控节						重施拔节肥 防治病、虫、草害						防治病虫 一喷三防					

操作规程

1. 播前精选种子，做好发芽试验，进行药剂拌种或种子包衣；每亩底施 30 千克复合肥（含氮量 20%），硫酸锌 1.5 千克。
2. 在日平均温度 16℃ 左右播种，一般控制在 10 月 26 日至 11 月 6 日，播深 3～5 厘米，每亩基本苗 15 万～20 万；出苗后及时查苗，发现缺苗断垄应及时补种，田边地头要种满种严。
3. 苗期注意观察病虫及白粉病、红蜘蛛等病虫发生情况，适时防治，及时进行杂草防除。
4. 拔节期注意防治条锈病及白粉病；重施拔节肥；促大蘖成穗；每亩追施尿素 10 千克，时间在 1 月 10～15 日。
5. 抽穗至开花期喷施药物预防赤霉病、条锈病和白粉病，灌浆期注意观察条锈病发生情况，及时进行一喷三防。
6. 适时收获，确保丰产、丰收，颗粒归仓。

表5-21 西北春麦区500千克/亩春小麦高产创建技术规范模式

月	3月			4月			5月			6月			7月		
旬	上	中	下	上	中	下	上	中	下	上	中	下	上	中	下
节气	惊蛰		春分	清明		谷雨	立夏		小满	芒种		夏至	小暑		大暑
生育期	播种期		出苗至幼苗期				拔节期			抽穗至开花期		灌浆期		成熟期	
主攻目标		苗全、苗齐、苗壮、苗匀		促苗早发、促根增蘖、培育壮苗			促大蘖成穗			保花增粒		养根护叶、增粒增重		丰产丰收	
关键技术	精选种子、药剂拌种、适期播种、播后镇压				中耕除草		灌水追肥、防治病虫、化控防倒				灌水追肥、防治病虫	适时浇灌浆水、一喷三防		适时收获	

操作规程

1. 播前精选种子，做好发芽试验，进行药剂拌种或种子包衣，预防病虫害。
2. 在日平均气温6~7℃、地表解冻4~5厘米时开始播种，一般在3月上旬至中旬，播深3~5厘米，每亩基本苗40万~45万，播后镇压。
3. 苗期注意防治锈病；出苗后及时查苗，地下害虫、发现缺苗断垄应及时补种，确保全苗；田边地头可行化学除草。
4. 拔节至初期结合灌第一次水每亩追施尿素12~13千克，促大蘖成穗，杂草严重时可化学除草。注意防病治虫，适当喷施植物生长延缓剂，降低株高、防止倒伏。
5. 抽穗开花期结合灌第二次水每亩追施尿素5~6千克，注意观察白粉病、锈病发生情况，及时彻底防治。
6. 适时浇好灌浆水，注意观察蚜虫、白粉病、锈病发生情况，及时彻底防治。
7. 适时收获，确保丰产、丰收、颗粒归仓。

中国农业科学院作物科学研究所

表5-22　新疆冬春麦区500千克/亩冬小麦高产创建技术规范模式

月	9月		10月			11月			12月			1月			2月			3月			4月			5月			6月		
旬	中	下	上	中	下	上	中	下	上	中	下	上	中	下	上	中	下	上	中	下	上	中	下	上	中	下	上	中	下
节气		秋分	寒露		霜降	立冬		小雪	大雪		冬至	小寒		大寒	立春		雨水	惊蛰		春分	清明		谷雨	立夏		小满	芒种		夏至
生育期	播种期		出苗至三叶期			冬前分蘖期			越冬期									南疆2月下旬、北疆3月下旬返青		起身期		拔节期			抽穗至开花期		灌浆期		成熟期	丰产丰收
主攻目标	苗全、苗齐、苗壮		苗匀、苗壮			促根增糵培育壮苗			保苗安全越冬									促苗早发稳长		腾苗壮糵成穗		促大糵成穗			保花增粒		养根护叶增粒增重			适时收获
关键技术	精选种子药剂拌种适期播种播后镇压		防治病虫适时灌好冻水			防治病虫适时灌好冻水			适时镇压严禁放牧									中耕松土小水灌溉		腾苗控节适当灌水		重施肥水防治病虫			浇开花灌浆水防治病虫一喷三防		养根护叶增粒增重			

操作规程

1. 播前精选种子，做好发芽试验，进行药剂拌种或种子包衣，预防病害。
2. 在日平均气温17℃左右时播种，一般在9月下旬至10月上旬，北疆沿天山一带9月中旬至9月下旬，播种13~17千克，尿素13~17千克。每亩施磷酸二铵18~21千克，肥下种；田边地头要苗满苗严。
3. 冬前苗期注意观察病、虫、草害发生情况，及时防治；每亩基本苗25万，播后镇压。出苗后及时查苗，发现缺苗及时补种，确保全苗。
4. 返青期中耕松土，弥实地表裂缝，防止寒风飕根，保墒防冻。
5. 起身期适时镇压，提高地温，促当大糵成穗。
6. 拔节期中耕松土，小水灌溉；注意保病、小水灌溉。一般要求在昼夜消冻时灌水，时间在11月15~25日。
7. 拔节期重施肥水，促大糵成穗。注意观察病、草害发生情况，及时防治；每亩追施尿素18千克，灌水追肥时间在4月10~20日；注意观察白粉病、锈病发生情况。
8. 适时浇好开花灌浆水，可结合灌水追施2~3千克尿素。南疆在5月初，北疆在5月上、中旬，注意观察蚜虫和白粉病。
9. 适时收获（南疆6月中旬、北疆6月下旬），防止穗过芽，避免烂场雨，丰收，确保丰产、丰收，颗粒归仓。

中国农业科学院作物科学研究所

表 5-23　新疆冬春麦区 500 千克/亩春小麦高产创建技术规范模式

月	3月		4月			5月			6月			7月		
旬	中	下	上	中	下	上	中	下	上	中	下	上	中	下
节气	春分		清明		谷雨	立夏		小满	芒种		夏至	小暑		大暑
生育期	播种期		出苗至三叶期	分蘖期		拔节期			抽穗至开花期		灌浆期		成熟期	
主攻目标	苗全、苗齐、苗壮、苗匀		促苗早发	促根增蘖培育壮苗		促大蘖成穗			保花增粒		养根护叶增粒增重		丰产、丰收	
关键技术	精选种子　药剂拌种　适期早播　播后镇压		2叶1心时灌水追肥	及时防治病、虫、草害　化控防倒		重施肥水　防治病虫			灌水　防治病虫		灌浆水　一喷三防		适时收获	

操作规程

1. 播前精选种子，做好发芽试验，进行药剂拌种或种子包衣。
2. 在日平均气温 5～7℃、地表解冻 5～7 厘米开始播种，一般在 3 月中旬至下旬（部分麦田可能推迟到 4 月中、下旬），播深 3～5 厘米，每亩基本苗 35 万，带肥下种，种肥 4～5 千克磷酸二铵，播后镇压；出苗后及时查苗、发现缺苗断垄应及时补种，确保全苗，田边地头要苗满、苗严。
3. 苗期注意观察病、虫、草害发生情况，及时防治；2 叶 1 心期灌水，2 叶 1 心期施尿素 8～10 千克，促苗早发；及时化控防倒。
4. 拔节期重施肥水，促大蘖成穗。每亩追施尿素 10～15 千克；注意观察白粉病、锈病发生情况，及时防治。
5. 适时浇好开花灌浆水，可结合灌水追施 2～3 千克尿素；注意观察蚜虫、白粉病和锈病发生情况，及时彻底防治。
6. 适时收获（大部分在 7 月收获，部分麦田可能推迟到 8 月底），确保丰产、丰收、颗粒归仓。

中国农业科学院作物科学研究所

表5-24　东北春麦区500千克/亩春小麦高产创建技术规范模式

月	3月	4月			5月			6月			7月			8月		
旬	下	上	中	下	上	中	下	上	中	下	上	中	下	上	中	下
节气	春分	清明		谷雨	立夏		小满	芒种		夏至	小暑		大暑	立秋		处暑
生育期	播种期				出苗至分蘖期			拔节期			抽穗至灌浆期				成熟期	
主攻目标	苗全、苗齐、苗壮、苗匀				促苗早发、促根增蘖、培育壮苗			促蘖成穗、促进大穗			保花增粒、养根护叶、增粒增重				丰产、丰收	
关键技术	精选种子、药剂拌种、适期播种、播后镇压				3叶期化学除草、叶面喷肥3叶1心镇压1次、4叶1心镇压1次、促壮防倒			喷矮壮素、灌拔节水、防治病虫			浇抽穗水、灌浆水、叶面喷肥、防治病虫、一喷三防				适时收获	

操作规程

1. 上秋进行秋整地，秋施肥。耙（豆）茬深松。土壤有机质含量3%~5%的地区，每亩底施纯氮4.5~5.5千克、磷肥（P₂O₅）5~6千克、钾肥（K₂O）2.5~3.5千克（以硫酸钾为宜）；土壤有机质含量5%以上的地区，磷肥（P₂O₅）4.0~4.5千克、钾肥（K₂O）2~3千克（以硫酸钾为宜）。选择抗倒、耐密品种、播前精选种子，做好发芽试验，进行药剂拌种或种子包衣，地表解冻4~5厘米开始播种，播深3厘米左右。

2. 在日平均气温6~7℃，发现缺苗断垄应及时补种，确保全苗。田边地头要种满、种严，预防病虫害。

3. 3叶期合化学除草。每亩基本苗46万~50万，播后镇压；出苗后；3叶1心和4叶1心时各镇压1次，壮秆防倒。

4. 拔节期施追肥。每亩追施纯氮0.5~1.0千克。3叶期和拔节期喷矮壮素各1次；3叶期追施磷酸二氢钾0.25千克+20克硼酸。

5. 适时浇抽穗水、灌浆水，可结合抽穗追施2~3千克尿素；注意观察根腐病和赤霉病发生情况，及时彻底防治。

6. 适时收获，防止穗发芽，确保丰产、丰收、颗粒归仓。

中国农业科学院作物科学研究所

表5-25 北部春麦区500千克/亩春小麦高产创建技术规模模式

月	3月		4月			5月			6月			7月		
旬	中	下	上	中	下	上	中	下	上	中	下	上	中	下
节气		春分	清明		谷雨	立夏		小满	芒种		夏至	小暑		大暑
生育期	播种期		出苗至三叶期			分蘖期		拔节期	抽穗至开花期			灌浆期		成熟期
主攻目标	苗全、苗齐、苗壮、苗匀		促苗早发			促根增蘖		促大蘖成穗	保花增粒			养根护叶增粒增重		丰产、丰收
关键技术	精选种子 药剂拌种 适期早播 播后镇压		三叶期 灌水追肥			培育壮苗 中耕除草		灌水追肥 防治病虫 化控防倒	灌水 防治病虫			适时浇灌浆水 一喷三防		适时收获 预防烂场雨

操作规程

1. 播前精选种子，做好发芽试验，进行药剂拌种或种子包衣，预防病虫害；每亩底施有机肥3 000千克，种肥磷酸二铵20千克，氯化钾2.5千克，分层施入。
2. 在日平均气温6~7℃，地表解冻4~5厘米时开始播种，一般在3月中旬至下旬，播深3~5厘米，每亩基本苗45万~50万，种严。播后及时镇压；出苗后及时查苗，发现缺苗断垄应及时补种，田边地头要种满，种严。
3. 苗期注意防治地下害虫，拔节前中耕除草，杂草严重时可化学除草。
4. 拔节至初期结合灌每亩追施尿素10千克，促大蘖成穗。三叶期可重时每亩施尿素15千克。
5. 抽穗开花期适时灌水及时防治，注意监测蚜虫，锈病，白粉病，减轻为害。适当喷施植物生长延缓剂，降低株高，防止倒伏。
6. 灌浆期适时灌水，注意防治蚜虫，黏虫，主攻千粒重。发现病虫发生情况，及时防治，做好一喷三防。
7. 适时收获，预防烂场雨，确保丰产，颗粒归仓。

中国农业科学院作物科学研究所　内蒙古农牧科学院

表5-26 青藏春冬麦区500千克/亩春小麦高产创建技术规范模式

月	3月		4月			5月			6月			7月			8月		
旬	中	下	上	中	下	上	中	下	上	中	下	上	中	下	上	中	下
节气		春分	清明		谷雨	立夏		小满	芒种		夏至	小暑		大暑	立秋		处暑
生育期	播种期		出苗至幼苗期			分蘖期			拔节期			抽穗至开花期		灌浆期		成熟期	
主攻目标	苗全、苗齐、苗壮、苗匀		促苗早发			促根增蘖培育壮苗			促大蘖成穗			保花增粒		养根护叶增粒增重		丰产、丰收	
关键技术	精选种子药剂拌种适期播种播后镇压		2叶1心时灌水追肥中耕除草			防治病虫化控防倒			灌水追肥防治病虫			防治病虫		适时浇灌浆水一喷三防		适时收获	

操作规程

1. 播前精选种子，做好发芽试验，进行药剂拌种或种子包衣，预防病虫害；每亩底施磷酸二铵10千克、尿素20千克。
2. 当日平均温度1~3℃，土壤解冻3~4厘米，播种深度3~4厘米；播种量15~20千克/亩。保苗（基本苗）30万~35万/亩；播后镇压；出苗后及时查苗、发现缺苗断垄应及时补种，种严，田边地头要种满，确保全苗。种严，灌水后
3. 苗期注意防治锈病、叶枯病、根腐病、地下害虫；2叶1心期浇灌第一次水，结合灌水每亩追施尿素8~10千克，灌水后
4. 适时中耕松土，促苗早发；及时进行化控防倒。拔节前中耕除草，杂草严重时可化学除草。拔节水每亩追施尿素5~6千克，注意观察锈病、麦茎蜂发生情况，及时采取措施，有效防治。
5. 抽穗开花期适时灌水，注意预防锈病、赤霉病，吸浆虫，及时进行有效防治。做好一喷三防。
6. 适时浇好灌浆水，注意观察蚜虫、锈病发生情况，吸浆虫，及时彻底防治。
7. 适时收获，预防干热风和烂场雨，确保丰产、丰收，颗粒归仓。

中国农业科学院作物科学研究所 青海农牧科学院

表5-27 河北省保定市500千克/亩小麦高产创建技术规范模式

月	9月	10月			11月			12月			1月			2月			3月			4月			5月			6月	
旬	下	上	中	下	上	中	下	上	中	下	上	中	下	上	中	下	上	中	下	上	中	下	上	中	下	上	中
节气	秋分	寒露		霜降	立冬	小雪	大雪	大雪		冬至	小寒		大寒	立春		雨水	惊蛰		春分	清明		谷雨	立夏		小满	芒种	
生育期		出苗至三叶期			冬前分蘖期			越冬期									返青期		起身期	拔节期			抽穗至开花期	灌浆期			成熟期
主攻目标	苗全、苗齐、苗壮、苗匀				促根增蘖培育壮苗			保苗安全越冬									促苗早发稳长壮蘖		腾苗控节壮蘖	促大蘖成穗			保花增粒		养根护叶增粒增重	丰产丰收	
关键技术	精选种子 药剂拌种 适期播种 播后镇压				促根增蘖 培育壮苗 防治病虫 适时灌好冻水			适时镇压 麦田严禁放牧									中耕松土 镇压保墒		腾苗控节 除草	重施肥水 防治病虫			浇开花灌浆水 防治病虫 一喷三防		适时收获		

操作规程

1. 播前精选种子，做好发芽试验。药剂拌种或种子包衣。防治地下害虫，硫酸钾或氯化钾10千克、硫酸锌1.5千克。

2. 在日平均气温17℃左右播种，一般浅播种，发现缺苗断垄等应及时补种，每亩基本苗20万~25万，播后镇压。

3. 出苗后及时注意观察灰飞虱、蚜虫时，叶蝉要求在苗；需灌冻水时，一般要求清发冻时灌冻水，保墒防冻。防治地下害虫，田边地头及时防治，以防冬播种毒病，时间在11月20~30日。

4. 冬季适时中耕松土，弥实地表裂缝，防止寒风鹥根，保墒防冻。

5. 返青期适时镇压，提高地温，不追肥，促花保墒返青水。一般不浇返青水。

6. 起身期不浇水，重施肥水，促大蘖成穗，促花保墒防治。注意观察纹枯病情况。每亩追施尿素18千克。

7. 拔节期注意观察，发现脱肥迹象的麦田，随灌水施2~3千克/亩尿素。注意化学除草。灌水追肥时间在4月10~15日；施拔节肥，每亩追施尿素20千克，尿素8千克。

8. 浇开花灌浆水。强筋品种的麦田，确保丰产，丰收，避免烂场雨，确保粒归仓。

9. 适时收获，防止穗发芽。做好白粉病和锈病发生情况，及时防治蚜虫。

中国农业科学院作物科学研究所 河北农业大学

表5-28　河北省邯郸市600千克/亩小麦高产创建技术规范模式

月	10月			11月			12月			1月			2月			3月			4月			5月			6月	
旬	上	中	下	上	中	下	上	中	下	上	中	下	上	中	下	上	中	下	上	中	下	上	中	下	上	中
节气	寒露		霜降	立冬		小雪	大雪		冬至	小寒		大寒	立春		雨水	惊蛰		春分	清明		谷雨	立夏		小满	芒种	
生育期	播种期		出苗至三叶期	冬前分蘖期			越冬期							返青期		起身期		拔节期			抽穗至开花期		灌浆期		成熟期	
主攻目标	苗全苗齐、苗匀苗壮			促根增蘖培育壮苗			保苗安全越冬							促苗早发稳长		腾苗壮蘖		促大蘖成穗			保花增粒		养根护叶增粒增重		丰产丰收	
关键技术	精选种子药剂拌种适期播种播后镇压			防治病虫冬前化学除草适时灌好冻水			适时镇压麦田严禁放牧							中耕松土镇压保墒		腾苗控节除草		重施肥水防治病虫			浇开花灌浆水防治病虫喷叶面肥一喷三防				适时收获	

操作规程

1. 播前视降雨情况和土壤墒情确定是否浇底墒水，保证足墒播种，深翻后要整地，深翻耙后要耙平，土壤墒达到上松下实；
2. 选用半冬性品种，采用旋耕播种与深耕相结合的方式进行整地，深翻耙后要耙平，药剂拌种或种子包衣；每亩底施磷酸二铵25千克，尿素10千克，硫酸钾或氯化钾15千克，硫酸锌1.5千克，防治地下害虫；在日平均温度17℃左右播种，一般控制在10月5~12日，播深3~5厘米，每亩基本苗16万~22万，播后及时镇压；出苗后及时查苗，发现缺苗断垄适时补苗，确保全苗；
3. 田边地头要种满、种严。冬前苗期注意观察飞虱、叶蝉等害虫发生情况，及时防治，以防传播病毒病；根据冬前降水情况和土壤墒情决定是否灌冻水；灌冻水时，一般要求在昼消夜冻后灌冻水，时间在11月下旬至12月上旬；冬前进行化学除草；
4. 冬前适时镇压，弥实地表裂缝；适时镇压，防止寒风飕根；返青前中耕松土，提高地温。
5. 起身期不浇水；拔节期，腾苗控水，促大蘖成穗；每亩追施尿素18千克，灌水追肥同在4月10~15日；注意化学除草；
6. 拔节后重施肥水，强筋品种有脱肥迹象的可2~3次叶面喷发素，时间在5月10~15日，及时防治蚜虫、
7. 吸浆虫和白粉病；做好一喷三防，适时收获，防止烂场雨，避免烂场雨，确保丰产、丰收，颗粒归仓。

中国农业科学院作物研究所　邯郸市农业科学院/邯郸综合试验站

表5-29 河北省衡水市600千克/亩小麦高产创建技术规范模式

月	10月			11月			12月			1月			2月			3月			4月			5月			6月	
旬	上	中	下	上	中	下	上	中	下	上	中	下	上	中	下	上	中	下	上	中	下	上	中	下	上	中
节气	寒露		霜降	立冬		小雪	大雪		冬至	小寒		大寒	立春		雨水	惊蛰		春分	清明		谷雨	立夏		小满	芒种	夏至
生育期	播种期	出苗至三叶期		冬前分蘖期			越冬期									返青期	起身期		拔节期			抽穗至开花期		灌浆期		成熟期
主攻目标	苗全、苗匀、苗壮 苗足、苗壮			促根增蘖培育壮苗			保苗安全越冬									促苗早发稳长	蹲苗壮蘖		促大蘖成穗			保花增粒		养根护叶增粒增重		丰产丰收
关键技术	精选种子 药剂拌种 适期播种 播后镇压			防治病虫 适时灌好冻水 冬前化学除草			保苗安全越冬			适时镇压 麦田严禁放牧						中耕松土 镇压保墒	蹲苗控节除草		重施拔水 防治病虫			浇开花灌浆水 防治病虫 一喷三防			适时收获	

操作规程

1. 精选种子，做好发芽试验，药剂拌种或种子包衣，防治地下害虫；每亩底施磷酸二铵20～25千克，尿素10～15千克，硫酸钾或氯化钾10千克，硫酸锌1.5千克。
2. 在日平均温度17℃左右播种，一般控制在10月5～10日，播深3～5厘米，播后及时镇压；出苗后及时查苗，发现缺苗断垄应及时补种，确保全苗，每亩基本苗20万～22万，种；田边地头要补种，以防传播病毒病。
3. 冬前苗期注意害虫发生情况，蚜虫等害虫应及时防治，时间在11月25～30日；灌溉水；需墒浇水时，一般要求在昼夜消夜时灌冻水，保苗越冬防冻。根据冬前降雨情况和土壤墒情决定是否冬前进行化学除草。
4. 冬季适时中耕松土，返青期不浇水，一般不浇返青水，不施肥。
5. 返青期中耕松土，提高地温，一般浇返青水，不施肥。
6. 起身期中耕松土，蹲苗控节促大蘖成穗；发现病情及时防治；注意化学除草。
7. 拔节期重施拔节肥，促大蘖成穗；每亩追施尿素20千克，可随灌水收，灌水追肥时间在4月3～8日；注意观察白粉病、锈病发生情况；每亩追施2～3千克/亩尿素，时间在5月5～10日；及时防治蚜虫、吸浆虫和白粉病，做好一喷三防。
8. 浇好开花灌浆水，强筋品种或有脱肥迹象的麦田，确保丰产，确保丰收。
9. 适时收获，避免烂场雨，防止穗发芽，做好一喷三防，颗粒归仓。

中国农业科学院作物科学研究所　衡水市农业科学院　小麦产业体系衡水试验站

表5-30 河南省新乡市600千克/亩小麦高产创建技术规范模式

月份（节气）	生育期	主攻目标	关键技术
10月 上・中（寒露）～下（霜降）	播种期／出苗至三叶期	苗全、苗匀、苗齐、苗壮	精选种子药剂拌种，适期播种，种足镇压下种，足镇压查苗补种
11月（立冬、小雪）～12月（大雪、冬至）	冬前分蘖期	促根增蘖培育壮苗	防治病虫，适时灌好冻水，冬前化学除草
1月（小寒、大寒）～2月上（立春）	越冬期	保苗安全越冬	适时镇压，麦田严禁放牧
2月下（雨水）	返青期	促苗早发返青	中耕松土镇压保墒
3月上（惊蛰）～中	起身期	蹲苗壮叶	腾苗控节除草
3月下～4月上（春分・清明）	拔节孕穗期	促大蘖成穗	重施肥水防治病虫
4月中（谷雨）	抽穗至开花期	保花增粒	
5月（立夏、小满）	灌浆期	养根护叶增粒增重	浇开花灌浆水防治病虫一喷三防
6月上（芒种）・成熟期	成熟期・丰产丰收	适时收获	适时收获

操作规程

1. 精选种子，做好发芽试验、药剂拌种或种子包衣。每亩底施磷酸二铵20千克、酸钾或氯化钾10千克、硫酸锌1.5千克。

2. 在日平均温度15℃左右播种，一般控制在10月8～15日，足墒下种，播深3～5厘米，基本苗16万～20万/亩，播后及时镇压。

3. 出苗后及时查苗补苗，确保全苗；田边地头等害虫，叶蝉等虫时，及时防治，以防传播病毒病；时间在12月10～20日；冬前进行化学除草。

4. 冬前墒情；需灌冻水时，一般要求在昼夜消夜在昼时灌冻水，保墒防冻。

5. 返青期中耕松土，提高地温，弥实地表裂缝。

6. 起身期不浇水，腾身控节，注意纹枯病发生情况，发现病情及时防治；灌水追肥时间在3月下旬。

7. 拔节期重施肥水，促大蘖成穗。现蕾情况及时防治；一般不浇返青水，不施肥。

8. 强筋品种或有脱肥迹象的麦田，每亩施尿素2～3千克，磷酸二氢钾0.2千克加水50千克进行叶面喷肥，时间在5月5～10日；及时防治蚜虫、吸浆虫和白粉病、锈病发生情况，发"一喷三防"。

9. 适时收获，防止穗发芽，防止烂场雨，确保丰产、丰收，颗粒归仓。

中国农业科学院作物科学研究所　新乡市农业科学院／新乡小麦综合试验站

小麦生产配套技术手册

表5-31　河南省安阳市600千克/亩小麦高产创建技术规范模式

月	10月		11月			12月			1月			2月			3月			4月			5月			6月	
旬	上	下	上	中	下	上	中	下	上	中	下	上	中	下	上	中	下	上	中	下	上	中	下	上	中
节气	寒露	霜降	立冬		小雪	大雪		冬至	小寒		大寒	立春		雨水	惊蛰		春分	清明		谷雨	立夏		小满	芒种	成熟
生育期	播种期	出苗至三叶期		冬前分蘖期				越冬期							返青期	起身期		拔节期			抽穗至开花期				成熟期
主攻目标		苗全、苗匀、苗齐、苗壮		促苗早发培育壮苗				保苗安全越冬							促苗早发稳长	蹲苗壮蘖		促大蘖成穗			保花增粒		养根护叶增粒增重		丰产丰收
关键技术	精选种子药剂拌种适期播种播后镇压		防治病虫适时灌好冻水冬前化学除草				促根增蘖培育壮苗		保苗安全越冬			适时镇压麦田严禁放牧			中耕松土镇压保墒	蹲苗控旺除草		重施肥水防治病虫			浇开花灌浆水防治病虫一喷三防		灌浆期		适时收获硫酸

操作规程

1. 播种前精选种子，做好芽率试验，药剂拌种或种子包衣，每亩底施磷酸二铵20千克、尿素10千克、硫酸钾或氯化钾10千克、硫酸锌1.5千克。
2. 在日平均温度17℃左右播种，一般控制在10月2～12日，播深3～5厘米，基本苗14万～22万/亩，播后及时镇压；田边地头要种满种严。
3. 出苗后及时查苗，发现缺苗断垄应及时补种，确保全苗；田边地头要种满种严。
4. 冬前苗期注意观察苗情，需等苗虫及时防治。
5. 灌溉水，一般要求在昼消夜冻时灌冻水，时间在11月25～30日；冬前进行化学除草。
6. 返青期中耕松土，提高地温；一般不浇返青水，不施肥。
7. 起身期不浇水，镇压蹲苗，注意观察纹枯病发生情况，发现病情及时防治；注意化学除草。
8. 拔节期重施肥水，促大蘖成穗；追施尿素18千克/亩，灌水追肥时间在4月10～15日；注意观察白粉病、锈病发生情况，时间在5月5～10日；及时防治病虫。
9. 适时收获，防止穗发芽，避开烂场雨，颗粒归仓。

中国农业科学院作物科学研究所　安阳市农业科学院

214

表5-32　山东省泰安市600千克/亩小麦高产创建技术规范模式

月	10月			11月			12月			1月			2月			3月			4月			5月			6月		
旬	上	中	下	上	中	下	上	中	下	上	中	下	上	中	下	上	中	下	上	中	下	上	中	下	上	中	
节气	寒露		霜降	立冬		小雪	大雪		冬至	小寒		大寒	立春		雨水	惊蛰		春分	清明		谷雨	立夏		小满	芒种		
生育期	播种期		出苗至三叶期				冬前分蘖期				越冬期					返青期	起身期		拔节期			抽穗至开花期	灌浆期		成熟期		
主攻目标	苗全、苗齐、苗壮			苗匀、苗壮						保苗安全越冬					促壮苗早发稳长	腾苗壮蘖		促大蘖成穗			保花增粒		养根护叶增粒增重		丰产丰收		
关键技术	精选种子 药剂拌种 适期播种 播后镇压			促根增蘖 培育壮苗			防治病虫 适时灌好冻水 冬前化学除草				适时镇压 麦田严禁放牧					中耕松土 镇压保墒	腾苗控节 除草		重施肥水 防治病虫			浇开花灌浆水 防治病虫 一喷三防			适时收获		

操作规程：

1. 播前精选种子，做好发芽率试验，药剂拌种或种子包衣，钾或氯化钾14千克、硫酸锌1.5千克。
2. 在日平均温度17℃左右播种。一般控制在10月2～10日，播深3～5厘米，基本苗14万～22万/亩，田边地头要种满种严。
3. 冬前要适时查苗，发现缺苗断垄等应及时补种，确保全苗。防治地下害虫。播深及时镇压；冬前期注意观察金针虫、蝼蛄等害虫发生情况及时防治，以防传播病毒病；
4. 冬季适时浇水，一般要求在昼消夜冻时灌溉根。时间在12月1～10日；冬前进行化学除草。
5. 返青期中耕松土，提高地温。一般不浇返青水，不施肥。
6. 起身期适时镇压，镇压观察病情及发现病情及时防治；注意观察白粉病、锈病，发现病情及时防治。
7. 拔节期重施肥水，促大蘖成穗。灌水追肥时间在3月25日至4月5日；注意化学除草。
8. 浇好开花灌浆水，强筋肥种施追施脱粒迹象的麦田，可随灌水施2～3千克/亩尿素，时间在5月5～10日；及时防治锈病、白粉病。
9. 适时收获，蜡熟末期发芽，防止穗发芽、赤霉病，避免烂场雨，做好一喷三防，确保丰产、丰收，颗粒归仓。

中国农业科学院作物科学研究所　泰安市农业科学院

表 5-33 江苏省徐州市 600 千克/亩小麦高产创建技术规范模式

月	10月			11月			12月			1月			2月			3月			4月			5月			6月
旬	上	中	下	上	中	下	上	中	下	上	中	下	上	中	下	上	中	下	上	中	下	上	中	下	上
节气	寒露		霜降	立冬		小雪	大雪		冬至	小寒		大寒	立春	雨水		惊蛰		春分	清明		谷雨	立夏		小满	芒种
生育期		出苗至三叶期			冬前分蘖期			越冬期					返青至起身期			拔节期			抽穗至开花期			灌浆期			成熟期
主攻目标		苗全、苗匀、苗壮			促根增蘖培育壮苗			保苗安全越冬					促苗早发稳长蘖壮株旺、促弱控旺、构建丰产群体				促大蘖成穗			保花增粒		养根护叶增粒增重			丰产丰收
关键技术		精选种子药剂拌种适期播种及时镇压			促根壮蘖培育壮苗冬前化学除草			防治病虫适时灌好冻水冬前化学除草			适时镇压麦田严禁放牧			中耕松土蹲苗控节			重施肥水防治病虫			浇孕穗灌浆水防治病虫一喷三防			适时收获

操作规程

1. 播前精细整地，实施秸秆还田和测土配方施肥，底施磷酸二铵 15~20 千克，尿素 10~15 千克，硫酸钾或氯化钾 10 千克，或三元复合肥（N：P：K=15：15：15）25~30 千克，硫酸锌 1.5 千克。
2. 在日平均温度 17℃左右播种，一般控制在 10 月 5~15 日，播深 3~5 厘米，并做到足墒匀播，基本苗 12 万~15 万/亩。
3. 出苗后及时查苗，发现缺苗断垄应及时补种，确保全苗。
4. 冬前应重点做好麦田化学除草，同时加强对地下害虫、蚜虫和胞囊线虫的查治，注意防治灰飞虱，叶蝉等害虫，时间在 11 月 25 日至 12 月 10 日。
5. 冬季适时镇压，张实地表裂缝，镇压保墒；个体生长正常麦田一般不灌返青水，不浇冻水。需灌水时，一般要求在墒情差消冬夜冻时灌越冬水，时间在 11 月 25 日至 12 月 10 日。冬季年年注意防冻。
6. 返青期中耕松土，提高地温；拔节期中耕大蘖成穗和穗花发育，一般在 3 月 25 日至 4 月 5 日结合浇水追施尿素 15~20 千克/亩，或分 2 次追肥。
7. 拔节期重施肥水，促大蘖成穗和穗花发育。一般在 3 月 15~20 日可结合浇水追施尿素 15~20 千克/亩，第一次在 4 月 5 日左右，第二次一灌施 2~3 次麦追施；每次各 7~10 千克尿素。适时浇好孕穗灌浆水，4 月 25 日至 5 月 5 日做好一喷三防。
8. 适时收获，防止穗发芽，防治吸浆虫、蚜虫，重点防治吸浆虫；避开烂场雨，做好一喷三防，确保丰产、丰收。颗粒归仓。

中国农业科学院作物科学研究所 徐州农业科学研究所

表5-34　江苏省里下河地区500千克/亩小麦高产创建技术规范模式

月	10月	11月			12月			1月			2月			3月			4月			5月			6月
旬	下	上	中	下	上	中	下	上	中	下	上	中	下	上	中	下	上	中	下	上	中	下	上
节气	霜降	立冬		小雪	大雪		冬至	小寒	大寒		立春		雨水	惊蛰	春分		清明		谷雨	立夏		小满	芒种
生育期	播种期		出苗至三叶期	冬前分蘖期			越冬期						返青起身期		拔节期			抽穗开花期			灌浆期		成熟期
主攻目标	苗早、苗全、苗齐、苗壮			促根增蘖培育壮苗			保苗安全越冬						稳长壮蘖		培育壮秆、巩固分蘖成穗、攻大穗			保花增粒			养根护叶、增粒增重		丰产丰收
关键技术	精选种子药剂拌种适期播种播好三沟			看苗施用壮蘖肥适墒化除			清沟理墒						春季化除		重施节孕穗肥防治纹枯病			防病治虫一喷三防					适时收获

操作规程

1. 精选种子,进行药剂拌种或种子包衣,预防苗期病害,做好发芽试验。每亩基施三元复合肥(N:P:K=15:15:15)25～30千克,尿素8～10千克,硫酸锌1.5千克。
2. 在日平均温度14～16℃左右播种,一般按需控制在10月25日至11月5日,播深2～3厘米,基本苗10万～12万/亩,播后及时镇水。出苗后及时查苗,发现缺苗断垄应及时补种,确保全苗,田边地头要种满,种严。
3. 幼苗期注意防治蚜虫、灰飞虱,防除杂草,清理麦田三沟。
4. 返青期及时防治纹枯病和杂草。
5. 拔节孕穗期施好拔节孕穗肥,培育壮秆、巩固分蘖成穗、攻大穗。3月中旬看苗用拔节肥,三元复合肥20～25千克;3月底前施孕穗肥尿素8千克左右,分蘖期看苗施用壮蘖肥。
6. 开花期注意防治蚜虫、白粉病和赤霉病,做好一喷三防。
7. 适时收获,确保丰产、丰收,颗粒归仓。

中国农业科学院作物科学研究所　江苏里下河地区农业科学研究所

表 5－35　安徽省亳州市 600 千克/亩小麦高产创建技术规范模式

月	10月	11月	12月	1月	2月	3月	4月	5月	6月
旬	上 中 下	上 中 下	上 中 下	上 中 下	上 中 下	上 中 下	上 中 下	上 中 下	上
节气	寒露 霜降	立冬 小雪	大雪 冬至	小寒 大寒	立春 雨水	惊蛰 春分	清明 谷雨	立夏 小满	芒种
生育期	播种至出苗期	冬前分蘖期	越冬期	越冬期	返青至起身期	拔节、孕穗期	抽穗至开花期	灌浆期	成熟期
主攻目标	苗全、苗齐、苗匀、苗壮	促根增蘖 培育壮苗	保苗安全越冬	保苗安全越冬	促苗早发稳长腾 苗壮蘖、促弱控旺、构建丰产群体	促大蘖成穗 促穗大粒多	保花 增粒	养根护叶 增粒增重	丰产丰收
关键技术	精选种子 药剂拌种 适期播种 足墒下种	防治病虫 适时灌好冻水 冬前化学除草	适时镇压 麦田严禁放牧	适时镇压 麦田严禁放牧	中耕松土 腾苗控节	重施肥水 防治病虫	防治病虫 一喷三防 叶面喷肥	防治病虫 一喷三防 叶面喷肥	适时收获

操作规程：

1. 播前精细整地，实施秸秆还田和测土配方施肥；底施磷酸二铵 20~25 千克，尿素 8 千克，硫酸锌 1.5 千克。做好种子与土壤处理。

2. 在日平均温度 17℃左右播种，一般控制在 10 月 5~15 日，播深 3~5 厘米，并做到足墒匀播。精选种子，基本苗 14 万~17 万/亩。

3. 播种前应重点做好麦田化学除草；出苗后及时查苗，发现缺苗断垄应及时补种，确保全苗。冬前根据苗情决定冬前浇水与否；同时加强对地下害虫、麦黑潜叶蝇和胞囊线虫的查治，注意防治红蜘蛛、蚜虫等害，时间在 11 月 20~30 日；腾苗控。

4. 暖冬年注意控旺；返青前适时镇压，弥补地表裂缝。保苗防冻。

5. 返青期中耕松土，提墒增温、镇压保墒；群，个体生长正常壮苗田一般不灌返青水，不施肥；起身期一般不浇不透。

6. 拔节期重施肥水，第一次在 3 月 20~30 日左右，成分 2 次追肥。追施尿素 18 千克/亩；兼防白粉病、锈病。

7. 各年 9 月下旬可降每亩追施 2~3 千克尿素；第二次在 3 月 15~20 日，科学预防赤霉病、锈病；重点防治蚜虫。

8. 适时收获，防止穗发芽，防止叶面喷肥……晒干扬净，颗粒归仓，确保丰产、丰收。

中国农业科学院作物科学研究所　亳州农业科学研究所

表5-36　湖北省500千克/亩小麦高产创建技术规范模式

月	10月	11月			12月		1月		2月		3月		4月		5月		
旬	下	上	中	下	上	中下	上	中下	上	中下	上	中下	上	中下	上	中	下
节气	霜降	立冬		小雪	大雪	冬至	小寒	大寒	立春	雨水	惊蛰	春分	清明	谷雨	立夏	小满	
生育期	播种至出苗期	出苗至三叶期		分蘖期					起身期		拔节孕穗期		抽穗开花	灌浆期		成熟期	丰产丰收
主攻目标	苗全、苗齐、苗壮		促根增蘖、培育壮苗、保苗安全越冬						腾苗壮蘖		促大蘖成穗		保花增粒		养根护叶增粒增重		适时收获
关键技术	精细整地 精选种子 药剂拌种 适期播种 播后镇压		化学除草，看苗施平衡肥						看苗重施拔节孕穗肥 清沟理墒，防治病、虫、草害				防治病虫 一喷三防				适时收获

操作规程：

1. 播前精选种子，做好发芽试验，进行药剂拌种或种子包衣。预防苗期病害；每亩底施三元复合肥（N∶P∶K=15∶15∶15）25～30千克，尿素8千克，大粒锌200克（纯锌含量50～60克），或磷酸二铵20～25千克，尿素8千克，硫酸钾或氯化钾10～15千克。
2. 在日平均温度16℃左右播种，一般控制在10月25日至11月5日，播深3～5厘米，基本苗15万～18万/亩，足墒播种，播后及时镇压；出苗后及时查苗、发现缺苗断垄应及时补种，确保全苗；田边地头要种满种严。
3. 幼苗期注意观察麦蜘蛛等害虫发生情况，及时防治；注意秋季杂草杂除。
4. 起身期注意观察杂草和杂病发生情况，及时防治。
5. 拔节孕穗期注意重施肥；促大蘖成穗。3月上中旬至4月初看苗施尿素10千克左右，注意观察白粉病，锈病发生情况，及时彻底防治，做好一喷三防。
6. 开花灌浆期注意观察蚜虫和白粉病、锈病和赤霉病发生情况，及时彻底防治，做好一喷三防。
7. 适时收获晾晒、防止穗发芽、避开烂场雨，丰收丰产，颗粒归仓。

中国农业科学院作物科学研究所　湖北省农业科学院粮食作物研究所

表5-37 山西省临汾市600千克/亩小麦高产创建技术规范模式

月	10月			11月			12月			1月			2月			3月			4月			5月			6月		
旬	上	中	下	上	中	下	上	中	下	上	中	下	上	中	下	上	中	下	上	中	下	上	中	下	上	中	
节气	寒露		霜降	立冬		小雪	大雪		冬至	小寒		大寒	立春		雨水	惊蛰		春分	清明		谷雨	立夏		小满	芒种		
生育期	播种期	出苗至三叶期		冬前分蘖期			越冬期									返青期		起身期	拔节期			抽穗至开花期	灌浆期		成熟期		
主攻目标		苗全、苗齐、苗壮		促根增蘖培育壮苗			保苗安全越冬									促苗早发稳健生长		蹲苗壮蘖	促大蘖成穗			保花增粒	养根护叶增粒增重		丰产丰收		
关键技术	药剂拌种 平衡施肥 适期播种 播后镇压			冬水前移 蹲实土壤 化学除草 防治病虫			适时耙耱划中耕耙耱 严禁放牧									中耕松土 保墒 除草			重施肥水 防病虫			浇严花灌浆水 防治病虫 一喷三防			适时收获		

操作规程：

1. 精细整地，精选良种，做好发芽试验，药剂拌种或种子包衣。每亩底施磷酸二铵20千克、硫酸钾10千克、硫酸锌1.5千克。

2. 在日平均温度15～17℃足墒播种，一般控制在10月5～10日。种深3～5厘米，基本苗20万～25万/亩。防治地下害虫。

3. 出苗期注意观察苗情及时补种，确保苗齐苗匀。冬前若遇干旱应及时浇水、耙耱保墒，达到苗全苗壮。

4. 冬前确保安全越冬。中午平均气温高于5℃时冬前浇水，一般不浇返青水，不施肥，起身期控水、蹲苗提温；若冬前气温稳定在5℃以上时的晴天开展冬灌。

5. 返青期中耕松土，保墒提温，去除枯叶，注意观察白粉病和蚜虫发生情况。

6. 拔节期浇水、追尿素10～15千克/亩，促大蘖成穗，并可预防4月上、中旬的倒春寒和低温冷害；灌水施肥同在5月1C日左右，发现病情及时防治。4月下旬、密切注意灌浆水。

7. 蜡熟时收获，防止穗发芽、丰收丰产。根据田间啊……

中国农业科学院作物科学研究所 山西农业科学院小麦研究所 国家小麦产业技术体系山西综合试验站

表5-38　陕西省杨凌600千克/亩小麦高产创建技术规范模式

月	10月			11月			12月			1月			2月			3月			4月			5月			6月		
旬	上	中	下	上	中	下	上	中	下	上	中	下	上	中	下	上	中	下	上	中	下	上	中	下	上	中	下
节气	寒露		霜降	立冬		小雪	大雪		冬至	小寒		大寒	立春		雨水	惊蛰		春分	清明		谷雨	立夏		小满	芒种	夏至	
生育期	播种期 出苗至三叶期			冬前分蘖期						越冬期					返青期		起身期		拔节期			抽穗至开花期			灌浆期	成熟期	
主攻目标	苗全、苗匀、苗齐、苗壮			促根增蘖培育壮苗						保苗安全越冬					促苗早发稳长		蹲苗壮蘖		蹲苗壮秆			保花增粒			养根护叶增粒增重	丰产丰收	
关键技术	精选种子、药剂拌种、适期播种、播后镇压			防治病虫、适时灌好冻水、冬前化学除草						适时镇压、麦田严禁风吹放牧					中耕松土、镇压保墒		蹲苗控节除草		重施肥水、防治病虫			保花增粒			送开花灌浆水、防治病虫一喷三防	适时收获	

操作规程

1. 播前精选种子，做好发芽试验，药剂拌种或种子包衣，防治地下害虫；每亩底施磷酸二铵20千克、尿素10千克、钾或氯化钾10千克、硫酸锌1.5千克。

2. 全日平均温度17℃左右播种，一般控制在10月5～15日，播深3～5厘米，基本苗14万～22万/亩，播后镇压；出苗后及时查苗。发现缺苗断垄应及时补种，确保全苗。田边地头要种满、种严；

3. 冬前苗期注意查墒灰～氢，叶蘗等于基本苗发生情况，及时防治，以防传播病毒病；根据冬前降水情况和土壤墒情快定是否灌冻水；底灌冻水时，一般要求在昼消夜冻时灌冻根，时间约在12月下旬；冬前进行化学除草。

4. 冬季适时镇压，弥合地表裂缝，提高地温；一般灌冻水时镇压保墒，防止寒风飕根，防止透风冻根；保苗防冻。

5. 返青期中耕松土，提高地温；一般不浇返青水，不施肥。

6. 起身期不浇水，蹲苗控节；注意观察枯病发生情况，发现病情及时防治；注意化学除草。

7. 拔节期重施肥水，促大蘗成穗；发现病情及时防治；灌水追肥时间在4月10～15日；注意观察白粉病、锈病、红蜘蛛、蚜虫发生情况；追施尿素18千克/亩，做好一喷三防；

8. 抽穗开花期及时防治蚜虫、吸浆虫和白粉病；避开扬花雨，防止烂场雨；注意观察白粉病、锈病、红蜘蛛、蚜虫发生情况。

9. 适时收获，防止穗发芽，确保丰产、丰收、颗粒归仓。

中国农业科学院作物科学研究所　西北农林科技大学

表5-39 四川省成都市500千克/亩小麦高产创建技术规范模式

月	10月	11月			12月			1月			2月			3月			4月			5月	
旬	下	上	中	下	上	中	下	上	中	下	上	中	下	上	中	下	上	中	下	上	中
节气	霜降	立冬		小雪	大雪	冬至		小寒		大寒	立春		雨水	惊蛰		春分	清明		谷雨	立夏	
生育期	播种出苗期	出苗至三叶期			幼苗至起身期（无明显越冬期）						拔节期					抽穗至开花期			灌浆期		成熟期 丰产丰收
主攻目标		苗全、苗匀、苗齐、苗壮			促根增蘖培育壮苗 促苗早发稳长 蹲苗壮蘖						促大蘖成穗					保花增粒			养根护叶增粒增重		丰产丰收
关键技术	精选种子 药剂拌种 适期播种				防治病、虫、草害						重施拔节肥 防治病虫害						防治病虫 一喷三防			适时收获	

操作规程

1. 播前精选种子，做好发芽试验，进行药剂拌种或种子包衣；每亩底施30千克复合肥（含氮量20%）、硫酸锌1.5千克。
2. 在日平均温度16℃左右播种，一般控制在10月26日至11月6日，播深3～5厘米，出苗后及时查苗、发现缺苗断垄应及时补种、确保全苗；田边地头要种满、种严。
3. 苗期注意观察条锈病、红蜘蛛等病况及发生情况；及时防治，适时进行杂草防除。
4. 拔节期注意防治条锈病及白粉病；重施拔节肥，追施尿素8～10千克/亩，时间在1月10～15日。
5. 抽穗至开花期喷药预防赤霉病、灌浆期注意观察蚜虫和白粉病、条锈病发生情况，及时进行一喷三防。
6. 适时收获、防止穗发芽、确保丰产、丰收、颗粒归仓。

中国农业科学院作物科学研究所 四川省农业科学院作物育种研究所/成都综合试验站

表5-40　甘肃省500千克/亩春小麦高产创建技术规范模式

月	3月			4月			5月			6月			7月		
旬	上	中	下	上	中	下	上	中	下	上	中	下	上	中	下
节气	惊蛰		春分	清明		谷雨	立夏		小满	芒种		夏至	小暑		大暑
生育期	播种期		出苗至幼苗期				拔节期			抽穗至开花期		灌浆期		成熟期	
主攻目标	苗全、苗齐、苗壮、苗匀		促苗早发促根增蘖培育壮苗				促大蘖成穗			保花增粒		养根护叶增粒增重		丰产、丰收	
关键技术	精选种子药剂拌种适期播种播后耱平		中耕除草				灌水追肥防治病虫化控防倒			灌水追肥防治病虫		适时浇灌浆水一喷三防		适时收获	

操作规程

1. 播前精选种子，做好发芽试验，进行药剂拌种或种子包衣，预防病虫害。
2. 在日平均气温6~7℃，地表解冻4~5厘米时开始播种，一般在3月上旬至中旬，播深3~5厘米，基本苗40万~45万/亩，播后耱平；出苗后及时查苗，发现缺苗断垄应及时补种，确保全苗；田边地头要种满，种严。
3. 苗期注意防治锈病、地下害虫，拔节中耕除草，杂草严重时可化学除草。
4. 拔节初期结合灌第一次水追施尿素12~13千克/亩，促大蘖成穗，注意防病治虫，适当喷施植物生长延缓剂，降低株高，防止倒伏。
5. 抽穗开花期结合灌第二次水追施尿素5~6千克/亩；注意观察白粉病、锈病发生情况，发现病情及时防治，做好一喷三防。
6. 适时浇好灌浆水，注意观察蚜虫、锈病、白粉病、干热风发生情况，及时彻底防治。
7. 适时收获，颗粒归仓。

中国农业科学院作物科学研究所　甘肃农业大学

表5-41 宁夏回族自治区500千克/亩春小麦高产创建技术规范模式

月份	2月			3月			4月			5月			6月			7月	
	上旬	中旬	下旬	上旬	中旬	下旬	上旬	中旬	下旬	上旬	中旬	下旬	上旬	中旬	下旬	上旬	中旬
节气	立春		雨水	惊蛰		春分	清明		谷雨	立夏		小满	芒种		夏至	小暑	
生育期	播种前			播种期	出苗期			三叶期		拔节期		孕穗期	抽穗期		灌浆期		成熟期
主攻目标	保墒			苗齐、苗壮			促根增蘖培育壮苗			蹲苗壮蘖			保花增粒		养根护叶增粒增重		丰产丰收
关键技术	及时打磨增施有机肥			精选种子药剂拌种适期播种因地镇压		因地破除板结	中耕化学除草		适时早灌头水追肥		控二水早防白粉病		灌好三水防病治虫		一喷三防		适时收获

技术规程

1. 冬前灌好冬水。要求在昼消夜冻时灌水冻。时间在11月5~20日。冬灌适时打保墒。
2. 精细整地，提高整地质量，增施有机肥，合理施肥。每亩底施磷酸二铵10千克，尿素20千克，硫酸钾（氧化钾含量50%）6千克；种肥磷酸二铵10千克。
3. 选购合格良种并药剂处理（每千克种子用2克粉锈宁干拌）或2%立克秀种子包衣。
4. 2月下旬至3月上旬播种，播深3~5厘米，播后因地镇压。基本苗40万~45万/亩，出苗后及时查苗、适时破除板结。
5. 拔节期重施肥水，促大蘖成穗，头水前视苗情追施尿素10~15千克。灌水追肥时间约在4月25日前后。二水适当晚，控制无效分蘖。
6. 及时浇好开花灌浆水，时间在5月15日前后。锈病、白粉病，发现病情及时防治。时间在5月25日至6月5日。注意观察白粉病发生情况，及时彻底防治。
7. 适时收获，确保丰产、丰收、颗粒归仓。

中国农业科学院作物科学研究所 宁夏农林科学院农作物研究所

表5-42 新疆南疆地区500千克/亩冬小麦高产创建技术规范模式

月	9月	10月	11月	12月	1月	2月	3月	4月	5月	6月
旬	下	上 中 下	上 中 下	上 中 下	上 中 下	上 中	上 中 下	上 中 下	上 中 下	上 中
节气	秋分	寒露	立冬	小雪 大雪	冬至 小寒	大寒 立春	雨水 惊蛰 春分	清明 谷雨	立夏 小满	芒种
生育期	播种期	出苗至三叶期	冬前分蘖期	越冬期			返青（2月下旬~3月上旬）起身期	拔节期	抽穗至开花期 灌浆期	成熟期
主攻目标	苗全苗匀苗齐苗壮		促根壮蘖培育壮苗	保苗安全越冬			促苗早发稳长 蹲苗壮蘖 蹲苗控旺除草	促大蘖成穗	保花增粒 养根护叶增粒增重	丰产丰收
关键技术	精选种子 药剂拌种 适期播种 播后镇压		防治病虫 适时灌好冬水	适时镇压 严禁放牧			中耕松土 镇压保墒 蹲苗控节除草	重施肥水 防治病虫	浇开花灌浆水 防治病虫 一喷三防	适时收获

操作规程

1. 播前精选种子，做好发芽试验，进行药剂拌种或种子包衣，预防病害，进行药剂拌种干克。
2. 在日平均气温17℃左右时播种，一般在9月下旬至10月中旬，播深3~5厘米；每亩底施磷酸二铵18~21千克，尿素13~17千克，基本苗25万/亩，播后镇压；出苗后及时查苗，发现缺苗断垄应及时补种，确保全苗；田边地头要种满，种严，播后镇压。
3. 冬前苗期注意观察病虫草害发生情况，及时防治。
4. 冬季适时镇压，弥实地表裂缝，防止寒风飗根，保墒防冻。一般要求在昼消夜在昼消夜时灌冻水，时间在11月20~25日。
5. 返青期中耕松土，提高地温，镇压保墒。
6. 起身期适当灌水，适时灌水。灌水追肥时间在4月10~15日；注意观察白粉病、锈病及杂草发生情况，及时防治。
7. 拔节期重施肥水，促大蘖成穗。注意观察病虫草害发生情况，及时防治。
8. 适时浇好开花灌浆水，可结合灌水追施2~3千克尿素，时间在5月初；注意观察蚜虫和白粉病发生情况，及时防治。
9. 适时收获，防止穗发芽，避免场雨，丰收，确保丰产，颗粒归仓。

中国农业科学院作物科学研究所 新疆农业科学院/新疆综合试验站

表5-43 云南省400千克/亩小麦高产创建技术规范模式

月	10月	11月			12月			1月			2月			3月			4月			5月	
旬	下	上	中	下	上	中	下	上	中	下	上	中	下	上	中	下	上	中	下	上	中
节气	霜降	立冬		小雪	大雪		冬至	小寒		大寒	立春		雨水	惊蛰		春分	清明		谷雨	立夏	
生育期	播种期	出苗至三叶期			幼苗至起身期（无明显越冬期）						拔节期			抽穗至开花期		灌浆期				成熟期	
主攻目标		苗全、苗匀、苗齐、苗壮			促根增蘖培育壮苗 促苗早发稳长 蹲苗壮蘖						促大蘖成穗			保花增粒		养根护叶增粒增重				丰产、丰收	
关键技术	精选种子 药剂拌种 适期播种				施分蘖肥 防治病、虫、草害 麦田严禁放收 蹲苗控节						重施拔节肥 防治病、虫、草害			防治病虫 一喷三防						适时收获	

操作规程：

1. 播前精选种子，做好发芽试验，进行药剂拌种或种子包衣，防治地下害虫；每亩底施30千克复合肥（含氮量20%），硫酸锌1.5千克。
2. 在日平均温度16℃左右播种，一般控制在10月26日至11月6日，播深3~5厘米，基本苗15万~20万/亩；出苗后及时查苗，发现缺苗断垄应及时补种，确保全苗，田边地头要种满、种严。
3. 苗期注意观察条锈病、红蜘蛛等病虫发生情况，及时防治；2叶1心或3叶期施分蘖肥，追施尿素10~15千克/亩；适时进行杂草防除。
4. 拔节期注意防治条锈病及白粉病；重施拔节肥，促大蘖成穗；追施尿素10~15千克/亩。
5. 抽穗至开花期喷药预防赤霉病，灌浆期注意观察蚜虫和白粉病、条锈病发生情况，及时进行一喷三防。
6. 适时收获，确保丰产、丰收，颗粒归仓。

中国农业科学院作物科学研究所 云南省农业科学院

表5-44　重庆市400千克/亩小麦高产创建技术规范模式

月	10月	11月			12月			1月			2月			3月			4月			5月
旬	下	上	中	下	上	中	下	上	中	下	上	中	下	上	中	下	上	中	下	上
节气	霜降	立冬		小雪	大雪		冬至	小寒		大寒	立春		雨水	惊蛰		春分	清明		谷雨	立夏
生育期	播种期		出苗至三叶期		幼苗至起身期（无明显越冬期）						拔节期				抽穗至开花期		灌浆期			成熟期
主攻目标	苗全、苗匀、苗齐、苗壮				促根增蘖培育壮苗　促苗早发稳长　蹲苗壮蘖						促大蘖成穗			保花增粒			养根护叶增粒增重			丰产丰收
关键技术	选用良种　精选种子　药剂拌种　适期播种				防治病、虫、草害　麦田严禁放牧						重施拔节肥　防治病、虫、草害			防治病虫害　一喷三防						适时收获

操作规程
1. 播前精选种子，做好发芽试验，进行药剂拌种或种子包衣；净作每亩底施30千克复合肥，套作施20千克复合肥（含氮量20%），硫酸锌1.5千克。
2. 规范开厢，适期播种，在日平均温度16℃左右播种。一般控制在10月26日至11月15日，播深3～5厘米，基本苗12万～15万/亩，套作9万～12万；出苗后及时查苗，发现缺苗断垄及时补种，确保全苗，田边地头要种满、种严。
3. 苗期注意观察条锈病、红蜘蛛等病虫发生情况，及时防治；适时进行杂草铲除。
4. 拔节期重施拔节肥，促大蘖成穗；追施尿素10千克/亩，时间在1月10～15日；注意观察白粉病和锈病发生情况，及时进行防治。
5. 抽穗至开花期喷药预防赤霉病；灌浆期注意观察蚜虫和白粉病，条锈病发生情况，及时进行一喷多防。
6. 适时收获，防止穗发芽，避开烂场雨，丰收，颗粒归仓。

中国农科院作物科学研究所　重庆市农业科学院

表5-45 贵州省400千克/亩小麦高产创建技术规范模式

月	10月	11月			12月			1月			2月			3月			4月			5月		
旬	下	上	中	下	上	中	下	上	中	下	上	中	下	上	中	下	上	中	下	上	中	下
节气	霜降	立冬		小雪大雪			冬至小寒			大寒立春			雨水惊蛰			春分清明			谷雨立夏			小满
生育期	播种期	出苗至三叶期			幼苗至起身期（无明显越冬期）						拔节期					抽穗至开花期			灌浆期			成熟期
主攻目标	苗全、苗匀、苗齐、苗壮				促根增蘖培育壮苗 促苗早发稳长 蹲苗壮蘖						促大蘖成穗					保花增粒			养根护叶 增粒重			丰产、丰收
关键技术	精选种子 药剂拌种 适期播种				防治病、虫、草害 麦田严禁放牧 蹲苗控节						重施拔节肥 防治病、虫、草害						防治病虫 一喷三防			适时收获

操作规程

1. 播前精选种子，做好发芽试验，进行药剂拌种或种子包衣。
2. 在日平均温度16℃左右播种，一般控制在10月26日至11月6日，播深3～5厘米，基本苗15万～20万/亩，同套作播种量减半；出苗后及时查苗，发现缺苗应及时补种，确保全苗；田边地头要种满、种严。
3. 苗期注意观察苗情、红蜘蛛等病虫发生情况，及时防治；适时进行杂草防除。
4. 拔节期注意防治条锈病、白粉病、蚜虫，重施拔节肥，促大蘖成穗，追施尿素10千克/亩，时间在1月10～15日。
5. 抽穗至开花期喷药预防赤霉病、灌浆期注意观察蚜虫和白粉病、条锈病发生情况，及时进行一喷三防。
6. 适时收获，确保丰产、丰收，颗粒归仓。

中国农业科学院作物科学研究所 国家小麦产业技术体系贵阳综合试验站

表5-46　黑龙江省400千克/亩春小麦高产创建技术规范模式

月份	4月			5月			6月			7月			8月		
	上旬	中旬	下旬	上旬	中旬	下旬	上旬	中旬	下旬	上旬	中旬	下旬	上旬	中旬	下旬
生育期	播种期			出苗至分蘖期			拔节期			抽穗至灌浆期			成熟期		
主攻目标	苗全、苗齐苗壮、苗匀			促苗早发促根增蘖培育壮苗			促大蘖成穗有效增加小穗数			保花增粒养根护叶增粒增重			丰产、丰收		
关键技术	精选品种药剂拌种适期播种播后镇压			3叶期化学除草、喷缩壮素、叶面喷肥3叶3叶4叶1心各镇压1次、促壮防倒			灌拔节水防治病虫			浇抽穗水、灌浆水、叶面喷肥防治病虫一喷三防			适时收获		

操作规程

1. 上秋进行秋翻整地、秋施肥，耙 (耢) 茬深松，土壤有机质含量3%~5%的地区，每亩底施纯氮4.5~5.5千克、磷肥 (P_2O_5) 5~6千克、钾肥 (K_2O) 2.5~3.5千克 (以硫酸钾为宜)；土壤有机质含量5%以上的地区，每亩底施纯氮3.5~4.0千克、磷肥 (P_2O_5) 4.0~4.5千克、钾肥 (K_2O) 2~3千克 (以硫酸钾为宜)。选择抗倒、耐密品种。播前精选种子，做好发芽试验。进行药剂拌种或种子包衣，预防病虫害。

2. 在日平均气温6~7℃，地表解冻4~6厘米，播深3~5厘米，播后镇压。基本苗50万/亩，出苗后及时查苗，发现缺苗断垄应及时补种。田边地头要种满、种严。

3. 在3叶期结合化学除草每亩喷施纯氮0.25千克+20克硼酸+0.2千克磷酸二氢钾；3叶1心和4叶1心各镇压一次、壮秆防倒。

4. 拔节期应追肥灌水；促进成穗。可结合灌浆水追施2~3千克/亩尿素。

5. 及时浇好开花灌浆水，注意观察根腐病和白粉病发生情况，发现病情及时防治。注意观察地下害虫 (金针虫等)、蚜虫、黏虫、根腐病和赤霉病，及时防治。

6. 适时收获、防止穗发芽，确保丰产、丰收，颗粒归仓。

中国农业科学院作物科学研究所　黑龙江省农业科学院克山分院

第六章

常见小麦病虫草害防治技术

第一节　常见小麦病害防治技术

一、小麦锈病

小麦锈病俗称黄疸病，根据发病部位和病斑形状又分为条锈、叶锈和秆锈三种。小麦锈病在全国主要麦区均有不同程度发生，轻者麦粒不饱满，重者植株枯死，不能抽穗，历史上曾给小麦生产造成重大损失，一般发病越早损失越重。

1. 症状识别　"条锈成行叶锈乱，秆锈是个短褐斑"，这是区别3种锈病的口诀。条锈主要发生在叶片上，叶鞘、茎秆和穗部也可发病，初期在病部出现退绿斑点，以后形成黄色粉疱，即夏孢子堆，呈长椭圆形，与叶脉平行排列成条状；后期长出黑色、狭长形、埋伏于表皮下的条状疱斑，即冬孢子堆。叶锈病初期出现退绿斑，后出现红褐色粉疱（夏孢子堆），在叶片上不规则散生，后期在叶背面和茎秆上长出黑色椭圆形、埋于表皮下的冬孢子堆。秆锈为害部位以茎秆和叶鞘为主，也可为害叶片及穗部。夏孢子堆较大，长椭圆形至狭长形，红褐色，不规则散生，常合成大斑；后期病部长出黑色、长椭圆形至狭长形，散生、突破表皮、呈粉疱状的冬孢子堆。

2. 发病规律　病菌（主要以夏孢子和菌丝体）在小麦和禾本科杂草上越夏和越冬。越夏病菌可使秋苗发病。春季，越冬病菌直接侵害小麦或靠气流从远方传来病菌，使小麦发病，发病轻重与品种有密切关系，易感病的品种发病较重，春季气温偏高和多雨年份，植株密度较大，以及越冬病菌量或外来病菌较多时，易发生锈病流行。

3. 防治措施　选用抗（耐、避）病品种。药剂拌种：用粉锈宁按种子质量 0.03% 的有效成分拌种，或 12.5% 特谱唑按种子质量 0.12% 的有效成分拌种。叶面喷药：发病初期用 20% 粉锈宁乳油 30～50 毫升/亩，或 12.5% 特谱唑 15～30 克/亩，对水均匀喷雾防治。

二、小麦白粉病

小麦白粉病在全国各类麦区均有发生，尤其在高产麦区。由于植株生长量大、密度高，在田间湿度大时，白粉病更易于发生。目前在小麦产量有较大提高的同时，白粉病已上升为小麦的主要病害。发病后，光合作用受影响，造成穗粒减少，粒重降低，特别严重时可造成小麦绝产。

1. 症状识别　发病初期叶片出现白色霉点，逐渐扩大成圆形或椭圆形的病斑，上面长出白粉状的霉层（分生孢子），后变成灰白色至淡褐色，后期在霉层中散生黑色小粒（子囊壳），最后病叶逐渐变黄褐色而枯死。

2. 发病规律　病菌（子囊壳）在被害残株上越冬。春天放出大量病菌（子囊孢子）侵害麦苗，以后在被害植株上大量繁殖病菌（分生孢子），借风传播再次侵害健株。小麦白粉病在 0～25℃ 均能发展，在此范围内随温度升高发展速度快；湿度大有利于孢子萌发和侵入，植株群体大，阴天寡照，氮肥过多时有利于病害发生发展。

3. 防治措施　选用抗病品种。适当控制群体、合理肥水促控、健株栽培、提高植株抗病力。药剂防治：用粉锈宁按种子质量 0.03% 的有效成分拌种，可有效控制苗期白粉病，并可兼治锈病、纹枯病和黑穗病等病害；或用粉锈宁可湿性粉剂按有效成分 7～10 克/亩，对水喷雾防治。

三、小麦纹枯病

小麦纹枯病在我国冬麦区普遍发生，主要引起穗粒数减少，千粒重降低，还可引起倒伏，或形成白穗等，严重影响产量。

1. 病状识别 叶鞘上病斑为中间灰白色、边缘浅褐色的云纹斑，病斑扩大连片形成花秆。茎秆上病斑呈梭形、纵裂，病斑扩大连片形成烂茎，不能抽穗，或形成枯白穗，结实少，籽粒秕瘦。

2. 发病规律 病菌以菌核在土壤中或菌丝在土壤中的病残体上存活，成为初侵染源。小麦群体过大，肥水施用过多，特别是氮肥过多，田间湿度大时，病害容易发生蔓延。

3. 防治措施 选用抗病性较好的品种。控制适当群体，合理肥水促控，适当增施有机肥和磷、钾肥，促进植株健壮，提高抗病力，并及时除草。药剂拌种：用 50％利克菌以种子质量的 0.3％，或 20％粉锈宁以种子质量的 0.15％，或 33％纹霉净以种子质量 0.2％的药量拌种。药剂喷雾：用 5％井冈霉素 100～150 克/亩，或 20％粉锈宁乳油 40～50 毫升/亩，或 50％扑海因 300 倍液均匀喷雾，防治 2 次可控制病害，拌种结合早春药剂喷雾防治效果更好。

四、小麦赤霉病

小麦赤霉病俗称烂麦穗头，在全国各类麦区均可发生，但一般在南方麦区发生较重，北方较轻。一般流行年份可造成严重减产，且病麦对人、畜有毒，严重影响面粉品质和食用价值。

1. 症状识别 此病苗期到穗期都有发生，可引起苗枯、基腐、穗腐和秆腐等症状，其中以穗腐为害最大。穗腐：小麦在抽穗扬花期受病菌侵染，先在个别小穗上发病，后沿主穗轴向上、下扩展至邻近小穗，病部出现水渍状淡褐色病斑，逐渐扩大成枯黄色，后生成粉红色霉层（分生孢子）。后期出现黑色颗粒（子囊壳）。秆腐：初期在旗叶的叶鞘基部变成棕褐色，后扩展到节部，上面出现红色霉层，病株易折断。苗枯：幼苗受害后芽鞘与根变褐枯死。基腐：从幼苗出土到成熟均可发生，初期茎基部变褐、变软腐，以后凹缩，最后麦株枯萎死亡。

2. 发病规律　小麦赤霉病菌在土表的秸秆残茬上越冬。春季形成子囊壳，产生子囊孢子，经气流传播至小麦植株，病害发生受天气影响很大。在有大量菌源存在条件下，于小麦抽穗至扬花期遇到天气闷热，连续阴雨或潮湿多雾，容易造成病害流行。

3. 防治措施　选用抗病品种。药剂防治：多菌灵为最有效的药剂。在小麦齐穗期，用多菌灵有效成分 40～50 克/亩对水均匀喷洒于小麦穗部，一次用药即可起到很好的防治效果。另外，特谱唑对赤霉病也有防治作用。

五、小麦颖枯病

小麦颖枯病在全国各麦区都有发生，主要为害麦穗和叶片，叶鞘和茎秆也会发病。受害后籽粒不饱满，千粒重降低，影响产量，颖枯病一般在矮秆品种上更容易发生。

1. 症状识别　小麦颖枯病症状主要表现在麦穗上，有时在叶片、叶鞘和茎秆上也可见到。发病初期，颖壳尖端出现褐色病斑，后变成枯白色、边缘褐色病斑扩展至整个颖壳，其后在病斑上产生黑色小粒（分生孢子器），重者不能结实。叶片发病后，初期出现淡褐色小斑点，后扩大成椭圆形至不规则形斑块，病部中央灰白色，其上密布黑色小粒（分生孢子器），病斑多时，叶片卷曲枯死。叶鞘发病时变为黄褐色，致使叶片早枯。茎节受害则呈现褐色病斑，其上也产生黑色小粒，严重时茎秆呈暗色枯死。

2. 发病规律　颖枯病以病菌（分生孢子器及菌丝体）附着在病株残体上或种子表面越冬、越夏。秋季或春季，在适宜的环境条件下，放出大量病菌（器孢子）侵入植株后形成病斑，以后病菌在病株上又大量繁殖，靠风雨传播，引起田间再侵染。小麦颖枯病易在田间高温多湿条件下发生蔓延。

3. 防治措施　选用抗（耐、避）病品种。加强栽培管理，及时除草，合理运筹水肥，促进植株健壮，提高抗病能力。药剂拌种：用15％粉锈宁以种子质量的0.2％，或12.5％特谱唑以种子质量0.12％～0.3％的药量拌种。喷雾防治：用25％敌力脱100克/亩，或15％粉锈宁可湿性粉剂60～100克/亩，或多菌灵有效成分50～75克/亩，对水于扬花期喷雾防治。

六、小麦黄矮病

小麦黄矮病发生较广泛，在西北、华北和东北的小麦产区都有发生，可造成严重减产，一般感病越早，产量损失越大。重病麦田可减产30％以上。

1. 症状识别　主要症状表现为叶片变黄和植株矮化。秋苗和返青后，植株均可发病。秋苗感病后，植株明显矮化，分蘖减少，根系变浅，病叶叶尖逐渐退绿变黄，不能越冬或越冬后不能抽穗结实。返青后感病植株稍有矮化，上部叶尖开始发黄向叶片基部扩展呈黄绿相间的病斑。后逐渐枯黄，穗期感病仅叶尖发黄，造成穗小、千粒重降低。

2. 发病规律　黄矮病是由麦二叉蚜和麦长管蚜传毒引起，冬麦区蚜虫传毒主要发生在秋苗和返青期，春麦区主要发生在春季。其发生流行与蚜虫种群消长关系密切，而蚜虫的种群数量又收到降水和气温的影响，一般秋季小麦出苗后降水多，有翅蚜虫少，秋苗发病就少，反之，则发病多。一般冬暖而干燥有利于蚜虫增殖扩散，导致小麦发病较重。

3. 防治措施　选用抗耐病品种。药剂拌种：用种子质量0.3％的50％辛硫磷乳油对水拌种，并闷种24小时后播种。药剂喷雾：用40％乐果乳油1 000～2 000倍液，均匀喷雾，防治传毒害虫，可减轻病毒病发生和蔓延。

七、小麦丛矮病

小麦丛矮病在小麦产区分布广泛，小麦全生育期均可染病，对小麦生产造成威胁，重病麦田可减产30％以上。

1. 症状识别　病株严重矮化，分蘖无限增多，叶片多出现黄绿相间的条纹。秋苗发病多不能越冬而死亡，或勉强越冬而生长纤弱，不能抽穗。发病晚的叶色浓绿，心叶有条纹，植株矮化，茎秆粗壮，多数不抽穗或穗而不实，既使能结实的也是穗小粒少、秕瘦，粒重降低。

2. 发病规律　丛矮病由灰飞虱传毒引起，其传毒能力很强，1～2龄若虫易传毒，并可终生传毒，但不经卵传播。秋季小麦出苗后，灰飞虱从杂草或其他寄主迁入麦田为害传毒。红矮病由条纹叶蝉等昆虫传毒引起。叶蝉在病株上吸食获毒后可终生传毒，并经卵传播。秋季小麦出苗后，叶蝉成虫从杂草或其他越夏寄主迁入麦田为害传毒，一般早播麦田叶蝉量多，发病重，冬季温暖干燥时利于发病。黑条矮缩病由灰飞虱和白背飞虱传毒引起。病毒在寄主及带毒昆虫体内越冬、越夏，带毒昆虫吸食健株引起发病，获毒昆虫不经卵传毒。秋季小麦出苗后，飞虱由寄主迁入麦田为害、传毒。有利于飞虱繁殖迁移的气候条件也易造成此病的发生。

3. 防治措施

农业措施：选用抗耐病品种。清除杂草，消灭虫源。灌小麦越冬水，减少灰飞虱越冬量。

药剂拌种：用种子质量0.3％的50％辛硫磷乳油对水拌种，并闷种24小时后播种。

药剂喷雾：小麦出苗后，对有灰飞虱的麦田可用10％的叶蝉散可湿性粉剂每亩250克，或速灭威可湿性粉剂每亩150克，或25％的扑虱灵可湿性粉剂每亩25～30克，对水50千克均匀喷雾。或40％乐果乳油1 000～2 000倍液，均匀喷雾，防治传毒害虫，可减轻病毒病发生和蔓延。

八、小麦红矮病

小麦红矮病主要发生在西北、内蒙古和四川等地小麦产区，重病麦田可减产30％以上。

1. 症状识别　病株开始叶色深绿、色调不匀，叶片甚至叶鞘变为紫红色或黄色。最后全株呈红色或黄色，叶片黄化枯死，病株矮化，少数能抽穗但不实或粒秕。重病株心叶卷缩不能抽出，拔节前即死亡。

2. 发病规律　红矮病是由条纹叶蝉等昆虫传播的病毒病，叶蝉在病株上吸食获毒后可以终身带毒、传毒。小麦苗期易受叶蝉为害传毒，拔节后抗性增强。早播麦田叶蝉发生量大，发病重，冬季较温暖干燥的年份有利发病。

3. 防治措施　参照丛矮病防治措施。

九、小麦梭条斑花叶病毒病

小麦梭条斑花叶病毒病是土传病毒病，主要分布于我国长江流域、黄淮及西北小麦产区。重病麦田可减产30％以上。

1. 症状识别　小麦苗期开始发病，初期病株新叶出现退绿的梭形条斑，与绿色组织相间，形成花叶症状；拔节后症状明显，后期病斑逐渐扩散增多，整个病叶发黄枯死。发病植株矮化，分蘖减少，穗短小。

2. 发病规律　该病是由一种多黏菌传播的病毒病，多黏菌休眠孢子可在土壤中长期存活。主要通过病土、病根残体和病田流水自然传播，冬小麦秋播出苗后可被感染，但不表现症状，第二年返青后开始出现病症。小麦越冬期病毒呈潜伏状态，小麦成熟前形成休眠孢子，麦收后病毒随休眠孢子越夏。

3. 防治措施　选用抗耐病品种。合理调整作物布局，小麦与肥禾本科作物（非寄主作物）实行稻茬轮作。零星发病可用溴甲烷，二溴乙烷或冰醋酸等进行土壤处理。

十、小麦土传花叶病毒病

小麦土传花叶病毒病主要发生在长江中下游冬麦区、西南冬麦区及黄淮冬麦区，主要为害小麦，也可为害大麦。发病麦田可造成10％～70％的产量损失。

1. 症状识别　发病初期新叶产生退绿小点或小条斑，随病情发展，逐渐扩大形成黄绿相间的斑块，后形成不规则的淡黄色条斑或斑纹，呈黄色花叶状。小麦秋苗很少表现症状，早春症状明显。感病小麦植株矮化，穗小粒少，籽粒瘦瘪。

2. 发病规律　该病是由一种多黏菌传播的病毒病，侵染循环与小麦梭条斑花叶病毒病相似。主要以土壤及病残体传播。带病毒的多黏菌侵染小麦幼苗根部，小麦成熟前形成休眠孢子堆，病毒在休眠孢子堆中越夏。低温高湿有利于多黏菌生长发育，土壤温度15～18℃，且湿度较大时有利于休眠孢子萌发和游动孢子侵染。小麦秋苗感病后一般不表现症状，第二年返青后症状明显。

3. 防治措施　参考梭条斑花叶病毒病的防治措施。

十一、小麦黑条矮缩病

黑条矮缩病除为害小麦外，还可为害大麦、玉米、水稻、高粱、谷子等作物，在小麦玉米的主要产区均有不同程度发生。小麦黑条矮缩病主要发生在长江中下游冬麦区。

1. 症状识别　发病幼苗生长缓慢，叶色深绿，分蘖增多，在新叶两侧边缘产生锯齿状缺刻。植株矮化，不能抽穗。拔节后发病的植株较矮，叶色浓绿，叶片刚直，抽穗迟、穗小粒秕。

2. 发病规律　黑条矮缩病是由灰飞虱和白背飞虱传播的病毒病。病毒在寄主植物及带毒昆虫体内越冬、越夏。带毒昆虫吸食健株引起发病。本病发生主要是在晚稻收获后，由飞虱迁入麦田造成的。晚稻田飞虱数量和发病情况对小麦发病有重要影响。晚稻田飞虱越多，发病越重，小麦发病越重。

3. 防治措施　选用抗耐病品种，创造不利于传毒昆虫发生的条件。药剂防治参考小麦丛矮病防治措施。

十二、小麦腥黑穗病

小麦腥黑穗病是世界性病害，我国大部分麦区均有发生。我国发生的主要有网腥黑穗病和光腥黑穗病，主要为害麦穗和籽粒，小麦发病可导致严重减产，且使籽粒及面粉品质降低。

1. 症状识别　病株一般较矮，分蘖增多，病穗较短而直立，初为灰绿色，后变为灰白色，颖壳外张露出病粒，病粒短而肥，外包一层灰褐色膜，内充满黑粉。由于病菌的冬孢子内含三甲胺，故带有鱼腥味，腥黑穗病因此而得名。

2. 发病规律　腥黑穗病是由真菌引起的病害，其形成的黑粉即为病菌的冬孢子，条件适宜时冬孢子萌发侵染小麦。腥黑穗病属幼苗侵染型，其病菌（黑粉）在脱粒时飞散，可黏附于种子表面或落入田间土壤，小麦播种发芽时，冬孢子从叶鞘侵入麦苗，随植株生长，最终在穗部造成为害，一年只侵染一次；小麦芽鞘出土后只有通过伤口才能侵入，一般地下害虫为害重的地块发生较重。

3. 防治措施　选用抗病品种。建立无病种子田。药剂拌种：可用三唑酮（粉锈宁）按种子质量的 0.3％有效成分拌种，或用12.5％特谱唑按种子质量的 0.3％～0.5％拌种；或50％多菌灵可湿性粉剂 100 克，对水 5 千克，拌种 50 千克。拌种后堆闷 6

小时后播种。

十三、小麦散黑穗病

小麦散黑穗病在我国各类麦区均有发生，在冬麦区长江流域发生较重，在春麦区东北地区发病较重。发病后直接为害麦穗，造成减产。

1. 症状识别　病株抽穗略早，其小穗全部为病菌破坏，子房、种皮和颖片均变为黑粉，初期病穗外包一层灰色薄膜，病穗抽出后不久膜即破裂，黑粉（厚垣孢子）随后飞散，仅剩穗轴。

2. 发病规律　散黑穗病是由真菌引起的病害，其形成的黑粉即为病菌的冬孢子，条件适宜时冬孢子萌发形成孢子侵染小麦。散黑穗病属花器侵染型，带菌种子是传播此病的唯一途径。病害发生与空气湿度关系很大。扬花期若空气湿度大，阴雨多，对病菌冬孢子萌发和侵入有利。一般当年种子带菌率高，次年发病就重。

3. 防治措施　选用抗病品种。建立无病种子田。药剂拌种：可用三唑酮（粉锈宁）按种子重量的 0.3% 有效成分拌种，或用 12.5% 特谱唑按种子质量的 0.3%～0.5% 拌种；或 50% 多菌灵可湿性粉剂 100 克，对水 5 千克，拌种 50 千克。拌种后堆闷 6 小时后播种。喷药防治：20% 三唑酮，或 50% 多菌灵，或 70% 甲基托布津等药剂在发病初期进行喷雾防治。

十四、小麦秆黑粉病

小麦秆黑粉病在我国多数小麦产区均有发生，但主要发生在北部冬麦区。

1. 症状识别　小麦幼苗期即可发病，拔节后开始表现症状。发病部位主要在小麦茎秆、叶鞘和叶片上。感病部位初期呈淡灰色条纹与叶脉平行，孢子堆逐渐隆起，最后导致表皮破裂，散出黑粉（厚垣孢子）。发病植株矮小畸形，分蘖增多。多数病株不能抽穗即枯死，少数能抽穗的也多不能结实或籽粒秕瘦。

2. 发病规律 以土壤传播为主，小麦收获前病株上的厚垣孢子落入土中，收获后部分病株遗留田间，翻入土中，病菌孢子在干燥地区的土中可存活 3～5 年，带病的种子也可传播。小麦播种后，病菌在幼苗出土前从叶鞘侵入生长点，进而侵入叶片、叶鞘和茎秆。该病发生程度与小麦发芽期土壤温度有关，一般土温平均在 14℃以下或 21℃以上都不适宜病菌侵染。以 20℃最适宜侵染。病菌只侵染未出土的小麦幼芽，播种时墒情差、播种过深等不利于小麦出苗的情况都可能加重病害发生。

3. 防治措施 参照小麦散黑穗病的防治措施。

十五、小麦全蚀病

小麦全蚀病广泛分布于世界各主要小麦产区，是一种毁灭性病害。在我国华北、西北均有发生。近年来病害蔓延到长江流域，在局部造成严重为害。一般发病麦田减产 10%～20%，重者可达 50%以上，甚至绝收。除为害小麦外，还能为害杂草和其他麦类作物，以及玉米、谷子等禾本科作物。

1. 症状识别 小麦全蚀病在整个生育期均可发生，主要为害植株根部和茎基部。幼苗期轻病株地上部没有明显症状；重病株略矮，根变黑，严重时造成成片枯死；拔节期病株叶片自下而上发黄，根变黑，茎基部及叶鞘内侧产生灰褐色菌丝层；抽穗灌浆期病株出现早枯的穗，根全变黑、腐烂，茎基层叶鞘内侧布满黑褐色菌丝层，形成典型"黑脚"症状，潮湿条件下，在菌丝层上形成黑色的子囊壳。由于基部受害，受害株略矮化，叶变黄，分蘖少，重者枯死或形成白穗。

2. 发病规律 小麦全蚀病菌寄主很广。该病的初次侵染源主要是带菌的土壤、种子和粪肥。土壤温度在 12～18℃时，适于侵染。小麦播种越早，发病越重。小麦全蚀病在田间有自然衰退现象，即一般地块连续发病数年，病情加重至高峰后，会衰退下降，即所谓"病害搬家"。

3. 防治措施　选用抗病品种及合理轮作。药剂拌种：用20％粉锈宁乳油按种子质量 0.03％～0.05％有效成分拌种，或用种子质量 0.2％的 20％立克秀和 50％多菌灵混合拌种，不仅可防治全蚀病，还可兼治小麦纹枯病和根腐病。药剂喷雾：用20％粉锈宁乳油对水，于早春返青拔节期，对重病田进行喷雾防治。

十六、麦类麦角病

麦角病在我国分布广泛，尤其以黑龙江、河北、新疆和内蒙古等地区发生较多。主要为害黑麦，也为害小麦和大麦。

1. 症状识别　病菌主要为害花部，花器受侵染后先产生黄色蜜状黏液，其后花部逐渐膨大变硬，形成紫黑色长角状菌核，称为麦角，突出穗外。麦角的大小与寄主植物有关，一般长 1～3 厘米，直径 0.8 厘米左右。

2. 发病规律　病菌菌核在土壤中越冬，一般只能存活一年，春季菌核萌发出土，产生大量子囊孢子，借风、雨、昆虫等传播到寄主植物花部，不断侵染小花，开花期越长，侵染越多。春季地面湿润时，有利于菌核发芽，寄主植物开花期间遇雨有利于病菌传播和侵染。

3. 防治措施　一是选用不带菌核的种子；二是清除杂草和自生麦苗，减少菌源；三是秋季深耕，将菌核深埋土中，使其不易发芽或发芽后不易出土；四是非禾本科作物倒茬轮作。

十七、小麦根腐病

小麦根腐病俗称白穗病。全国各类麦区均有不同程度的发生，在东北春麦区以苗腐、叶枯和穗腐为主，西北麦区主要为害根部和茎基部，近年来有加重发生的趋势，据调查，在大田病穗率达到 5％时，产量损失可达 3％以上；病穗率达 15％时，产量损失 10％以上。

1. 症状识别 小麦叶、茎、根、穗、粒均可受害，但以根茎部受害为主。在茎秆基部、叶鞘形成黑褐色条斑或梭形斑，根部产生褐色或黑色病斑，引起不同程度的茎腐或根腐，进而造成死苗、死茎或死穗。叶片病斑初为梭形小褐斑，后扩大成椭圆形或较长的不规则形，病斑可相互连成大块枯死斑，严重时造成整个叶片枯死。穗部受害时，初在颖壳上形成不规则病斑，穗轴和小穗枝梗变成褐色，进而造成死穗或籽粒秕瘦。种子受害时，病粒胚尖或全胚呈黑褐色。根腐病也可以发生在胚乳的腹背或腹沟部位，病斑梭形，边缘褐色，中间白色，形成花斑粒。

2. 发病规律 小麦根腐病是一种比较严格的土壤寄居菌引起的，其病菌在土壤中适应范围比较狭窄，病残体的菌丝体是小麦根腐病的主要初侵染源。本病在整个生育期都可发生，但以苗期侵染为主。病菌可以从幼苗种子根、胚芽、胚芽鞘、节间侵入组织，侵染越早发病越重。禾谷类作物的连作及一年两熟地区小麦、玉米复种或间作套种，有利于病菌的积累和传递，土壤 pH 高、有机质少、肥力低下的土壤以及冬、春低温和后期干热风等不良因素都会加重病害的发生。

3. 防治措施 一是选用抗病和抗逆性强的品种，并要合理轮作，适当倒茬，破坏病菌的传递链。二是培肥地力，加强小麦管理，培育壮苗，增强小麦的抗病能力。三是化学防治。药剂拌种用 6％立克秀悬浮种衣剂进行种子处理。大田喷药可用 20％粉锈宁乳剂，或 15％粉锈宁可湿性粉剂，按药品使用说明进行喷雾防治，还可兼治纹枯病和白粉病。

十八、小麦霜霉病

小麦霜霉病是一种分布较广的土传病害，在我国北部冬麦区、黄淮冬麦区、长江中下游麦区、西北麦区等地均有发生，一般田块发病率在 5％以下，重病田可达 40％以上。一般麦田发病

率 5％时，产量损失 2％左右；发病率 20％，产量损失 10％
左右。

1. 症状识别 小麦全生育期均可发病，使整个植株表现症状，春小麦苗期、冬小麦返青后开始出现症状，病株矮小，叶色淡绿，心叶黄白色、较细，有时扭曲，叶肉部分较黄，呈条纹状。在低温潮湿条件下，病叶可见白色小点（病菌孢子囊），孢子囊多而密时，形成较厚的灰白霜层。部分病株在拔节前枯死，未死病株拔节后明显矮化，叶部可见条纹；旗叶宽大肥厚，叶面扭曲不平，旗叶和穗畸形，籽粒秕瘦。

2. 发病规律 在淹水的情况下，病菌自幼苗侵入。病残组织中的卵孢子是病害的初侵染源，它们可在土壤中越冬，也可夹杂在种子中越冬和传播。野燕麦、披碱草等杂草上的菌源也是初侵染源之一。淹水有利于卵孢子的萌发和侵入，麦田中低洼淹水处发病重，淹水时间越长发病越重。小麦重茬也有利于发病。

3. 防治措施 一是选用抗病品种，小麦品种对霜霉病抗性有明显差异，因此要淘汰感病品种，选用抗病性强的优良品种。二是种子处理，用 35％阿普隆 100～150 克拌种子 50 千克，或 15％甲霜灵 75 克拌种子 50 千克，拌后立即播种。三是加强管理，适当轮作。平整土地，适量灌水，避免苗期田间淹水。与非禾本科植物轮作，及时清除田间杂草及病残组织，减少初侵染源。

十九、小麦粒线虫病

小麦粒线虫病在全国各麦区都有发生，除为害小麦外，还能侵害黑麦、燕麦等。

1. 形态特征 成虫肉眼可见，虫体线形，两端尖，头部较钝圆。雌虫肥大卷曲成发条状，大小为 3～5 毫米×0.1～0.5 毫米；雄虫较小，不卷曲，大小为 1.9～2.5 毫米×0.07～0.10 毫米。产卵于绿色虫瘿内，散生，长椭圆形。1 龄幼虫盘曲在卵壳内，2 龄幼虫针状，头部钝圆，尾部细尖。

2. 为害症状 小麦受害后，全生育期均能表现症状。苗期受害分蘖增多，植株矮小，叶片皱缩，茎秆弯曲，节间缩短，心叶抽出困难导致变形，甚至枯死。受害植株麦穗短小，颜色深绿，难以黄熟。穗期表现病穗颖壳开张，可见虫瘿，初为深绿，后变褐色呈坚硬小粒，顶端有小沟，虫瘿比健粒粗短，若加一滴水，可见有线虫游出。

3. 发生规律 虫瘿内的幼虫抵抗不良环境的能力极强，混杂在种子中的虫瘿是远距离传播的主要来源。当虫瘿与小麦种子同时播入土壤中后，虫瘿吸水变软后，幼虫钻出虫瘿，小麦出苗后，幼虫侵入小麦组织，随幼苗生长向上爬行为害叶片、幼穗，在种子内营寄生生活。

4. 防治措施 一是选用无病种子，加强检疫，防止带有虫瘿的种子远距离传播。清除麦种中的虫瘿，可用清水选，将麦种倒入清水中迅速搅动，捞出上浮的含虫瘿麦种，整个操作应在 10 分钟内完成，以防止虫瘿麦种吸水下沉。也可用 20％盐水选，具体步骤同清水，但清除虫瘿效果更好。二是药剂处理种子，用甲基异柳磷按种子质量的 0.2％拌种，每 100 千克种子用药 200 克对水 20 千克，均匀拌种后闷种 4 小时，即可播种。

二十、小麦叶枯病

小麦叶枯病是世界性病害，由多种病原菌引起。在我国主产麦区均有发生。小麦受害后，籽粒灌浆不饱满，粒重下降，造成减产。

1. 症状识别 主要为害小麦叶片和叶鞘，有时也为害穗部和茎秆。小麦拔节至抽穗期为害最重，受害叶片最初出现卵圆形浅绿色病斑，逐渐扩展连接成不规则黄色病斑。病斑继续发展，可使叶片变成枯白色。病斑上散生黑色小粒，即病菌的分生孢子器。一般下部叶片先发病，逐渐向上发展。

2. 发病规律 在冬麦区，病菌在小麦残体或种子上越夏，秋季侵入幼苗，以菌丝体在病株上越冬，来年春季病菌产生分生孢子传播为害。春麦区，病菌在小麦残体上越冬，来年春季产生分生孢子传播为害。小麦残体和带菌种子是病害的主要初侵染源，低温多湿有利于此病的分生和扩展。

3. 防治措施 一是选用抗病、耐病品种。二是药剂拌种，用6％的立克秀悬浮种衣剂按种子质量的0.03％～0.05％（有效成分）或三唑酮按种子质量的0.015％～0.02％（有效成分）拌种，或用50％多菌灵可湿性粉剂0.1千克，对水5千克，拌种50千克，然后闷种6小时，可兼治腥黑穗病。三是田间喷药，重病区，于小麦分蘖前期用多菌灵或百菌清喷雾防治，每隔7～10天喷1次，连喷2次，可有效控制叶枯病的为害。

二十一、小麦雪腐病

小麦雪腐病是真菌性病害，主要发生在新疆冬春麦区的冬小麦产区。严重发生的年份，田间病株死亡率可达50％以上，造成缺苗断垄，减产严重。

1. 症状识别 主要为害小麦幼苗的根、叶鞘及叶片，受害部位满布灰白色松软菌丝，随后形成褐色或黑色菌核，叶片呈水浸状。病部组织烂腐、病叶极易破碎，导致植株萎伏地面枯死。一般容易发生在有雪覆盖或刚刚融化的麦田。

2. 发病规律 菌核脱落田间或混入粪肥中，以菌核随病残体在土壤或粪肥中生活，成为以后感染的主要来源。秋季土壤湿度适宜时，菌核萌发产生担孢子，借气流传播，从根、叶和叶鞘处侵入。低温高湿的环境有利于雪腐病发生，在新疆过晚播种的冬小麦容易发病。

3. 防治措施

（1）选用抗病品种。

（2）合理轮作。雪腐病主要是土壤传播，合理轮作可有效减轻控制病害发生，适宜轮作的作物有玉米、苜蓿、大豆、棉花等，也可以和春小麦倒茬，避开冬季积雪造成的发病条件。

（3）药剂拌种。用 40％多菌灵超微可湿性粉剂按种子质量0.3％拌种，防效可达 90％以上。

第二节 常见小麦虫害防治技术

一、麦蚜

麦蚜在全世界都有分布，可为害多种禾本科作物。从小麦苗期到乳熟期都可为害，刺吸小麦汁液，造成严重减产，麦蚜还可传播小麦黄矮病病毒。麦蚜可分为麦长管蚜（在全国主要麦区均有发生）、麦二叉蚜（主要分布在北方冬麦区）、禾缢管蚜（主要分布在华北、东北、华南、西南各麦区）和麦无网长管蚜（主要分布在河北、河南、宁夏、云南等地）4 种，是小麦的主要害虫。

1. 形态特征

麦长管蚜：成蚜椭圆形体长 1.6～2.1 毫米，无翅雌蚜和有翅雌蚜体淡绿色、绿色或橘黄色，腹部背面有 2 列深褐色小斑，腹管长圆筒形，长 0.48 毫米，触角比体长，又有"长须蚜"之称。

麦二叉蚜：成蚜椭圆形或卵圆形，体长 1.5～1.8 毫米，翅雌蚜和有翅雌蚜体均为淡绿色或绿色，腹部中央有一深绿色纵纹，腹管圆珠笔筒形，长 0.25 毫米，触角比体短，有翅雌蚜的前翅中脉分为 2 支，故称"二叉蚜"。

禾缢管蚜：成蚜卵圆形，体长 1.4～1.6 毫米，腹部为深绿色，腹管短圆筒形，长 0.24 毫米，触角比体短，约为体长的2/3，有翅雌蚜的前翅中脉分支 2 次，分叉较小。

麦无网长管蚜：成蚜长椭圆形，体长 2.0～2.4 毫米，腹部白绿色或淡赤色，腹管长圆形，长 0.42 毫米，翅脉中脉分支 2

次，分叉大，触角为体长的 3/4。

2. 发生规律 麦蚜在温暖地区可全年孤雌生殖，不发生性蚜世代，表现为不全周期型；在北方则为全生活周期型。从北到南一年可发生 10～30 代。小麦出苗后，麦蚜即可迁入麦田为害，到小麦灌浆期是麦田蚜虫数量最多、为害损失最重的时期。蜡熟期产生大量有翅蚜飞离麦田，秋播麦苗出土后又迁入麦田为害。

3. 防治措施 防治标准：在小麦扬花灌浆初期百株蚜量超过 500 头，天敌与麦蚜比在 1∶150 以下时，应及时喷药防治。药剂防治：每亩用 90％万灵粉 10 克，或 40％乐果乳油 40 毫升，或 2.5％敌杀死乳油 10 毫升，对水 50 千克，均匀喷雾。

二、小麦吸浆虫

小麦吸浆虫分为麦红吸浆虫和麦黄吸浆虫两种。麦红收浆虫主要分布在黄淮流域以及长江、汉水和嘉陵江沿岸产麦区；麦黄吸浆虫主要发生在甘、青、宁、川、黔等省（自治区）高寒、冷凉地带。小麦吸浆虫是一种毁灭性害虫，可造成小麦严重减产。

1. 形态特征 麦红吸浆虫成虫体橘红色、密被细毛，体长 2.0～2.5 毫米，触角基部两节橙黄色，细长，14 节念珠状，各节具两圈刚毛；足细长，前翅卵圆形透明，翅脉 4 条，后翅为平衡棒，腹部 9 节。幼虫长 2.5～3.0 毫米，长椭圆形，无足蛆状。麦黄吸浆虫成虫体鲜黄色，其他特征与麦红吸浆虫相似。

2. 发生规律 两种吸浆虫多数 1 年 1 代，也有 1 年多代，以幼虫在土中做茧越夏、越冬，翌春由深土层向表土移动，遇高湿则化蛹羽化，抽穗期为羽化高峰期。羽化后，成虫当日交配，当日或次日产卵。麦红吸浆虫只产卵在未扬花麦穗或小穗上，扬花后即不再产卵。麦黄吸浆虫主要选择在刚抽出的麦穗上产卵。吸浆虫的幼虫由内外颖结合处钻入颖壳，以口器锉破麦粒果皮吸取浆液。小麦接近成熟时即爬到颖壳外或麦芒上，随雨滴、露水弹落入土越夏、越冬。

3. 防治措施 选用抗虫品种。在重发区实行轮作倒茬。药剂防治：在小麦抽穗时、成虫羽化出土或飞到穗上产卵时结合治蚜，喷撒甲敌粉，或用 40％乐果乳油，或 50％辛硫磷乳油，或 80％敌敌畏乳油 2 000 倍液，或 20％杀灭菊酯乳油 4 000 倍液喷雾防治。

三、麦蜘蛛

麦蜘蛛是取食麦类叶、茎的害螨，在我国主要有麦长腿蜘蛛和麦圆蜘蛛两种。麦长腿蜘蛛主要发生于北纬 34°～43°地区，即长城以南、黄河以北的麦区，以干旱麦田发生普遍而严重。麦圆蜘蛛主要发生在北纬 27°～37°地区，水浇地或低湿阴凉的麦田发生较重。有些地区两种蜘蛛混合发生。

1. 形态特征 麦蜘蛛一生有卵、幼虫、若虫、成虫 4 个虫态，麦长腿蜘蛛雌成螨体卵圆形，黑褐色，体长 0.6 毫米，宽 0.45 毫米，成螨 4 对足，第一对和第四对足发达。卵呈圆柱形。幼螨 3 对足，初为鲜红色，取食后呈黑褐色。若螨 4 对足，体色、体形与成螨相似。麦圆蜘蛛成螨卵圆形，深红褐色，背有一红斑，有 4 对足，第一对足最长。卵椭圆形，初为红色，渐变淡红色；幼虫有足 3 对。若虫有足 4 对，与成虫相似。

2. 发生规律 麦长腿蜘蛛在长城以南的黄淮流域一年发生 3～4 代，在山西北部一年发生 2 代，均以成螨和卵在麦田土块下、土缝中越冬。翌年 3 月越冬成螨开始活动，4 月中、下旬为第一代为害盛期，以滞育卵越夏。成、若螨有群聚性和弱的负趋光性，在叶背为害。麦长腿蜘蛛以孤雌生殖为主，也可部分进行两性生殖。麦圆蜘蛛一年发生 2～3 代，以成螨和卵在麦株、土缝或杂草上越冬。越冬成螨休眠而不滞育，气温升高时即开始活动，为害麦苗。3 月下旬种群密度迅速增加，形成第一个高峰。主要为害小麦叶片，其次为害叶鞘和嫩穗，麦圆蜘蛛为孤雌生殖，低洼潮湿麦田发生严重。

3. 防治措施　倒茬轮作，及时清理田间地头杂草可减轻麦蜘蛛为害。药剂喷雾：用 40％乐果乳油 1 000 倍液喷雾，或 20％哒螨灵 1 000～1 500 倍液，或 50％马拉硫磷 2 000 倍液喷雾防治，对两种麦蜘蛛均有较好防治效果。撒施毒土：用 5％乐果毒土顺垄撒施。

四、麦叶蜂

麦叶蜂俗称小黏虫，发生普遍，广泛分布于华北、东北、华东等地，常与黏虫混合发生。近年来，一些高产麦田随水肥条件改善和群体增加，麦叶蜂发生为害有上升趋势。麦叶蜂主要为害麦类，幼虫取食小麦或大麦叶片，严重时可将麦叶吃光。

1. 形态特征　成虫体长 8～9 毫米，雌蜂较大，雄蜂较小，体黑色而微有蓝色，前胸背板、中胸背板前盾片、翅基片赤褐色，翅膜质、透明，头部有网状花纹，复眼大，雌蜂腹末有锯齿状产卵器。卵肾形、淡黄色，长 1.8 毫米。幼虫 5 龄，体长 17.1～18.8 毫米，圆筒形，头褐色，胸腹部绿色，背面带暗蓝色。蛹长 9.0～9.8 毫米，初化蛹时为黄白色，羽化前棕黑色。

2. 发生规律　麦叶蜂 1 年 1 代，以蛹在土中越冬。翌年 3 月羽化为成虫，产卵于叶背主脉两侧的组织中。4 月上旬至 5 月上旬幼虫为害叶片。5 月中旬老熟幼虫入土做土室，滞育越夏，到 10 月中旬蜕皮化蛹越冬。成虫和幼虫均具假死性。冬季温暖，土壤墒情好时，越冬蛹成活率高，麦叶蜂则发生为害重。

3. 防治措施　人工捕杀：利用成虫和幼虫的假死性，傍晚时用捕虫网或簸箕捕杀。

药剂防治：在幼虫孵化盛期，当麦田每平方米有幼虫 50 头时，应用 40％乐果乳油 1 500 倍液，或 80％敌敌畏乳油 1 000 倍液，或 90％敌百虫 1 500 倍液，或 2.5％敌杀死乳油 4 000 倍液，

均匀喷雾防治。或用 2.5％敌百虫粉，1.5％乐果粉，每亩用
1.5～2.5 千克，喷粉防治。

五、麦秆蝇

麦秆蝇是我国小麦的重要害虫之一，除为害小麦外，也可为
害大麦和黑麦等。主要分布在冀、豫、鲁、晋、陕、甘、宁、
青、新及蒙等省（自治区），以幼虫蛀秆为害，造成减产。

1. 形态特征 雌成虫体长 3.7～4.5 毫米，体黄绿色，复眼
黑色，触角黄色，胸部背面有 3 条深色纵纹，幼虫体细长，呈淡
黄绿至黄绿色，口钩黑色。

2. 发生规律 在冬麦区1年发生4代，春麦区1年发生2代。
第一代幼虫是主要为害代，幼虫蛀茎为害，在分蘖拔节期造成枯
心苗，在孕穗期造成烂穗，在抽穗初期则造成白穗。在冬麦区以
幼虫在小麦秋苗上越冬，在春麦区以幼虫在野生寄主上越冬。

3. 防治措施 选用抗（避）虫品种。药剂防治：用 50％甲
基对硫磷乳油或 50％辛硫磷乳油 2 000 倍液喷雾，或用 80％敌
敌畏与 40％乐果乳剂 1∶1 混合 2 000 倍液喷雾，对成虫和幼虫
均有很好的防治效果。

六、麦茎蜂

麦茎蜂在我国分布较广，湖北、河南、陕西、甘肃和青海等
小麦产区均有发生。以幼虫在小麦茎秆中为害，小麦受害后极易
倒伏，造成减产。

1. 形态特征 成虫体长 8～11 毫米，黑色；触角丝状，19
节。咀嚼式口器。腹部黑色，腹部侧板前缘前角有一黄色斑，雄
成虫体形瘦小，腹部纤细。雌成虫体形较大，腹部丰满。

2. 发生规律 1年1代，以老熟幼虫在小麦根茬作茧越冬，4
月中旬至 6 月上旬化蛹，5 月上旬至 6 月下旬羽化，5 月中旬至 6
月中旬产卵，幼虫从 5 月下旬至 6 月中旬在小麦茎秆中取食为害。

3. 防治措施　以农业措施防治为主，化学防治为辅。重发区应进行深翻土壤，轮作倒茬。化学防治可采用土壤处理，在麦茎蜂羽化出土盛期，撒施甲基异柳磷毒沙，每亩用 40% 甲基异柳磷乳油 250～300 毫升拌沙土 30 千克，均匀撒入麦田。在成虫期也可以采用喷雾防治，用 90% 晶体敌百虫 2 000～3 000 倍液，或用 48% 乐斯本每亩用 25 毫升对水 50 千克喷雾。

七、蛴螬

蛴螬俗称地蚕，是多种金龟子的幼虫。在地下害虫中种类最多，为害最重，分布最广，我国的主要为害种类为铜绿丽金龟、大黑鳃金龟、暗黑鳃金龟及黄褐丽金龟，其食性很杂，可为害几乎所有的大田作物、蔬菜、果树等。幼虫主要咬食种子，幼苗、根茎及地下块茎、果实。成虫则为害豆类等作物及果树的叶片、花等组织。

1. 形态特征

铜绿丽金龟：成虫体长 16～22 毫米，宽 8～12 毫米，背部有铜绿光泽，并密布小刻点，腹面黄褐色，背部有两条纵肋。幼虫共 3 龄，老熟幼虫体长 30～33 毫米，体色污白，呈 C 形，头部前顶每侧 6～8 根刚毛，排成一列，肛门横裂型，肛腹板刚毛群中有 2 列平行的刺毛列，每列 15～18 根。

大黑鳃金龟：成虫体长 17～22 毫米，长椭圆形，黑褐色或深黑色，有光泽，鞘翅有 3 条明显纵肋，两翅合缝处也呈纵隆起，体末端较钝圆，幼虫乳白色，共 3 龄，老熟幼虫体长 40 毫米左右，头部橘黄色，前顶刚毛每侧 3 根，体弯曲成 C 形，肛腹板仅有钩状刚毛群，无刺毛列，肛门三裂型。

暗黑鳃金龟：成虫与大黑鳃金龟色相似，区别在于：体无光泽，却密被细毛，鞘翅 4 条纵肋不明显，体末端有棱边，幼虫区别在于头部前顶刚毛每侧 1 根，位于冠缝旁。

黄褐丽金龟：成虫体长 12～17 毫米，体型为长卵形，背赤褐色或黄褐色，有光泽，鞘翅上具有 3 条不明显纵肋，密生刻点。幼虫体长 25～35 毫米，呈 C 形，乳白色，头部前顶刚毛每侧 5～6 根，排成纵列。

2. 发生规律

大黑鳃金龟：2 年发生 1 代，以成虫和幼虫在土中隔年交替越冬。华北地区成虫 4～5 月出土为害，幼虫孵化后为害夏播作物或春播作物根系及块茎、果实，8 月以后为害加重，秋收后还可继续为害冬麦，后潜入深层土越冬。越冬幼虫出土后则为害春播作物种子、幼苗及冬麦苗，5～6 月份入土做土室化蛹，7 月为羽化期，而后刚羽化的成虫原地越冬。

铜绿丽金龟、暗黑鳃金龟、黄褐丽金龟：均 1 年 1 代，多以 3 龄幼虫在土中越冬，开春上升为害，4～5 月是为害盛期，5 月开始化蛹，6～7 月为羽化盛期，随即大量产卵，8 月进入 3 龄盛期，严重为害各种大秋作物及冬麦，9～10 月开始准备下移越冬。

金龟子多昼伏夜出，有强趋光性及假死性。还对未腐熟的厩肥及腐烂有机物有强趋性，幼虫在土中水平移动少，多因地温上下垂直移动。

3. 防治措施

主要以化学防治为主。药剂拌种：同蝼蛄防治。或者于生长期喷药、灌根等，可用 1.5% 乐果粉或 2.5% 敌百虫粉剂，每亩约 2 千克喷施能有效防治成虫；也可用上述药剂 1 000 倍液喷雾；还可用毒土撒施于行间，能防治幼虫及成虫（参照蝼蛄防治），或者用 50% 辛硫磷乳剂 300 毫升/亩，或用上述药剂，结合灌水灌入地中，均有效果。

诱杀成虫：可用黑光灯、未腐熟的厩肥（置于地边），诱杀成虫，能减少虫口及次年虫源。

八、金针虫

金针虫为叩头虫的幼虫，属多食性地下害虫，俗称铁丝虫、姜虫子，成虫俗称叩头虫。我国主要有3种为害最重：沟金针虫、细胸金针虫和褐纹金针虫。金针虫可为害多种作物（禾本科、薯类、豆类及棉麻、果菜等），幼虫咬食种子、幼苗、幼根（被害呈不规则丝状）、块根、块茎等。沟金针虫在我国分别范围较广，但北方较南方重。

1. 形态特征

沟金针虫：成虫体长14～18毫米，宽3～5毫米，雌虫较粗壮，雄虫较细长，棕褐色至深褐色，密被细毛，前胸背板半球状隆起，后角尖锐，后翅退化，鞘翅纵列不明显，老熟幼虫长20～30毫米，身体扁平，多金黄色，体背中央有一细纵沟，臀节背面斜截形，密布粗刻点，末端分叉，内侧有一对齿状突起。

细胸金针虫：成虫体长8～9毫米，宽2.5毫米，暗褐色或黄褐色密生黄茸毛，前胸背板略呈圆形，后角尖锐略向上翘，鞘翅狭长，每翅有9条纵列点刻。老熟幼虫体长23毫米左右，淡黄色，细长圆筒形，有光泽，臀节圆锥形，背面近基部有一对圆形褐斑，下有4条褐纵线，末端不分叉。

褐纹金针虫：成虫体长9毫米左右，宽3毫米，呈茶褐色，鞘翅上各有9条明显纵列刻点。幼虫体长25毫米左右，茶褐色，末端不分叉，但尖端有3个齿状突起。

3种金针虫的成虫均有叩头习性、假死性及趋光性，且对腐烂植株残体有趋性。

2. 发生规律

沟金针虫：每3年完成1代，以成虫和幼虫在土中做土室越冬。当年老熟幼虫8月份化蛹，9月份羽化，当年在原蛹室内越冬；越冬成虫3月出土，5月产卵于土下3～7厘米处，孵化后即开始为害，9月份进入第二次为害高峰，11月份开始进入越冬；越冬幼虫次年3～5月是为害盛期，可为害冬麦及春播作物种子及幼苗，9月份为再次为害高峰，为害秋播及大秋作物，幼虫在10厘米土温10～18℃时为害最盛，11月开始越冬。在有机质含量较少的土质疏松的沙土地较严重（土壤湿度为 15％～18％）该虫 6～8 月有越夏现象。

细胸金针虫：多为 2 年 1 代，以成虫和幼虫在土中越冬（深30～40 厘米），越冬成虫 3 月开始出土活动，5 月为产卵高峰期，孵出的幼虫随即开始为害作物，6 月份进入越夏期，9 月份又开始进入为害盛期，10～11 月份开始越冬。越冬幼虫 3～5 月份为为害高峰期，7 月为化蛹期，8 月份羽化后原地越冬。该虫幼虫较耐低温，10 厘米深土温 7～12℃ 为为害盛期，超过 17℃ 即停止为害，该虫春季为害早，秋季越冬迟，较严重。喜欢在有机质丰富的较湿的黏土地块生活（土壤湿度 20％～25％）。成虫对新鲜枯萎草堆有强烈趋性，故可用此来进行诱杀。此虫也有越夏现象。

褐纹金针虫：约 3 年完成 1 代，以幼虫和成虫越冬。越冬成虫在 5 月份开始为害，6 月份产卵，当年的幼虫即以 3 龄虫越冬，主要在 9 月份为第一次为害高峰。越冬幼虫 3 月份即开始为害，9 月份为第二次为害盛期，第三年的 7、8 月份，化蛹、羽化越冬。该虫适于高湿区（土壤湿度为 20％～25％），常与细胸金针虫混合发生，主要分布在西北、华北等地。

3. 防治措施　一是农业措施，可与棉花、油菜等金针虫不太喜欢的作物进行轮作。二是诱杀成虫，用新鲜草堆拌 1.5％ 乐果粉进行诱杀，也可用黑光灯诱杀。三是药剂防治，若每平方米有虫 4～5 头即应防治，方法参照蛴螬。

九、蝼蛄

蝼蛄俗名"拉拉蛄"，几乎为害所有农作物、蔬菜等，在我国为害最重的是华北蝼蛄和东方蝼蛄。是咬食作物地下根茎部及种子的多食性地下害虫，经常将植株咬成乱麻状，或在地表活动，钻成隧道，使种子、幼苗根系与土壤脱离不能萌发、生长。进而枯死，从而造成缺苗断垄或植株萎蔫停止发育。

1. 形态特征

华北蝼蛄：成虫体长 36～50 毫米，黄褐色（雌大，雄小），腹部色较浅，全身被褐色细毛，头暗褐色，前胸背板中央有一暗红斑点，前翅长 14～16 毫米，覆盖腹部不到一半；后翅长 30～35 毫米附于前翅之下。前足为开掘足，后足胫节背面内侧有 0～2 个刺，多为 1 个。

东方蝼蛄：成虫体型较华北蝼蛄小，为 30～35 毫米（雌大雄小），灰褐色，全身生有细毛，头暗褐色，前翅灰褐色长约 12 毫米，覆盖腹部达一半；后翅长 25～28 毫米，超过腹部末端。前足为开掘足，后足胫节背后内侧有 3～4 个刺。

2. 发生规律

华北蝼蛄：约 3 年 1 代，以成虫若虫在土内越冬，入土可达 70 毫米左右。第二年春天开始活动，在地表形成长约 10 毫米松土隧道，为调查虫口的有利时机，4 月份为害高峰期，9 月下旬为第二次为害高峰。秋末以若虫越冬。若虫 3 龄分散为害，如此循环，第三年 8 月份羽化为成虫，进入越冬期。其食性很杂，为害盛期在春、秋两季。

东方蝼蛄：多数 1～2 年 1 代，以成、若虫在土下 30～70 毫米越冬。3 月份越冬虫开始活动为害，在地面上形成一堆松土堆，即其隧道，4 月份为害高峰，地面可出现纵横隧道，其若虫孵化 3 天即开始分散为害，秋季形成第二个为害高峰，成为对秋播作物的暴食期。可在秋末、冬初部分羽化为成虫，而后成、若虫同时入土越冬。

两种蝼蛄均有趋光性、喜湿性，并对新鲜马粪及香甜物质有强趋性。卵产于卵室中，卵室深 5～25 毫米不等。

3. 防治措施

药剂拌种：可用 50% 辛硫磷，或 40% 乐果乳油，或 50% 对硫磷乳油，或 50% 地亚农乳油，或 50% 久效磷乳油，按种子质量的 0.1～0.2% 药剂和 10%～20% 的水对匀，均匀地喷拌在种子上，并闷种 4～12 小时再播种。

毒土、毒饵毒杀法：用上述药剂按每亩用 250～300 毫升，加水稀释 1 000 倍左右，拌细土 25～30 千克制成毒土，或用辛硫磷颗粒剂拌土，每隔数米挖一坑，坑内放入毒土再覆盖好。也可用炒好的谷子、麦麸、谷糠等，制成毒饵，于苗期撒施田间进行诱杀，并要及时清理死虫。还可用鲜马粪进行诱捕，然后人工消灭，可保护天敌。

十、叶蝉

叶蝉俗名浮尘子，在我国各作物上主要有大青叶蝉、黑尾叶蝉、白翅叶蝉、棉叶蝉等十多种，可以为害水稻、玉米、小麦等禾本科作物及大豆、棉花、马铃薯等作物，主要以成、若虫刺吸植株汁液，可使叶片枯卷、褪色、畸形，甚至全叶枯死。另外，该类虫还是病毒病的主要传播媒介。

1. 形态特征 成虫体长数毫米，形似蝉，体色有绿、白、黄褐等。头顶圆弧形，翅为半透明，革质，颜色、斑纹各异，成虫喜跳跃、飞翔，卵产于叶片背面或叶鞘组织上；若虫多 5 龄，体呈褐色、灰白、黄绿等色，3 龄以后出现翅芽，跳跃性好。该虫多群集为害，受惊后可斜向爬行或跳跃飞开。成虫有趋光性。

2. 发生规律 每年发生十数代不等，世代重叠严重，可以卵、成虫在植物皮缝、杂草及土缝中越冬。次年气温回升后，便开始活动，适宜气温为 20～30℃，北方多在 5～6 月份开始。气温高、天气阴湿有利于其发生为害，但大雨则可冲刷杀死大量虫口。因此，天气闷热时，要注意该虫的发展动态，预防灾情发生。由于其世代重叠，故为害高峰主要与天气有关，该虫可以进行迁飞，是病毒病的又一传播媒介，可以传播多种病毒，因此，对它的防治应是防治病毒病的前提。叶蝉在北方到 10 月份大秋作物收获后，便转移到菜类作物为害一段时间后，进入越冬状态。

3. 防治措施　选用抗虫、抗病品种。诱杀成虫可用黑光灯诱杀成虫，然后集中销毁。

药剂防治：于若虫低龄，或成、若虫群集时喷洒药剂防治，可用 2.5％敌百粉，2％叶蝉散粉剂或 5％西维因粉剂，每亩用 2.0～2.2 千克，喷粉即可；也可用 40％乐果乳剂 1 000～1 500 倍液，或 50％马拉硫磷等药剂均匀喷雾（要喷到害虫体上），主要集中于叶背面。

十一、黏虫

黏虫俗称行军虫、五色虫等，在全国大部分省（自治区）均有发生。主要为害麦类、玉米、谷子、水稻、高粱、糜子等禾本科作物和甘蔗、芦苇等。大发生时也可为害豆类、白菜、甜菜、麻类和棉花等。黏虫为食叶害虫，1～2 龄幼虫仅食叶肉，3 龄后蚕食叶片，5～6 龄为暴食期，大发生时，幼虫成群结队迁移，常将作物叶片全部吃光，将穗茎咬断，造成严重减产甚至绝收。

1. 形态特征　成虫体长 17～20 毫米，翅展 36～45 毫米，头、胸部灰褐色、腹部暗褐色，前翅中央有淡黄色圆斑及小白点 1 个，前翅顶角有一黑色斜纹，后翅暗褐色，基部色渐淡，缘毛白色。雄虫体稍小，体色较深。卵半球形，白色或乳黄色。幼虫共 6 龄，老熟幼虫体长 38 毫米，体色变化很大，从淡黄绿到黑褐色，密度高时，多为黑色，头红褐色，沿蜕裂线有一近八字形斑纹，体上有 5 条纵线。蛹长约 20 毫米，第 5～7 节背面近缘处有横脊状隆起，上具横列成行的刻点。

2. 发生规律　从北到南 1 年发生 2～8 代，成虫具有迁飞特性。第一代即能造成严重为害，以幼虫和蛹在土中越冬。3、4 月份为害麦类作物，5、6 月份化蛹羽化成虫，6、7 月份为害小麦、玉米、水稻和牧草，8、9 月份又化蛹羽化为成虫。成虫昼伏夜出，具强趋光性，繁殖力强，1 只雌蛾产卵 1 000 粒左右，在小麦上多产卵于上部叶片尖端或枯叶及叶鞘内。幼虫亦昼伏夜出为害，暴食作物叶片等组织，有假死及群体迁移习性。黏虫喜好潮湿而怕高温干旱；群体大、长势好的麦田有利于黏虫的发生为害。

3. 防治措施

诱杀成虫：在成虫羽化初期，用糖醋液或黑光灯或杨树枝诱杀成虫。

药剂防治：在幼虫 3 龄以前，每半方米有幼虫 20 头以上时，用 2.5% 敌百虫粉，或 5% 马拉松粉，或 3.5% 甲敌粉，或 5% 杀螟松粉，每亩用 1.5～2.5 千克喷粉防治；也可用 90% 敌百虫 1 000 倍液，50% 杀螟松 1 000 倍液，50% 辛硫磷 1 000～1 500 倍液，2.5% 敌杀死 3 000 倍液喷雾防治。

一般在田间发现病虫害时，要及时均匀喷药防治，时间掌握在上午 9 时以后，应避开阴雨天气，并应特别注意人身安全。

十二、麦穗夜蛾

麦穗叶蛾也称为麦穗虫。主要分布在内蒙古、甘肃、青海等省（自治区）。以幼虫为害初孵幼虫先取食穗部花器和子房，食尽后转移为害，2～3 龄后在籽粒中潜伏取食，4 龄后转移到旗叶吐丝缀连叶缘成筒状，日落后到麦穗取食，天亮前停食，每头幼虫可食害小麦 30 粒左右。

1. 形态特征　成虫体长 16 毫米，翅展 42 毫米左右，体黑褐色。前翅有明显黑色基剑纹，在中脉下方呈燕飞形，环状纹、肾状纹呈银灰色，边黑色。前翅外缘有 7 个黑点，密生缘毛；后翅浅黄褐色。卵呈圆形，初产为乳白色，后变灰黄色，卵面有菊花纹。幼虫呈灰褐色，末龄体长 33 毫米左右，头部有一浅黄色八字纹，背线白色。蛹黄褐色或棕褐色，长 18.0～21.5 毫米。

2. 发生规律　1 年 1 代，以老熟幼虫在田间表土下越冬。翌年 4 月底至 5 月中旬幼虫在表土做茧化蛹，蛹期 45～60 天。6 月中旬至 7 月上旬进入羽化盛期，成虫白天隐蔽在小麦植株或草丛下，黄昏时飞出活动，取食小麦花粉。在小穗颖内侧或子房上产卵，卵期约 13 天，幼虫 7 龄。幼虫为害期可达 60～70 天，9 月中旬幼虫开始在麦茬根际土壤内越冬。

3. 防治措施　一是诱杀成虫，利用成虫的趋光性，在 6 月上旬至 7 月下旬安装频振式杀虫灯或黑光灯诱杀成虫。二是化学防治，在幼虫 4 龄前喷洒菊酯类杀虫剂或 90% 晶体敌百虫 1 000～1 500 倍液，或 50% 辛硫磷乳油 1 000 倍液，每亩喷药液 50 千克。4 龄后幼虫白天潜伏，防治时应注意在日落后喷洒上述杀虫剂。

十三、小麦潜叶蝇

小麦潜叶蝇在华北部分麦田经常发生为害，被害株率一般在 10%～20%。潜入叶中的幼虫取食叶肉，仅存表皮，造成小麦减产。

1. 形态特征　成虫体长约 3 毫米，体黑色有光泽，前缘脉仅一次断裂，翅的径脉第一支刚刚到达横脉的位置。幼虫蛆状，体长 3.0～3.5 毫米，体表光滑，乳白色到淡黄色。

2. 发生规律　1 年发生 2 代，10 月中旬初见幼虫，11 月中旬为第一代幼虫盛期。11 月下旬入土化蛹，翌年 2 月底 3 月初羽化，4 月中旬为第二代幼虫高峰期，也是田间为害盛期，5 月初落土化蛹。4 月 10 日前幼虫主要为害下部叶片，4 月下旬主要为害上部叶片。

3. 防治措施　一是诱杀成虫，利用成虫的趋光性，在成虫羽化初期开始用黑光灯诱杀。二是药剂防治，在始盛期，每亩用 40% 乐果乳油 50 毫升，对水 50 千克均匀喷雾防治。

十四、麦蝽

麦蝽又名臭斑斑。主要分布于西北各省（自治区）、河北、山西、江苏、浙江、吉林等省也有分布。麦蝽以口器刺吸叶片汁液，使受害麦苗出现枯心，或叶片上出现白斑、扭曲或变枯萎。小麦生长后期被害可造成白穗或秕粒。

1. 形态特征　成虫体长9～11毫米，黄或黄褐色，前胸背板有一条白色纵纹，背部密生黑色点刻，小盾板发达。卵为鼓状，长1毫米，初产时白色，孵化前变灰黑色。若虫共5龄，体长8～9毫米，黑色，复眼红色，腹部节间黄色。

2. 发生规律　1年1代，以成虫及若虫在杂草（尤其是芨芨草）、落叶或土缝中越冬。4月下旬出蛰活动，先在杂草上取食，5月初迁入麦田，6月上旬产卵，卵期8天左右，6月中旬进入孵化盛期。若虫为害期40天左右，为害后成虫或老熟若虫迁回杂草，9月后陆续越冬。麦蝽白天活动，夜间或在盛夏中午躲藏在植株下部或土缝中，以下午13～15时最为活跃。成虫一般下午交尾，其后一天即可产卵，卵多产在植株下部或枯叶背面，每头雌虫可产卵20～30粒。一般茂密麦田发生偏重，灌水后易裂缝的黏土麦田比沙壤土麦田发生重。

3. 防治措施　一是农业防治，早春麦蝽出蛰前，清除并销毁越冬场所杂草，以减少虫源。二是化学防治，春季芨芨草或其他杂草返青时，越冬虫源多在芨芨草或其他杂草上取食，此时防治最为有效。可用90%敌百虫1.5～2.0克对水60千克喷雾，或80%敌敌畏乳油1 500倍液喷雾防治。

十五、小麦皮蓟马

小麦皮蓟马又名小麦管蓟马。主要分布在新疆麦区。小麦皮蓟马主要为害小麦花器，在灌浆时吸食籽粒浆液，造成小麦籽粒秕瘦而减产。此外，还可为害麦穗的护颖和外颖，使受害部位皱缩、枯萎。

1. 形态特征　成虫体长1.5～2.0毫米，黑褐色。翅2对，边缘有长缨毛，腹部末端延长或管状，称尾管。卵初产白色，后变乳黄色，长椭圆形。若虫无翅，初孵淡黄色，后变橙红色，触角及尾管黑色，蛹分前蛹即伪蛹，蛹比若虫长短，淡红色，四周生有白毛。

2. 发生规律 1年发生1代，以若虫在麦茬、麦根处越冬，在4月上、中旬日平均气温达到8℃时越冬若虫开始活动，5月上、中旬进入化蛹盛期，5月下旬开始羽化为成虫，6月上旬为羽化盛期，羽化后成虫为害麦株。成虫为害及产卵时间仅为2～3天。成虫羽化后7～15天开始产卵，卵孵化后，幼虫在6月上、中旬小麦灌浆期为害最盛，7月上、中旬陆续离开麦穗停止为害。小麦皮蓟马发生程度与前茬、小麦生育期等因素有关。连作或临作麦田发生重，抽穗期越晚为害越重。

3. 防治措施 一是栽培措施，合理轮作，适时播种，清除杂草，减少越冬虫源。二是化学防治，于小麦开花期用40%乐果乳油1 500倍液，或80%敌敌畏乳油1 000倍液，或50%马拉硫磷2 000倍液喷雾防治。

十六、薄球蜗牛

薄球蜗牛是一种雌雄同体、异体受精的软体杂食性动物，能为害小麦、大麦、棉花、豆类及多种十字花科和茄科蔬菜。对小麦主要是为害嫩芽、叶片及灌浆期的麦粒。

1. 形态特征 成贝体长35毫米左右，贝壳直径20～23毫米，灰褐色，共5层半，各层螺旋纹顺时针旋转。

2. 发生规律 1年发生1～1.5代，成螺或幼螺均能在小麦或蔬菜的根部或草堆、石块、松土下越冬，3～4月份开始活动，为害小麦嫩叶，在小麦抽穗灌浆期，夜间爬到麦穗上取食籽粒中的浆液。一般在低洼潮湿的麦田发生较重。

3. 防治措施 每平方米有蜗牛3～5头时，用蜗牛敌500克拌炒香的棉籽饼粉10千克，于傍晚撒施于麦田，每亩撒5千克。也可用90%敌百虫1 500倍液喷雾防治。

十七、麦蛾

麦蛾是我国各粮食产区的重要害虫之一，其为害程度仅次于玉米象，可为害所有禾谷类作物籽粒，使粮食在储藏期损失20%～40%，损失比较严重。主要以幼虫蛀食粮粒，并有转粒蛀食为害的习性。

1. 形态特征　成虫体长 6 毫米左右，翅展 12～15 毫米，体淡褐或黄褐色，形似麦粒或稻谷，有绸缎状光泽，头顶光滑，其前翅狭长，形似竹叶，翅面散有暗色鳞片构成的不规则小斑点，后翅则呈烟灰色，指状梯形；两翅均有缘毛，但后翅的缘毛较长，约为翅宽的 2 倍。幼虫体长 4～8 毫米，全身乳白色，头部为淡黄色。腹足退化，不明显，但每腹足有 2～4 个趾钩。

2. 发生规律　1 年可发生 2～7 代，甚至更多，经老熟幼虫在粮粒内越冬，室内田间均可繁殖。成虫羽化后多于粮堆表面产卵，卵产于籽粒的腹沟或护颖内侧等缝隙中，多成卵块形式，幼虫孵化后多从籽粒胚部或损伤口处蛀入为害，仅初孵龄幼虫能钻入粮堆深处为害，其余 93%～98% 在粮面以下 20 厘米内，其中约一半在 6 厘米深的顶层为害，在温度 20～30℃，相对湿度高时，有利于其发生。成虫的飞翔力较强，能飞到田间产卵于即将成熟的稻、麦等籽粒上，而后随粮食进入仓内孵化为害。

3. 防治措施　粮食入库前，进行暴晒。夏日晴天时将小麦摊在场上，厚 3～5 厘米，每隔半小时翻动一次，粮温上升到45℃以上时，连续保持 4～6 小时，将小麦水分降到 12.5% 以下，趁热入仓，加盖密封。将干燥的粮食密封，使其内缺氧，以窒息害虫。也可充入氮气或二氧化碳气等保护性气体。再者就是保证粮库通风，降低粮堆温度，则不利于害虫的生长繁殖。

药剂熏蒸：可用磷化铝、磷化钙等固体熏蒸剂，一片磷化铝可熏蒸小麦 400 千克，25 克磷化钙可熏蒸小麦 250 千克。或用敌敌畏、溴甲烷等液体熏蒸剂进行熏蒸，但使用时要严格按照使用说明进行，预防人员中毒、爆炸等恶性事故发生。

田间防治：于当地麦蛾产卵盛期至卵孵化高峰期，每亩可用50%辛硫磷乳油或40%乐果乳油75毫升对水50千克喷雾，以消灭卵和初孵幼虫。

十八、米象、玉米象、锯谷盗

米象、玉米象极其相似，但为害区域不太一样，米象主要为害在北纬27°以南，而玉米象则广泛分布于北纬27°以北。成虫主要为害禾谷类作物谷粒及其产品，也可为害豆类、油菜子、薯干、干果等。

锯谷盗可为害各种植物性贮藏品，尤以粮食、油料作物为害严重，是仓库害虫中数量多、分布最广的害虫之一，分布于全国各地。

1. 形态特征 米象和玉米象外形相似，因此，在生产防治上通常作为一个物种加以防治。成虫体长3.5～5.0毫米，呈圆筒形，褐色或深褐色，其头部额区延伸成啄状，在两鞘翅上各有2个黄褐色椭圆形斑纹。幼虫体长4.5～6.0毫米，背部隆起呈弯曲状，无足，体肥大且柔软，多皱褶。全身乳白色，仅头部淡黄色。玉米象和米象的区别主要在于其生殖器官的差异上。另外，玉米象体形较宽肥，米象较瘦窄；玉米象前胸沿中线的刻点数多于20个，而米象则少于20个；玉米象活动力大，分布广，为害大，其种族发育历史较短。

锯谷盗成虫体长2.5～3.5毫米，细长而偏，深褐色，无光泽，背面密被淡黄色细毛。头部长梯形，前端粗窄，表面粗糙，黑色小眼。前胸背板每侧各有6个齿，尤以第一、第六齿明显，背面有3条明显的纵隆线，被密毛，鞘翅较长，两侧近于平等；幼虫体长4.0～4.5毫米，细长筒形、灰白色，腹部各节淡褐色，头扁平。

2. 发生规律 米象、玉米象1年可发生数代不等，玉米象不但能在全年内繁殖，而且能在田间繁殖，而米象不能飞到田间繁殖，且玉米象的抗低温能力、耐饥饿力、产卵繁殖力、发育速度均比米象要强。玉米象可在仓内、仓外田间松土缝中越冬，而米象仅在室内越冬。两者幼虫均可在谷物籽粒内越冬，成虫均较活泼，有假死性，趋上及背趋光性，卵产于粮食内，幼虫在籽粒中蛀食。羽化后，成虫飞出为害，在仓内低温（13℃以下），粮食含水量低于10%时则不利于其生长发育。

锯谷盗1年可发生2～5代，主要以成虫在仓库附近的石块、树皮下越冬，也有少数在仓内各种缝隙处越冬。该虫性活泼，爬行力强，很少飞翔。由于身扁，故极易钻入包装不严密的仓储物内进行为害。此虫对低温、高温、药剂等均有很高的抗性，较难防治。

3. 防治方法　参照麦蛾的防治方法。

第三节　麦田害虫天敌保护

一、瓢虫

瓢虫是麦田最常见、种群数量最多的蚜虫天敌，对麦田中后期蚜虫有较大的控制作用。其中以七星瓢虫、异色瓢虫和龟纹瓢虫发生数量最多，控制蚜虫作用最强。

1. 形态特征

七星瓢虫：成虫体长5.7～7.0毫米，宽4.5～6.5毫米，体呈半球形，背橙红色，两鞘翅上有7个黑色斑点。

龟纹瓢虫：成虫体长3.8～4.7毫米，宽2.9～3.2毫米，黄色至橙黄色，具龟纹状褐色斑纹。鞘翅上的黑斑常有变异，有的扩大相连或缩小而成独立的斑点，有的完全消失。常见有二斑型、四斑型和隐四斑型。

异色瓢虫：成虫体长5.4～8.0毫米，宽3.8～5.2毫米，卵圆形，鞘翅近末端中央有一明显隆起的横瘠痕。色泽和斑纹变异较大，有浅色型和深色型两种类型。浅色型基本为橙黄色至橘红。根据鞘翅上的黑斑数量的不同，又可分为 19 斑型、14 斑型、无斑变型和二斑变型。深色型基色为黑色。

2. 发生规律

七星瓢虫：在黄河流域 1 年发生 3～5 代，第一代在麦田取食麦蚜，以成虫在土块下、小麦分蘖即根茎间土缝中越冬，于翌年 2 月中、下旬开始活动，3 月份开始产卵于叶背面，第一代成虫在 4 月中旬始现，5 月中、下旬为盛发期。1～4 龄幼虫和成虫单头最大每日食蚜量分别为 16.2 头、37.2 头、40.0 头、128.9 头和 128.6 头。

龟纹瓢虫：1 年发生 7～8 代，以成虫群聚在土坑或石块缝隙中越冬。翌年 3 月开始活动，幼虫爬行迅速，捕食能力强，一头 3 龄幼虫日捕食幼虫可达 80 头左右。

异色瓢虫：1 年发生 6～7 代，以成虫在岩洞、石缝内群聚越冬，一窝少则几十头，多则上万头。翌年 3 月上旬至 4 月中旬出洞，一部分在麦田活动取食，小麦收获后迁入棉田等其他场所。成虫不耐高温，超过 30℃，死亡率很高。一头 4 龄幼虫日捕食蚜虫 100～200 头。

3. 保护利用　一是小麦、油菜间作，利用这些作物上蚜虫发生早、数量大的特点，为瓢虫生存创造条件，可显著增加瓢虫数量。二是春季晚浇水，可减少瓢虫越冬死亡率。三是选用对瓢虫杀伤力小或无伤害的选择性农药，如抗蚜威和灭幼脲等，避免使用杀伤力强的广谱农药。

二、草蛉

草蛉是麦田中较常见的害虫天敌之一，主要有中华草蛉和大草蛉两种。在全国各地均有分布，寄主主要为麦蚜、棉蚜和麦蜘蛛。

1. 形态特征

中华草蛉：成虫体长 9～10 毫米，前翅长 13～14 毫米，后翅长 11～12 毫米，体绿黄色。胸和腹部背面两侧淡绿色，中央有黄色纵带，头淡红色，触角比前翅短，灰黄色。翅透明，翅脉黄绿色。卵椭圆形，长 0.9 毫米，初产绿色，近孵化时褐色。3 龄幼虫体长 7.0～8.5 毫米，宽 2.5 毫米，头部除有一对倒八字形褐斑外，还可见到 2 对淡褐色斑纹。

大草蛉：成虫体长 13～15 毫米，前翅长 17～18 毫米，后翅长 15～16 毫米，体绿色较暗。头黄绿色，有黑斑 2～7 个。幼虫黑褐色，3 龄幼虫体长 9～10 毫米，宽 3～4 毫米，头背面有 3 个品字形大黑斑。

2. 发生规律

中华草蛉：1 年发生 6 代，以成虫在麦田、树林、柴草和屋檐下背风向阳处越冬，翌年 2 月下旬开始活动。第一代部分草蛉幼虫在麦田取食麦蚜和红蜘蛛，5 月上旬为幼虫高峰期。成虫不取食蚜虫。幼虫活动能力强，行动迅速，捕食凶猛，有"蚜狮"之称。在整个幼虫期可捕食蚜虫 500～600 头。中华草蛉耐高温性好，能在 35～37℃温度下正常繁殖。遇饲料缺乏时幼虫有相互残杀的习性。

大草蛉：以茧在寄主植物的卷叶、树洞内或树皮下越冬，翌年 4 月中、下旬羽化后，在有蚜虫的地方活动。大草蛉不耐高温，气温超过 35℃时，卵孵化率很低。

3. 保护利用　一是正确选用化学农药和避开幼虫、成虫高峰期用药可以对草蛉起到一定的保护作用。化学农药对草蛉幼虫、成虫有一定的杀伤作用，但对卵和茧影响较小。一六〇五农药对草蛉杀伤力较强，抗蚜威和乐果相对较安全。二是人工增殖，用人工饲养繁殖草蛉，于适当时机在麦田释放，可有效控制幼虫。

三、蚜茧蜂

蚜茧蜂是麦田蚜虫的重要天敌之一。在麦田发生较多的是燕麦蚜茧蜂和烟蚜茧蜂，全国各麦区均有分布，主要寄主是麦长管蚜和其他蚜虫。

1. 形态特征 燕麦蚜茧蜂雌蜂体褐色，长 2.5～3.4 毫米，触角 15～17 节。烟蚜茧蜂体长 1.8～2.7 毫米，头和触角暗褐色，唇基与口器黄色，胸背面暗褐色，其余部分暗黄色，少数全胸暗黄色。

2. 发生规律 两种蚜茧蜂均以蛹在菜田枯叶下越冬，在麦田发生 2 代左右，4 月初有成蜂出现，5 月中旬达到高峰，一头燕麦蚜茧蜂雌蜂平均寄生蚜虫 50 余头，最多达到 120 余头。被蚜茧蜂寄生的蚜虫活动能力逐渐减弱，体色变成灰褐色，被蚜茧蜂寄生的蚜虫还能取食一段时间，逐渐死亡，死后蚜体逐渐膨大成谷粒状，即僵蚜。

3. 保护利用 选择化学农药防治蚜虫时，应避开成蜂高峰期，蚜茧蜂僵蚜对化学农药有很强的抗药性，在僵蚜时期喷药治蚜有利于保护蚜茧蜂。

四、食蚜蝇

食蚜蝇是麦田蚜虫的重要天敌之一。在麦田发生较多的有黑带食蚜蝇和大灰食蚜蝇两种。黑带食蚜蝇在小麦主要产区均有分布，大灰食蚜蝇主要分布在北京、河北、甘肃、河南、上海、江苏、浙江、湖北、福建等地。

1. 形态特征

黑带食蚜蝇：成虫体长 8～11 毫米，棕黄色，雌虫额正中有一黑色纵带，前粗后细。中胸背板黑绿色，第二至四节背板均有黑色横带或斑纹，第五节背板有黑色工字形纹，幼虫呈蛆形。

大灰食蚜蝇：成虫体长 9～10 毫米，棕黄色，中突棕色，触角棕黄色或黑褐色。腹部黑色，第二至四节背板各有一对大黄斑。老熟幼虫体长 12～13 毫米，纵贯体背中央有一前窄后宽的黄色纵带。

2. 发生规律

黑带食蚜蝇：4月中旬在麦田出现，中、下旬产卵，以幼虫捕食麦蚜，5月份达到发生高峰。以后转入棉田。1～3龄幼虫每日单头捕食蚜虫分别为7.0头、30.3头、72.3头，一生可捕食麦蚜1 000～1 500头。

大灰食蚜蝇：成虫4月在小麦上产卵，以幼虫捕食蚜虫，3龄的幼虫单头日捕食蚜虫可达70余头，一生捕食蚜虫在1 000头左右。5月份以后迁入棉田。

3. 保护利用　应避免使用广谱杀虫剂，选择对食蚜蝇及其他蚜虫天敌安全的农药，如抗蚜威和灭幼脲等农药既可消灭蚜虫又可相对保护天敌。

第四节　常见麦田草害防治技术

一、常见的麦田阔叶杂草的防治

常见麦田杂草在我国有200余种，以一年生杂草为主，有少数多年生杂草。麦田杂草主要分为阔叶杂草和禾本科杂草两大类，各种杂草除人工（或机械）锄草外，主要采用化学除草。

常见的麦田阔叶杂草有马齿苋、猪秧秧、小蓟（刺儿菜）、荠菜、米瓦罐、苣荬菜、律草（拉拉秧）、苍耳、播娘蒿、酸模叶蓼、田旋花、反枝苋、凹头苋、打碗花、苦苣菜等，用于麦田防除阔叶杂草的除草剂有2，4-滴丁酯、2甲4氯、百草敌、苯达松、溴草晴、巨星、甲磺隆、绿磺隆、碘苯晴、使它隆（治锈灵）、西草净等。

（1）巨星。在小麦2叶期至拔节期均可施药，以杂草生长旺盛期（3～4叶期）施药防治效果最好。每亩用75%巨星干悬剂0.9～1.4克，对水30～50千克，于无风天均匀喷雾。

（2）2，4-滴丁酯。在小麦4叶期至分蘖末期施药较为安全。若施药过晚，易产生药害，致麦穗畸形而减产。用72%的

2，4-滴丁酯乳油 60～90 毫升/亩，对水均匀喷雾。注意在气温达 18℃以上的晴天喷药，除草效果较好。

（3）2甲4氯。对麦类作物较为安全，一般分蘖末期以前喷药为适期，每亩用 70％ 2甲4氯钠盐 55～85 克，或用 20％2甲4氯水剂 200～300 毫升，对水 30～50 千克均匀喷雾，在无风晴天喷药效果好。

（4）百草敌。在小麦拔节前喷药，每亩用 48％百草敌水剂 20～30 毫升，对水 40 千克均匀喷雾，在晴天气温较高时喷药，除草效果好。拔节后禁止使用百草敌，以防产生药害。

（5）苯达松（排草丹）。在麦田任何时期均可使用，每亩用 48％苯达松水剂 130～180 毫升，对水 30 千克均匀喷雾，气温较高和土壤湿度大时施药效果好。

二、常见的麦田禾本科杂草的防治

常见的麦田禾本科杂草有野燕麦、看麦娘、稗草、狗尾草、硬草、马唐、牛筋草等，近年来节节麦有发展趋势，亦应引起重视。常用麦田防除禾本科杂草的除草剂有骠马、禾草灵、新燕灵、燕麦畏、杀草丹、禾大壮、燕麦敌、青燕灵、野燕枯等。

（1）禾草灵。在麦田每亩用 36％禾草灵乳油 130～180 毫升，对水 30 千克均匀喷雾，可有效的防治禾本科杂草。

（2）骠马。是对小麦使用安全的选择性内吸型除草剂。在小麦生长期间喷药防治禾本科杂草，每亩用 6.9％骠马乳剂 40～60 毫升，或 10％骠马乳油 30～40 毫升，对水 30 千克均匀喷雾。可有效控制禾本科杂草为害。

（3）新燕灵。主要用于防除野燕麦。在野燕麦分蘖至第一节出现期，每亩用 20％新燕灵乳油 250～350 毫升，对水 30 千克，均匀喷雾防治。

（4）杀草丹。可在小麦播种后出苗前，每亩用 50％杀草丹乳油 100～150 毫升，加 25％绿麦隆 120～200 克，或用 50％杀草丹乳油和 48％拉索乳油各 100 毫升，混合后对水 30 千克，均匀喷洒地面。也可在禾本科杂草 2 叶期，每亩用 50％杀草丹乳油 250 毫升，对水 30 千克均匀喷雾。此外，可适时进行人工或机械锄草。

三、阔叶杂草和禾本科杂草混生的防治

绿麦隆、绿磺隆、甲磺隆、利谷隆、异丙隆、禾田净和扑草净等农药，对多数阔叶杂草和部分禾本科杂草有较好的防治效果，麦田中两类杂草混生时可选用这些除草剂。

（1）绿麦隆。在小麦播种后出苗前，每亩用 25％绿麦隆 200～300 克，对水 30 千克地表喷雾或拌土撒施。麦田若以硬草和棒头草为主，播后苗前每亩用 25％绿麦隆 150 克，加 48％氟乐灵 50 克，均匀地面喷雾，可有效控制杂草。

（2）甲磺隆。在小麦播种后到 2 叶期，每亩用 10％甲磺隆 3～5 克，加水 30 千克均匀喷雾，可控制杂草。但该药残效期较长，对后茬作物甜菜有影响，在种植甜菜的地区用药时要谨慎。

（3）绿磺隆。在小麦播种前、播种后出苗前和幼苗期均可使用，以幼苗早期施药效果最好。绿磺隆在土壤中持效期达一年左右，对麦类作物安全，但对后茬作物玉米、棉花、大豆、花生、油菜、甜菜等产生药害。用药应考虑到后茬作物。

（4）扑草净。在小麦播种后出苗前每亩用 50％扑草净 75～100 克，加水 30 千克进行地表喷雾。干旱地区施药后浅耙混土 1～2 厘米，可提高除草效果。

（5）利谷隆。在小麦播种后出苗前，每亩用 50％利谷隆 100～130 克，加水 30 千克均匀喷雾，并浅耙混土，提高除草效果。

四、化学除草应注意的问题

采用化学除草技术，既要求高效除草，又要保证不伤害小

麦，还要考虑不影响下茬作物。

（1）正确选择除草剂。首先要根据当地主要杂草种类，选择适当有效的除草剂，其次是考虑当地的耕作制度，选择不影响下茬作物的除草剂。另外还要注意交替轮换使用杀草机制和杀草谱不同的除草剂品种，以避免一些杂草产生耐药性，致使优势杂草被控制了，耐药性杂草逐年增多，由次要杂草上升为主要杂草而造成损失。

（2）尽早施药。杂草小时耐药性差，药剂防除效果好。

（3）严格掌握用药量和用药时期。一般除草剂都有经过试验后提出的适宜用量和时期，应严格掌握，切不可随意加大药量，或错过有效安全施药期。

（4）注意施药时的气温。所有除草剂都是气温较高时施药才有利于药效的充分发挥，但在气温 30℃ 以上时施药，有增加出现药害的可能性。

（5）保证适宜湿度。土壤湿度是影响药效高低的重要因素。播后苗前施药若土层湿度大，易形成严密的药土封杀层，这时杂草种子发芽出苗快，可提高防除效效。生长期土壤墒情好，杂草生长旺盛，利于杂草对除草剂的吸收和在体内运转而杀死杂草，药效快，防效好。因此，应注意在土壤墒情好时应用化学除草剂。

附　录

附录一　麦田调查记载和测定方法

一、怎样调查小麦的基本苗数？

调查小麦的基本苗数，可根据小麦的播种方式采取不同的方法。

1. 条播麦的调查　我国大部分麦田采用条播，调查条播麦的基本苗，可在小麦全苗后，在麦田中选择有代表性的样点 3～5 个，每点取并列的 2～3 行，行长 1 米，数出样点苗数，先计算平均值，然后计算出基本苗数。

$$基本苗数（万亩）=\frac{样点平均苗数}{样点面积（米^2）}\times 666.7$$

2. 撒播麦的调查　调查撒播麦田的基本苗数，南方稻茬麦常有撒播方式，北方近年也有少数撒播麦田，对这类麦田，可在小麦全苗后，进行调查，具体方法可采用事先做好的铁丝方筐，一般可 1 米见方，然后在大田中选代表性的样点 3～5 个，把铁丝筐套上去，分别数出样点铁丝筐内的苗数，计算出样点的平均数再计算出基本苗数。

$$基本苗数（万/亩）=每平方米的苗数\times 666.7$$

二、小麦主要生育过程的记载及标准是什么？

1. 播种期　实际播种日期，以月/日表示（以下生育期记载同此)。

2. 出苗期 幼苗出土达 2 厘米左右，全田有 50% 的麦苗达到此标准时为出苗期。

3. 三叶期 全田有 50% 的麦苗伸出第三片叶的日期。

4. 分蘖期 全田有 50% 的植株第一个分蘖露出叶鞘的日期。

5. 越冬期 当冬前日平均气温稳定下降到 0℃时，小麦地上部分基本停止生长，进入越冬期，称为越冬始期，一直延续到早春气温回升到 3℃左右时小麦开始返青，从越冬始期到返青期这一段时期都称为越冬期。

6. 返青期 早春日平均气温回升到 3℃左右时，小麦由冬季休眠状态恢复生长的日期。田间有 50% 植株显绿，新叶长出 1 厘米左右。

7. 拔节期 全田有 50% 植株主茎第一茎节伸长 1.5～2.0 厘米时进入拔节期（拔节始期），可用指摸茎基部来判断，或剥开叶片观察。从拔节始期到挑旗期这一阶段都称为拔节期。

8. 挑旗期 全田有 50% 以上植株的旗叶展开时的日期。

9. 抽穗期 全田有 50% 以上麦穗顶部小穗露出旗叶叶鞘的日期。

10. 开花期 全田有 50% 以上麦穗中部小穗开始开花的日期。

11. 乳熟期 籽粒开始灌浆，胚乳呈乳状的日期。

12. 蜡熟期 茎、叶、穗转黄色，有 50% 以上的籽粒呈蜡质状的日期。

13. 完熟期 植株枯黄，籽粒变硬，不易被指甲划破，这时期也称为成熟期。

14. 收获期 实际收获的日期。

15. 全生育期 从播种至完熟所经历的总日数（也有从出苗期开始计算生育期的）。

三、怎样调查和测定最高茎数、有效穗数和成穗率？

最高茎数是指小麦分蘖盛期时植株的总茎数（包括主茎和所有分蘖），又可分为冬前最高总茎数和春季最高总茎数，冬前最高总茎数是越冬前调查的总茎数，春季最高总茎数是指在拔节初期，分蘖两极分化前的田间最高总茎数，可参照基本苗的调查方法进行调查。有效穗数是指能结实的麦穗数，一般以单穗在5粒以上为有效穗，调查方法同基本苗，可在蜡熟期前后进行调查。成穗率是有效穗占最高总茎数的百分率。

四、怎样调查记载小麦倒伏情况？

小麦品种抗倒伏能力弱、生长过密或植株较高，生长后期遇大风雨，都可能出现倒伏现象，每次倒伏都应记载倒伏发生的时间，可能造成倒伏的原因，以及倒伏所占面积比例和程度等。倒伏面积（％）按倒伏植株面积占全田（或全区）面积的百分率计算。倒伏的程度一般可分为4级，0级：植株直立未倒；1级：植株倾斜15°以下，称为斜；2级：植株倾斜15°～45°，称为倒；3级：植株倾斜45°～90°，称为伏。目前，小麦区试中把倒伏分为5级，1级：不倒伏；2级倒伏轻微，植株倾斜角度小于30°；3级：中等倒伏，倾斜角度30°～45°；4级：倒伏较重，倾斜角度45°～60°；5级：倒伏严重，倾斜角度60°以上。

五、田间观察小麦整齐度的标准是什么？

一般田间观察小麦的整齐度可分为3级：一级用"＋＋"表示整齐，全田麦穗的高度相差不足一个穗子。二级用"＋"表示中等整齐，全田多数整齐，少数高度相差在一个穗子上。三级用"—"表示不整齐，全田穗子高矮参差不齐。

六、室内考种有哪些内容？

可根据实际需要确定考种内容。一般主要有如下 10 项内容：

1. 株高　由单株基部量到穗顶（不算芒长）的平均数。以厘米为单位。如在田间测定，则由地表量到穗顶（芒除外），一般需要测量 10 株以上，然后计算平均数。如果做栽培研究，常把样点取回，按单茎测量株高，然后计算平均值，可依此计算出株高的变异系数，凡变异系数小的整齐度好，反之则整齐度差，以便进一步验证栽培措施的合理性。

2. 穗长　从基部小穗着生处量到顶部（芒除外），包括不孕小穗在内，以厘米为单位。一般应随机抽取样点，测量全部穗长（包括主茎穗和分蘖穗），然后求平均值。也可依此计算出穗长的变异系数，凡变异系数小的整齐度好，反之整齐度差。

3. 芒　根据麦芒有无或长短等性状，一般可分为：

无芒：完全无芒或芒极短。

顶芒：穗顶小穗有短芒，长 3～15 毫米。

短芒：全穗各小穗都有芒，芒长在 20 毫米左右。

长芒：全穗各小穗都有芒，芒长在 20 毫米以上。

曲芒：麦芒勾曲或蜷曲。

4. 穗形　一般可分以下几种类型（附图）：

纺锤形：穗的中部大，两头尖。

长方形：穗上下基本一致呈长方体。

圆锥形（塔形）：穗上部小而尖，基部大。

棍棒形：穗上部大，向下渐小。

椭圆形：穗特短，中部宽。

分枝型：麦穗上有分枝，生产上较少见。

5. 穗色　以穗中部的颖壳颜色为准，分红、白两色。

6. 小穗数　数出样本中每穗的全部小穗数，包括结实小穗和不孕小穗，求平均值。

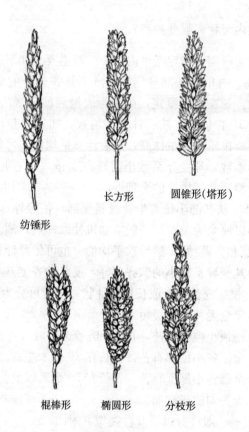

长方形　　　圆锥形(塔形)

纺锤形

棍棒形　　椭圆形　　分枝形

附图　小麦穗形

(金善宝等，1964)

7. 穗粒数　数出样本中每穗的结实粒数，求平均值。

8. 粒色　主要分红粒（包括淡红色）与白粒（包括淡黄色）两种，个别还有紫色、绿色、黑色等。

9. 千粒重　风干籽粒随机取样 1 000 粒称重（以克为单位）。以两次重复相差不大于平均值的 3‰ 为准，如大于 3‰ 需要另取 1 000 粒称重，以相近的两次重量的平均值为准。数粒时应去除破损粒、虫蚀粒、发霉粒等，也可用数粒仪进行测定。

10. 容重　用容重器，称取 1 升的籽粒重量。单位是克/升。一般一级商品小麦容重 790 克/升，二级为 770 克/升，三级为 750 克/升。测量容重时要注意将杂质去除干净。

七、怎样测定干物质重和经济系数？

小麦一生各个生育期和不同器官的物质积累情况有很大变化，不同的水肥管理对干物质有不同的影响，为了及时了解小麦的生长情况，常在不同生育期测定小麦植株的干物质，一般植株干物质重主要是测定地上部植株的干重，不包括根系在内（在试验研究中的盆栽小麦，有时可根据需要连同根系一起测定）。

测定方法：田间取样后要及时处理，一般当天取样当天处理。新鲜样品采集后要及时进行杀青处理，即把样品放入 105℃ 的烘箱内烘 30 分钟，然后将温度降到 60～80℃，继续烘 8 小时左右，使其快速干燥，然后取出待温度降到常温时称重，再继续烘干 4 小时，第二次称重，一直达到恒重为止。成熟时测定干重，可将样本放在太阳下晒干，称取风干重，即为生物产量，然后脱粒，称取籽粒重量，用籽粒重除以生物产量即为经济系数，例如，每亩生物产量是 1 000 千克，籽粒产量是 410 千克，则经济系数为 410÷1 000＝0.41。

八、怎样进行小麦的田间测产？

田间测产往往应用于丰产田或试验田，一般田间生长不匀的低产田测产的可靠性较差。测产的方法是先随机选点采样，然后测定产量构成因素或实际产量，再计算每亩的产量。具体方法是在测产田中对角线上选取 5 个样点，每个样点 1 米^2，数出每样点内的麦穗数，计算出每平方米的平均穗数，从每个样点中随机连续取出 20～50 穗，数出每穗粒数，计算每穗的平均粒数，参照所测品种常年的千粒重，或把样点脱粒风干后实测千粒重。按下式计算理论产量：

$$理论产量(千克/亩)=\frac{每平均米穗数×每穗平均粒数×千粒重(克)}{1\,000×1\,000}×666.7$$

如果把 1 米^2 样点的植株收获全部脱粒风干后称重，则可按下式计算产量：

理论产量（千克/亩）＝平均每点风干籽粒重量（千克）×666.7

测产的准确性，关键在于取样的合理性与代表性。但在实践中往往出现取样测产偏高，实际应用中经常把测产数×缩值系数（或称校正系数），缩值系数一般定为 0.85。

九、什么叫小麦叶面积系数？怎样测定？

小麦叶面积系数是指单位面积土地（一般指亩）上小麦植株绿色叶片总面积与单位土地面积的比值，叶面积系数是衡量群体结构的一个重要指标。系数过高影响小麦群体通风透光；过低不能充分利用光能。小麦不同生育时期叶面积系数有很大变化，通过栽培管理措施，合理调控群体发展，使叶面积系数达到最适数值，有利于小麦获得高产。叶面积测定的方法很多，可以通过叶面积仪直接测定，还有一般常用的烘干法和长乘宽折算法。

1. 叶面积仪测定法　先测定若干有代表性单位面积样点（一般要求 5 点以上）上植株的全部叶面积，取其平均值，然后再计算叶面积系数：

叶面积系数＝样点叶面积/样点面积

或从田间取有代表性的麦苗样本 50 株，测定其全部绿叶面积，计算单株叶面积，再根据基本苗数，计算叶面积系数：

叶面积系数＝单株叶面积×基本苗数/亩

2. 烘干法　取若干有代表性单位面积样点（一般要求 5 点以上）上的植株，分别在每个部位叶片中部取一定长度（一般为 3~5 厘米）的长方形小叶块，将小叶块拼成长方形（标准叶），量其长、宽，求得叶面积（S），然后烘至恒重称重量（g_1）。将剩余的叶片烘至恒重，称其重量（g_2），各测定样点的平均值，即可计算出叶面积系数：

样点叶面积＝标准叶的叶面积（S）×（g_1＋g_2）/g_1

叶面积系数＝样点叶面积/样点面积

也可以从田间取有代表性的麦苗样本 50 株，先从样本中取 5～7 株，同上取标准叶求出叶面积（S）和重量（g_1），另从样本中取 30 株，取其全部绿叶烘至恒重，称其重量（g_2），经过下面的计算求出叶面积系数：

单株叶片干重＝g_2/30 株

单株叶面积＝单株叶片干重×S/g_1

叶面积系数＝单株叶面积×基本苗数/亩

3. 长乘宽折算法　选取有代表性的 30 株麦苗，直接量出每株各绿叶的长度和最宽处的宽度，相乘以后再乘以 0.83 系数，取其平均值，求出单株叶面积，即可计算出叶面积系数：

叶面积系数＝单株叶面积×基本苗数/亩

也可以取若干有代表性单位面积样点（一般要求 5 点以上）上的植株，直接量出每株各绿叶的长度和最宽处的宽度，相乘以后再乘以 0.83 系数，取各点面积平均值，即可计算出叶面积系数：

叶面积系数＝样点叶面积/样点面积

附录二　实用农业谚语

春雷响，万物长。

雨洒清明节，麦子满地结。

春天三场雨，秋后不缺米。

春雨流成河，人人都吃白面馍。

春雨多，麦生病。

湿生病，旱生虫。

清明前后一场雨，豌豆麦子中了举。

春雨满街流，收麦累死牛。

黑夜下雨白天晴，打的粮食没处盛。

伏里有雨好种麦。

三伏下透雨，秋季种麦喜。

腊月大雪半尺厚，麦子还嫌"被"不够。

麦苗盖上雪花被，来年枕着馍馍睡。

大雪飞满天，来岁是丰年。

今冬大雪飘，明年收成好。

瑞雪兆丰年。

一场冬雪一场财，一场春雪一场灾。

冬雪一条被，春雪一把刀。

腊雪如盖被，春雪冻死鬼。

冬雪是麦被，春雪烂麦根。

春雪填满沟，夏田全不收。

寒损根，霜打头。

寒潮过后多晴天，夜里无云地尽霜。

北风无露定有霜。

霜打片、雹打线。

风刮一大片，雹打一条线。

九尽杨花开，农活一齐来。

庄稼一枝花，全靠肥当家。

种田无它巧，粪是庄稼宝。

粪是庄稼宝，缺它长不好。

种地没有鬼，全仗粪和水。

庄稼要好，肥水要饱。

庄稼活，不要问，除了工夫就是粪。

人靠饭养，地凭粪壮。

人靠饭饱，田靠肥料。

人是饭力，地是肥力。

地靠人来养，苗靠粪来长。

鱼靠水活，苗靠粪长。

油足灯才亮，肥足禾才壮。

灯里有油多发光，地里有粪多打粮。

柴多火焰高，粪足禾苗好。

长嘴的要吃，长根的要肥。

要想多打粮，水肥要巧上。

粮食本是土中生，土肥才有好收成。

地里上满粪，粮食堆满囤。

人不亏地皮，地不亏肚皮。

千担粪下地，万担粮归仓。

一分肥，一分粮；十分肥，粮满仓。

春肥满筐，秋谷满仓。

春天粪堆密，秋后粮铺地。

春施千担肥，秋收万担粮。

冬天比粪堆，来年比粮堆。

今年有粪，明年有粮。

肥多急坏禾，柴多压死火。

缺肥黄，多肥倒。

白地不下种，白水不栽秧。

无肥难耕种，无粮难行兵。

种地不上粪，好比瞎胡混。

种地不上粪，一年白费劲。

肥田长苗，瘦田长草。

锅底无柴难烧饭，田里无粪难增产。

人不吃饭饿肚肠，地不上粪少打粮。

灯无油不亮，麦无肥不长。

人黄有病，苗黄缺粪。

积肥如积粮，肥多粮满仓。
上粪不浇水，庄稼撅着嘴。
有水即有肥，无水肥无力。
分层上粪，粮食满囤。
冬粪肥田，春粪肥秧。
人怕胎里瘦，苗怕根不肥。
施肥一大片，不如点和线。
粪劲集中，力大无穷。
土壤要变好，底肥要上饱。
粪生上，没希望；粪熟上，粮满仓。
鸡粪肥效高，不发烧死苗。
羊粪当年富，猪粪年年强。
猪粪肥，羊粪壮，牛马粪肥跟着逛。
塘泥上了田，要管两三年。
肥效有迟速，分层要用足。
牛粪凉，马粪热，羊粪啥地都不歹。
底肥不足苗不长，追肥不足苗不旺。
若要庄稼旺，适时把粪上。
合理上粪，粮食满囤。
种田没有巧，只要肥料配得好。
要想庄稼旺，合理把粪上。
肥是庄稼宝，施足又施巧。
庄稼要好，水肥要巧。
麦收胎里富，粪少靠不住。
好儿要好娘，好种多打粮。
好种出好苗，好葫芦锯好瓢。
什么种子什么苗，什么葫芦什么瓢。
种地不选种，累死落个空。
种子不纯，坑死活人。

种子不好，丰收难保。

种子不调，收成不好。

种子年年选，产量节节高。

种地选好种，一垄顶两垄。

一要质，二要量，田间选种不上当。

种子经过筛，幼苗长得乖。

种子粒粒圆，禾苗根根壮。

麦收短秆，豆打长秸。

好谷不见穗，好麦不见叶。

种子田，好经验，忙一时，甜一年。

附录三　主要高产、优质品种及栽培技术要点

1. 中麦 175

（1）品种来源。中国农业科学院作物科学研究所选育，亲本组合为 BPM27/京 411。2007 年北京市、山西省农作物品种审定委员会审定，2008 年通过国家农作物品种审定委员会审定。

（2）特征特性。冬性，中早熟，全生育期 251 天左右，成熟期比对照京冬 8 号早 1 天。幼苗半匍匐，分蘖力和成穗率较高。株高 80 厘米左右，株型紧凑。穗纺锤形，长芒，白壳，白粒，籽粒半角质。平均亩穗数 45.5 万穗，穗粒数 31.6 粒，千粒重 41.0 克。抗寒性鉴定：抗寒性中等。抗病性鉴定：慢条锈病、中抗白粉病，高感叶锈病、秆锈病。2007 年、2008 年分别测定混合样：容重 792 克/升、816 克/升，蛋白质（干基）含量 14.99%、14.68%，湿面筋含量 34.5%、32.3%，沉降值 27.0 毫升、23.3 毫升，吸水率 52%、52%，稳定时间 1.8 分钟、1.5 分钟，最大抗延阻力 176 伸延单位、164 伸延单位，延伸性 16.4 厘米、16.0 厘米，拉伸面积 41 厘米^2、38 厘米^2。

（3）产量表现。2006—2007 年度参加北部冬麦区水地组品种区域试验，平均每亩产量 464.49 千克（亩产 464.49 千克），比对照京冬 8 号增产 8.4%；2007—2008 年度续试，平均每亩产量 518.89 千克（亩产 518.89 千克），比对照京冬 8 号增产 9.6%。2007—2008 年度生产试验，平均每亩产量 488.26 千克（亩产 488.26 千克），比对照京冬 8 号增产 6.7%。

（4）栽培要点。适宜播期 9 月 28 日至 10 月 8 日，每亩适宜基本苗 20 万～25 万苗。

（5）适宜地区。适宜在北部冬麦区的北京、天津、河北中北部、山西中部和东南部水地种植，也适宜在新疆阿拉尔地区水地作冬麦种植。

2. 郑麦 9023

（1）品种来源。河南省农业科学院小麦研究所与西北农林科技大学合作育成。亲本组合为［小偃 6 号/西农 65//83（2）3-3/84（14）43］F3/3/陕 213，2001 年通过河南省和湖北省品种审定，2002 年通过安徽省和江苏省品种审定，2003 年通过国家农作物品种审定委员会审定。

（2）特征特性。春性。幼苗直立，分蘖力中等，叶黄绿色，叶片上冲。株高 80 厘米，株型较紧凑，抗倒伏性中等。穗层整齐，穗纺锤形，长芒，白壳，白粒，籽粒角质。成穗率较高，平均亩穗数 39 万穗，穗粒数 27 粒，千粒重 43 克。在长江中下游区试中，平均亩穗数 30 万穗，穗粒数 30 粒，千粒重 43 克。黄淮南片试验，容重 800 克/升，粗蛋白含量 14.5%，湿面筋含量 33%，沉降值 44.4 毫升，吸水率 64.2%，面团稳定时间 7.6 分钟，最大抗延阻力 364.8 延伸单位，拉伸面积 58.7 厘米^2。长江中下游麦区试验，容重 777 克/升、粗蛋白含量 14.0%，湿面筋含量 29.8%，沉降值 45.3 毫升，吸水率 59.9%，稳定时间 7.1 分钟，最大抗延阻力 445 延伸单位，延伸性 17.7 厘米，拉伸面积 103.9 厘米^2。冬春长势旺，抗寒力弱。耐后期高温，灌浆快，熟相好。中抗条锈病，中感叶锈病和秆锈病，高感赤霉病、白粉病和纹枯病。

（3）产量表现。2002 年参加黄淮冬麦区南片水地晚播组区域试验，平均每亩产量 458.2 千克，2003 年续试平均每亩产量 448.5 千克。2003 年参加生产试验，平均每亩产量 416 千克。

（4）栽培要点。注意适期晚播防止冻害。黄淮冬麦区南片适宜播期为 10 月 15～25 日，每亩基本苗 15 万～20 万株；长江中下游麦区适宜播期为 10 月 25 日至 11 月 5 日，每亩基本苗 20 万～25 万株；注意防治白粉病、纹枯病和赤霉病；后期及时收获防止穗发芽。在黄淮冬麦区南片种植，注意氮肥后移，保证中后期氮素供应，确保强筋品质。

（5）适宜地区。适宜黄淮冬麦区南片的河南省、安徽北部、江苏北部、陕西关中地区晚茬种植。长江中下游麦区的安徽和江苏沿淮地区、河南南部及湖北北部等地种植。

3. 轮选 988

（1）品种来源。中国农业科学院作物科学研究所、新乡市中农矮败小麦育种技术创新中心选育。矮败小麦轮回选择群体。2009 年通过国家农作物品种审定委员会审定。

（2）特征特性。半冬性，中晚熟，成熟期比对照新麦 18 晚熟 2 天。幼苗半匍匐，分蘖力中等，成穗率较高。株高 90 厘米左右，株型松散，旗叶窄长、上挺，下部郁蔽，茎秆弹性差。穗层整齐，穗大穗匀。穗纺锤形，长芒，白壳，白粒，籽粒角质，饱满度中等。两年区试平均亩穗数 41.1 万穗，穗粒数 33.7 粒，千粒重 43.5 克。冬季抗寒性较好，耐倒春寒能力较好。抗倒性较差。耐旱性较好，熟相较好。接种抗病性鉴定：高抗白粉病，慢条锈病、叶锈病，中感赤霉病、纹枯病。区试田间试验部分试点感白粉病较重，叶枯病中等发生。2007 年、2008 年分别测定品质（混合样）：籽粒容重 794 克/升、792 克/升，硬度指数 62.0（2008 年），蛋白质含量 14.31%、14.16%；面粉湿面筋含量 32.2%、32.0%，沉降值 32.8 毫升、31.3 毫升，吸水率 63.4%、63.4%，稳定时间 2.0 分钟、1.9 分钟，最大抗延阻力 192 延伸单位、168 延伸单位，延伸性 16.4 厘米、17.9 厘米，拉伸面积 46 厘米^2、44 厘米^2。

（3）产量表现。2006—2007 年度参加黄淮冬麦区南片冬水组品种区域试验，平均每亩产量 573.4 千克，比对照新麦 18 增产 3.5%；2007—2008 年度续试，平均每亩产量 575.4 千克，比对照新麦 18 增产 5.9%。2008—2009 年度生产试验，平均每亩产量 495.9 千克，比对照新麦 18 增产 5.3%。

（4）栽培要点。适宜播期 10 月上中旬，每亩适宜基本苗 12 万～15 万苗。注意防治白粉病、纹枯病、赤霉病、蚜虫等病虫害。高水肥地注意控制播量，掌握好春季追肥浇水的时期，防止倒伏。

（5）适宜地区。适宜在黄淮冬麦区南片的河南（信阳、南阳除外）、安徽北部、江苏北部、陕西关中灌区、山东菏泽地区高中水肥地块早中茬种植。

4. 山农 17

（1）品种来源。山东农业大学农学院、泰安市泰山区瑞丰作物育种研究所选育，亲本组合为 L156/莱州 137，2009 年通过国家农作物品种审定委员会审定。

（2）特征特性。半冬性，晚熟，成熟期比对照石 4185 晚熟 3 天。幼苗近匍匐，分蘖力强，成穗率中等。株高 81 厘米左右，株型稍松散，旗叶上冲，茎秆细软，弹性一般。穗层整齐度一般，穗长，小穗排列较稀，顶部小穗不育明显，小穗上位小花结实性差。穗纺锤形，长芒，白壳，白粒。两年区试平均亩穗数 46.3 万穗，穗粒数 34.9 粒，千粒重 38.7 克。抗寒性鉴定，抗寒性 1 级，抗寒性好。较耐后期高温，熟相好。接种抗病性鉴定：中抗赤霉病，高感条锈病、叶锈病、白粉病、纹枯病。2008 年、2009 年分别测定品质（混合样）：籽粒容重 804 克/升、812

克/升，硬度指数 65.0、65.8，蛋白质含量 13.33％、12.97％；面粉湿面筋含量 28.1％、26.2％，沉降值 37.5 毫升、35.0 毫升，吸水率 56.6％、59.1％，稳定时间 10.5 分钟、8.6 分钟，最大抗延阻力 493 延伸单位、530 延伸单位，延伸性 12.8 厘米、12.2 厘米，拉伸面积 85 厘米²、84 厘米²。

（3）产量表现。2007—2008 年度参加黄淮冬麦区北片水地组品种区域试验，平均每亩产量 548.4 千克，比对照石 4185 增产 6.18％；2008—2009 年度续试，平均每亩产量 549.76 千克，比对照品种石 4185 增产 7.93％。2008—2009 年度生产试验，平均每亩产量 531.0 千克，比对照品种石 4185 增产 7.29％。

（4）栽培要点。适宜播种期 10 月上旬，每亩适宜基本苗 10 万～12 万苗。高肥水地块注意控制播量，适当晚浇返青期、拔节期水，防止倒伏。注意防治条锈病、叶锈病、白粉病、蚜虫等病虫害。

（5）适宜地区。适宜在黄淮冬麦区北片的山东、河北中南部、山西南部高中水肥地块种植。

5. 济麦 22

（1）品种来源。山东省农业科学院作物研究所选育，亲本组合为 935024/935106，2006 年通过国家农作物品种审定委员会审定。

（2）特征特性。半冬性，中晚熟，成熟期比对照石 4185 晚 1 天。幼苗半匍匐，分蘖力中等，起身拔节偏晚，成穗率高。株高 72 厘米左右，株型紧凑，旗叶深绿、上举，长相清秀，穗层整齐。穗纺锤形，长芒，白壳，白粒，籽粒饱满，半角质。平均亩穗数 40.4 万穗，穗粒数 36.6 粒，千粒重 40.4 克。茎秆弹性好，较抗倒伏。有早衰现象，熟相一般。抗寒性差。中抗白粉病，中抗至中感条锈病，中感至高感秆锈病，高感叶锈病、赤霉病、纹枯病。2005 年、2006 年分别测定混合样：容重 809 克/升、773 克/升，蛋白质（干基）含量 13.68％、14.86％，湿面筋含量 31.7%、34.5%，沉降值 30.8 毫升、31.8 毫升，吸水率 63.2%、61.1%，稳定时间 2.7 分钟、2.8 分钟，最大抗延阻力 196 延伸单位、238 延伸单位，拉伸面积 45 厘米^2、58 厘米^2。

（3）产量表现。2004—2005 年度参加黄淮冬麦区北片水地组品种区域试验，平均每亩产量 517.06 千克，比对照石 4185 增产 5.03%（显著）；2005—2006 年度续试，平均每亩产量 519.1 千克，比对照石 4185 增产 4.30%（显著）。2005—2006 年度生产试验，平均每亩产量 496.9 千克，比对照石 4185 增产 2.05%。

（4）栽培要点。适宜播期 10 月上旬，播种量不宜过大，每亩适宜基本苗 10 万～15 万株。

（5）适宜地区。适宜在黄淮冬麦区北片的山东、河北南部、山西南部、河南安阳和濮阳的水地种植。

6. 百农 AK58

（1）品种来源。河南科技学院选育，亲本组合为周麦 11// 温麦 6 号/郑州 8960，2005 年通过国家农作物品种审定委员会审定。

（2）特征特性。半冬性，中熟，成熟期比对照豫麦 49 晚 1 天。幼苗半匍匐，叶色淡绿，叶短上冲，分蘖力强。株高 70 厘米左右，株型紧凑，穗层整齐，旗叶宽大、上冲。穗纺锤形，长芒，白壳，白粒，籽粒短卵形，角质，黑胚率中等。平均亩穗数 40.5 万穗，穗粒数 32.4 粒，千粒重 43.9 克；苗期长势壮，抗寒性好，抗倒伏强，后期叶功能好，成熟期耐湿害和高温危害，抗干热风，成熟落黄好。高抗条锈病、白粉病和秆锈病，中感纹枯病，高感叶锈病和赤霉病。田间自然鉴定，中抗叶枯病。2004 年、2005 年分别测定混合样：容重 811 克/升、804 克/升，蛋白质（干基）含量 14.48%、14.06%，湿面筋含量 30.7%、30.4%，沉降值 29.9 毫升、33.7 毫升，吸水率 60.8%、60.5%，面团形成时间 3.3 分钟、3.7 分钟，稳定时间 4.0 分钟、4.1 分钟，最大抗延阻力 212 延伸单位、176 延伸单位，拉伸面积 40 厘米^2、34 厘米^2。

（3）产量表现。2003—2004 年度参加黄淮冬麦区南片冬水组区域试验，平均每亩产量 574.0 千克，比对照豫麦 49 增产5.4%（极显著）；2004—2005 年度续试，平均每亩产量 532.7千克，比对照豫麦 49 增产 7.7%（极显著）。2004—2005 年度参加生产试验，平均每亩产量 507.6 千克，比对照豫麦 49 增产 10.1%。

（4）栽培要点。适播期 10 月上、中旬，每亩适宜基本苗 12万~16 万苗，注意防治叶锈病和赤霉病。

（5）适宜地区。适宜在黄淮冬麦区南片的河南省中北部、安徽省北部、江苏省北部、陕西关中地区、山东菏泽中高产水肥地早中茬种植。

7. 邯麦 13 号

（1）品种来源。邯郸市农业科学院选育，亲本组合为山农太91136/冀麦 36，2009 年通过国家农作物品种审定委员会审定。

（2）特征特性。半冬性，中熟，成熟期比对照石 4185 晚熟1 天。幼苗半匍匐，分蘖力中等，成穗率高。株高 77 厘米左右，株型紧凑，旗叶上举，长相清秀，茎秆坚硬。穗层较整齐，小穗排列紧密。穗纺锤形，短芒，白粒，角质，籽粒饱满。两年区试平均亩穗数 40.3 万穗，穗粒数 37.7 粒，千粒重 40.6 克。抗寒性鉴定，抗寒性 2 级，冬季抗寒性较好；耐倒春寒能力一般。抗倒性好。落黄好。中抗赤霉病，中感条锈病、白粉病、纹枯病，高感叶锈病。区试田间试验部分试点感叶枯病较重。2007 年、2008 年分别测定品质（混合样）：籽粒容重 812 克/升、822 克/升，硬度指数 61.0（2008），蛋白质含量 15.22%、15.43%；面粉湿面筋含量 33.9%、35.0%，沉降值 36.4 毫升、34.1 毫升，吸水率 56.6%、57.4%，稳定时间 4.1 分钟、3.8 分钟，最大抗延阻力 218 延伸单位、202 延伸单位，延伸性 16.2 厘米、17.4

厘米，拉伸面积 51 厘米^2、51 厘米^2。

（3）产量表现。2006—2007 年度参加黄淮冬麦区北片水地组品种区域试验，平均每亩产量 534 千克，比对照石 4185 增产 4.56%；2007—2008 年度续试，平均每亩产量 537.5 千克，比对照石 4185 增产 4.07%。2008—2009 年度生产试验，平均每亩产量 522.9 千克，比对照品种石 4185 增产 5.66%。

（4）栽培要点。适宜播种期 10 月 5～15 日，中、高水肥地每亩适宜基本苗 20 万～22 万株。注意足墒播种、播后镇压，浇越冬水，注意防治叶锈病、叶枯病、蚜虫等病虫害。

（5）适宜地区。适宜在黄淮冬麦区北片的山东、河北中南部、山西南部高中水肥地块种植。

8. 石麦 19 号

（1）品种来源。石家庄市农林科学研究院、河北省小麦工程技术研究中心选育，亲本组合为石 4185//（烟辐 188/临 8014）F$_2$，2009 年通过国家农作物品种审定委员会审定。

（2）特征特性。半冬性，中熟，成熟期与对照石 4185 相当。幼苗半匍匐、分蘖力强，成穗率高。株高 77 厘米左右，株型紧凑，旗叶上冲，有干尖，茎秆韧性好。穗层整齐，小穗排列紧密，小穗多，结实性好。穗纺锤形，长芒，白壳，白粒，籽粒角质、光泽好，饱满。两年区试平均亩穗数 42.0 万穗，穗粒数 38.2 粒，千粒重 40.3 克。抗寒性鉴定，抗寒性 1 级，抗寒性好。抗倒性较好。较耐后期高温，熟相好。中抗赤霉病，中感纹枯病，中感至高感条锈病，高感叶锈病、白粉病。2008 年、2009 年分别测定品质（混合样）：籽粒容重 808 克/升、806 克/升，硬度指数 62.0、63.6，蛋白质含量 14.43%、13.61%；面粉湿面筋含量 30.3%、29.1%，沉降值 28.6 毫升、31.0 毫升，吸水率 54.1%、55.6%，稳定时间 4.4 分钟、4.6 分钟，最大抗延阻力 268 延伸单位、358 延伸单位，延伸性 12.6 厘米、11.4 厘米，拉伸面积 47 厘米^2、56 厘米^2。

（3）产量表现。2007—2008 年度参加黄淮冬麦区北片水地组品种区域试验，平均每亩产量 548.0 千克，比对照石 4185 增产 6.10％；2008—2009 年度续试，平均每亩产量 543.9 千克，比对照石 4185 增产 6.8％。2008—2009 年度生产试验，平均每亩产量 520.1 千克，比对照石 4185 增产 5.09％。

（4）栽培要点。适宜播种期 10 月 5～15 日，高水肥地每亩适宜基本苗 18 万～20 万株，中水肥地每亩适宜基本苗 20 万～22 万株，晚播适当加大播种量。播前种子包衣或药剂拌种，注意防治条锈病、叶锈病、白粉病等病害。

（5）适宜地区。适宜在黄淮冬麦区北片的山东、河北中南部、山西南部高中水肥地块种植。

9. 石麦 15 号

（1）品种来源。石家庄市农林科学研究院、河北省农林科学院遗传生理研究所选育，亲本组合为 GS 冀麦 38/92R137，2005 年、2007 年河北省农作物品种审定委员会审定，2007 年国家农作物品种审定委员会审定（黄淮冬麦区北片），2009 年国家农作物品种审定委员会审定（北部冬麦区）。

（2）特征特性。冬性，中晚熟，成熟期比对照京冬 8 号晚熟 1 天左右。幼苗半匍匐，分蘖力中等，成穗率较高。株高 75 厘米左右，株型较紧凑，穗层较整齐。穗纺锤形，短芒，白壳，白粒，籽粒半角质。两年区试平均亩穗数 43.4 万穗、穗粒数 32.4 粒、千粒重 39.2 克。抗寒性鉴定，抗寒性中等。抗倒性较强。中抗白粉病，中感叶锈病，高感条锈病。2007 年、2008 年分别测定品质（混合样）：籽粒容重 749 克/升、780 克/升，硬度指数 68.0（2008），蛋白质含量 14.62％、14.68％；面粉湿面筋含量 32.1％、32.0％，沉降值 20.3 毫升、20.5 毫升，吸水率 55.8％、57.6％，稳定时间 1.7 分钟、1.6 分钟，最大抗延阻力 100 延伸单位、92 延伸单位，延伸性 13.4 厘米、11.8 厘米，拉伸面积 18 厘米^2、15 厘米^2。

（3）产量表现。2006—2007 年度参加北部冬麦区水地组品种区域试验，平均每亩产量 450.6 千克，比对照京冬 8 号增产 5.2%；2007—2008 年度续试，平均每亩产量 489.5 千克，比对照京冬 8 号增产 3.4%。2008—2009 年度生产试验，平均每亩产量 393.1 千克，比对照京冬 8 号增产 2.8%。

（4）栽培要点。北部冬麦区适宜播种期 9 月 25 日至 10 月 5 日。适期播种量高水肥地每亩基本苗 15 万～20 万株，中水肥地 18 万～22 万株，晚播麦田应适当加大播量；注意除虫防病，播种前进行种子包衣或用杀虫剂、杀菌剂混合拌种，以防治地下害虫和黑穗病；小麦扬花后及时防治麦蚜。

（5）适宜地区。适宜在北部冬麦区的北京、天津、河北中北部、山西中部和东南部的水地种植，也适宜在新疆阿拉尔地区水地种植。根据农业部第 943 号公告，该品种还适宜在黄淮冬麦区北片的山东、河北中南部、山西南部中高水肥地种植。

10. 扬麦 20

（1）品种来源。江苏里下河地区农业科学研究所选育，亲本组合为扬麦 10 号×扬麦 9 号，2010 年国家农作物品种审定委员会审定。

（2）特征特性。春性，成熟期比对照扬麦 158 早熟 1 天。幼苗半直立，分蘖力较强。株高 86 厘米左右。穗层整齐，穗纺锤形，长芒、白壳、红粒，籽粒半角质、较饱满。2009 年、2010 年区域试验平均亩穗数 28.6 万穗、28.8 万穗，穗粒数 42.8 粒、41.0 粒，千粒重 41.9 克、41.0 克。高感条锈病、叶锈病、纹枯病，中感白粉病、赤霉病。2009 年、2010 年分别测定混合样：籽粒容重 794 克/升、782 克/升，硬度指数 54.2、52.6，蛋白质含量 12.10%、12.97%；面粉湿面筋含量 22.7%、25.5%，沉降值 26.8 毫升、29.5 毫升，吸水率 53.4%、55.5%，稳定时间 1.2 分钟、1.0 分钟，最大抗延阻力 300 延伸单位、262 延伸单位，延伸性 120 毫米、164 毫米，拉伸面积 48.5 厘米^2、59.0

厘米[2]。

（3）产量表现。2008—2009 年度参加长江中下游冬麦组品种区域试验，平均每亩产量 423.3 千克，比对照扬麦 158 增产6.3％；2009—2010 年度续试，平均每亩产量 419.7 千克，比对照扬麦 158 增产 3.4％。2009—2010 年度生产试验，平均每亩产量 389.4 千克，比对照品种增产 4.6％。

（4）栽培要点。适宜播种期 10 月下旬至 11 月上旬，最佳播期 10 月 24～31 日，每亩适宜基本苗 16 万苗左右。合理运筹肥料，每亩施纯氮 14 千克左右，肥料运筹为基肥：平衡肥：拔节孕穗肥比例 7：1：2。注意防治条锈病、叶锈病、赤霉病。该品种不抗土传小麦黄花叶病毒病。

（5）适宜地区。适宜在长江中下游冬麦区的江苏和安徽两省淮南地区、湖北中北部、河南信阳、浙江中北部种植。

11. 京冬 18

（1）品种来源。北京杂交小麦工程技术研究中心选育，亲本组合为 F404/（长丰 1/ore//双 82 - 4/81 - 142）//931，2006 年北京市农作物品种审定委员会审定，2010 年国家农作物品种审定委员会审定。

（2）特征特性。冬性，中早熟，成熟期比对照京冬 8 号早熟1 天左右。幼苗半匍匐，分蘖力中等，成穗率较高。株高 79 厘米左右，株型紧凑，抗倒性较好。穗纺锤形，长芒，白壳，白粒，籽粒半角质。2008 年、2009 年区域试验平均亩穗数 43.9 万穗、41.4 万穗，穗粒数 31.9 粒、31.5 粒、千粒重 42.0 克、42.6 克。抗寒性鉴定，抗寒性中等。高感叶锈病，中感白粉病，高抗条锈病。2008 年、2009 年分别测定混合样：籽粒容重 788克/升、803 克/升，硬度指数 62.0、62.4，蛋白质含量14.71％、13.78％；面粉湿面筋含量 32.4％、30.8％，沉降值31.8 毫升、30.0 毫升，吸水率 55.7％、58.3％，稳定时间 2.6分钟、2.1 分钟，最大抗延阻力 236 延伸单位、164 延伸单位，延伸性 144 毫米、136 毫米，拉伸面积 48 厘米^2、34 厘米^2。

（3）产量表现。2007—2008 年参加北部冬麦区水地组品种区域试验，平均每亩产量 489.2 千克，比对照京冬 8 号增产 3.3%；2008—2009 年度续试，平均每亩产量 439.4 千克，比对照京冬 8 号增产 4.6%。2009—2010 年度生产试验，平均每亩产量 428.1 千克，比对照京冬 8 号增产 14.7%。

（4）栽培要点。适宜播种期 9 月 26 日至 10 月 5 日，每亩适宜基本苗 20 万～25 万株，10 月 5 日以后播种随播期推迟适当增加基本苗，每晚播种 1 天增加基本苗 1 万株。浇好冻水，适时灭草，及时防治蚜虫和病害。

（5）适宜地区。适宜在北部冬麦区的北京、天津、河北中北部、山西中部的水地种植，也适宜在新疆阿拉尔地区水地种植。

12. 中麦 415

（1）品种来源。中国农业科学院作物科学研究所选育，亲本组合贵农 11/京 411//京 411，2010 年国家农作物品种审定委员会审定。

（2）特征特性。冬性，中熟。幼苗半匍匐，分蘖力中等，成穗率较高。株高 70 厘米左右，抗倒性较好，落黄好。穗纺锤形，长芒，白壳，白粒。2009 年、2010 年区域试验平均亩穗数 41.9 万穗、38.4 万穗，穗粒数 33.9 粒、35.7 粒、千粒重 37.5 克、36.8 克。抗寒性鉴定，抗寒性中等。中感条锈病，高感叶锈病和白粉病。2009 年、2010 年分别测定混合样：籽粒容重 810 克/升、815 克/升，2009 年硬度指数 45.8，蛋白质含量 13.93%、15.31%；面粉湿面筋含量 32.0%、33.2%，沉降值 24.6 毫升、29 毫升，吸水率 53.4%、52.2%，稳定时间 1.9 分钟、2.4 分钟，最大抗延阻力 138 延伸单位、243 延伸单位，延伸性 144 毫米、171 毫米，拉伸面积 28 厘米^2、60 厘米^2。

（3）产量表现。2008—2009 年度参加北部冬麦区水地组品种区域试验，平均每亩产量 449.5 千克，比对照京冬 8 号增产

7.0％；2009—2010 年度续试，平均每亩产量 449.2 千克，比对照京冬 8 号增产 10.9％。2009—2010 年度生产试验，平均每亩产量 402.1 千克，比对照京冬 8 号增产 7.7％。

（4）栽培要点。适宜播种期 9 月 25 日至 10 月 5 日，每亩适宜基本苗 20 万～25 万株。浇好越冬水，返青期控制肥水，重施拔节肥，浇好灌浆水。注意防治病虫害。

（5）适宜地区。适宜在北部冬麦区的北京、天津、河北中北部、山西中部中高水肥地块种植，也适宜在新疆阿拉尔地区水地种植。

13. 汶农 14 号

（1）品种来源。泰安市汶农种业有限责任公司选育，亲本组合为 84139//9215/876161，2010 年山东省农作物品种审定委员会审定。

（2）特征特性。半冬性，幼苗半直立。两年区域试验结果平均：生育期 239 天，与济麦 19 相当；株高 80.8 厘米，叶色深绿，旗叶上冲，株型紧凑，较抗倒伏，熟相较好；亩最大分蘖 95.4 万，亩有效穗 41.6 万，分蘖成穗率 43.5％；穗纺锤形，穗粒数 34.7 粒，千粒重 42.1 克，容重 793.3 克/升；长芒、白壳、白粒，籽粒较饱满、硬质。慢条锈病，高抗叶锈病，中感白粉病，高感赤霉病和纹枯病。2009—2010 年生产试验统一取样经农业部谷物品质监督检验测试中心（泰安）测试：籽粒蛋白质含量 12.9％、湿面筋 37.2％、沉淀值 32.3 毫升、吸水率 62.3 毫升、稳定时间 2.6 分钟、面粉白度 75.8。

（3）产量表现。在山东省小麦品种高肥组区域试验中，2007—2008 年平均每亩产量 584.94 千克，比对照品种潍麦 8 号增产 7.67％，2008—2009 年平均每亩产量 563.70 千克，比对照品种济麦 19 增产 8.21％；2009—2010 年生产试验平均每亩产量 577.26 千克，比对照品种济麦 22 增产 9.79％。

（4）栽培要点。适宜播期 10 月 5 日左右，每亩基本苗 15 万株。注意防治赤霉病、纹枯病。

（5）适宜地区。在山东省高肥水地块种植利用。

14. 山农 21

（1）品种来源。山东农业大学、泰安市泰山区瑞丰作物育种研究所选育。亲本组合为莱州 137/烟辐 188，2010 年山东省农作物品种审定委员会审定。

（2）特征特性。冬性，幼苗半直立。两年区域试验结果平均：生育期 239 天，比济麦 19 晚熟 1 天；株高 82.3 厘米，株型中间偏紧凑，抗倒伏，熟相好；亩最大分蘖 104.7 万，有效穗 33.4 万，分蘖成穗率 31.9%；穗形长方，穗粒数 41.8 粒，千粒重 42.3 克，容重 794.3 克/升；长芒、白壳、白粒，籽粒较饱满、硬质。抗病性鉴定结果：中抗条锈病，中感白粉病，高感叶锈病、赤霉病和纹枯病。2009—2010 年生产试验统一取样经农业部谷物品质监督检验测试中心（泰安）测试：籽粒蛋白质含量 12.5%、湿面筋 34.0%、沉淀值 45.8 毫升、吸水率 56.5 毫升/100 克、稳定时间 8.6 分钟，面粉白度 80.0。

（3）产量表现。在山东省小麦品种高肥组区域试验中，2007—2008 年平均每亩产量 561.57 千克，比对照品种潍麦 8 号增产 3.30%，2008—2009 年平均每亩产量 585.18 千克，比济麦对照品种 19 增产 5.78%；2009—2010 年生产试验平均每亩产量 545.97 千克，比对照品种济麦 22 增产 3.84%。

（4）栽培要点。适宜播期 10 月 5～10 日，每亩基本苗 15 万～18 万株。注意防治叶锈病、赤霉病、纹枯病。

（5）适宜地区。在山东省高肥水地块种植利用。

15. 中麦 12

（1）品种来源。中国农业科学院作物科学研究所选育，亲本组合为京 411×烟中 144，2010 年河北省农作物品种审定委员会审定。

（2）特征特性。幼苗半匍匐，叶片深绿色、下披，分蘖力较强。属半冬性中熟品种，生育期 243 天左右，成株株形较松散，株高 74 厘米。穗纺锤形，长芒，白壳，白粒，硬质，籽粒较饱满。亩穗数 40.9 万，穗粒数 31.9 个，千粒重 34.6 克，容重 790.6 克/升。抗倒性较强，抗寒性与对照相当。2008 年河北省农作物品种品质检测中心测定，籽粒粗蛋白质（干基）15.25%，沉降值 20.6 毫升，湿面筋 35.1%，吸水率 60%，形成时间 3.6 分钟，稳定时间 2.5 分钟。

抗旱性：河北省农林科学院旱作农业研究所鉴定，2005—2006 年度抗旱指数 1.037，2006—2007 年度抗旱指数 1.012。抗旱性中等。

抗病性：河北省农林科学院植物保护研究所鉴定，2005—2006 年度中感条锈病和叶锈病，高感白粉病；2006—2007 年度高抗叶锈病，中抗条锈病，中感白粉病。

（3）产量表现。2005—2006 年度黑龙港流域节水组区域试验平均每亩产量 352 千克，2006—2007 年度同组区域试验平均每亩产量 387 千克。2007—2008 年度同组生产试验平均每亩产量 427 千克。

（4）栽培要点。适宜播期 10 月 1～5 日，每亩基本苗 23 万株左右。一般每亩施磷酸二铵 30 千克、尿素 10 千克作底肥。浇好冻水，春季可不浇水或仅浇一次拔节水。早春注意搂麦松土，保墒增温。生育后期控制水肥，以免贪青晚熟。

（5）适宜地区。适宜在河北省黑龙港流域冬麦区种植。

16. 中麦 8 号

（1）品种来源。中国农业科学院作物科学研究所选育，亲本组合为核花 971‑3×冀 Z76，2010 年通过天津市农作物品种审定委员会审定。

（2）特征特性。该品种冬性，中早熟。幼苗半匍匐，分蘖力中等、成穗率较高，株高 73 厘米，穗纺锤形，长芒，白壳，白粒，籽粒硬质，平均亩穗数 38.7 万，穗粒数 34.0 粒，千粒重

40.4 克。2009 年抗寒鉴定结果：冻害级别 2 级，越冬茎 100％。2010 年抗寒鉴定结果：冻害级别 5 级，越冬茎 98.7％，死茎率 1.3％。农业部谷物及制品质量监督检验测试中心（哈尔滨）检测：容重 774 克/升，粗蛋白质 13.77％，湿面筋 28.2％，沉降值 33.5 毫升，吸水率 60.1％，形成时间 2.5 分钟，稳定时间 2.3 分钟，评价值 36，硬度指数 69.9，为中筋小麦品种。

（3）产量表现。2008—2009 年度天津市冬小麦区域试验，平均每亩产量 503.23 千克，较对照京冬 8 号增产 15.78％，增产极显著，居 14 个品种第一位。2009—2010 年度天津市冬小麦区域试验，平均每亩产量 466.20 千克，较对照京冬 8 号增产 12.03％，增产极显著，居 16 个品种第四位。2009—2010 年度天津市冬小麦生产试验，平均每亩产量 464.3 千克，较对照京冬 8 号增产 11.52％，居 15 个品种第二位。

（4）栽培要点。10 月 1～8 日播种，每亩基本苗 20 万株，施足底肥，有机肥和磷、钾肥底施，氮肥底施和追施各 50％，全生育期每亩施氮 16～18 千克。冬前总茎数控制在每亩 70 万～90 万，春季总茎数控制在 90 万～110 万，早春蹲苗，中耕松土，提高地温，重施拔节肥水，注意防治田间杂草和蚜虫，适时收获。

（5）适宜地区。适宜天津市中上等肥力地块做冬小麦种植。

主要参考文献

崔读昌，刘洪顺，闵谨如，等.1984.中国主要农作物气候资源图集[M].
北京：气象出版社.

郭天财，马冬云，朱云集，等.2004.冬播小麦品种主要品质性状的基因型
与环境及其互作效应分析［J］.中国农业科学，37（7）：948-953.

金善宝，刘安定.1964.中国小麦品种志［M］.北京：农业出版社.

金善宝.1961.中国小麦栽培学［M］.北京：农业出版社.

金善宝.1983.中国小麦品种及其系谱［M］.北京：农业出版社.

金善宝.1996.中国小麦学［M］.北京：中国农业出版社.

康立宁，魏益民，欧阳朝辉，等.2004.小麦品种品质性状基因型因子分析
［J］.西北植物学报，24（1）：120-124.

马奇祥，等.1998.麦类作物病虫草害防治彩色图说［M］.北京：中国农
业出版社.

全国农业技术推广服务中心.2004.中国植保手册：小麦病虫防治分册
［M］.北京：中国农业出版社.

全国农业区划委员会中国综合农业区划编写组.1981.中国综合农业区划
［M］.北京：农业出版社.

魏益民，康立宁，欧阳朝辉，等.2002.小麦品种品质性状的稳定性研究
［J］.西北植物学报，22（1）：90-96.

张锦熙，刘锡山，等.1981.小麦叶龄指标促控法的研究［J］.中国农业科
学（2）：1-13.

张锦熙，刘锡山，等.1982.小麦叶龄指标促控法的理论与实践［J］.山西
农业科学（2）：13-19.

张锦熙.1982.小麦叶龄指标促控法问答［J］.农业科技通讯（2）：7-10.

赵广才，常旭虹，刘利华，等.2006.施氮量对不同强筋小麦产量和加工品
质的影响［J］.作物学报，32（5）：723-727.

赵广才，常旭虹，刘利华，等.2007；不同灌水处理对强筋小麦籽粒产量和蛋白组分含量的影响［J］.作物学报，33（11）：1828-1833.

赵广才，常旭虾，杨玉双，等.2010.不同灌水处理对强筋小麦加工品质的影响［J］.核农学报，24（6）：1232-1237.

赵广才，常旭虹，杨玉双，等.2010.追氮量对不同品质类型小麦产量和品质的调节效应［J］.植物营养与肥料学报，16（4）：859-865.

赵广才，万富世，常旭虹，等.2006.不同试点氮肥水平对强筋小麦加工品质性状及其稳定性的影响［J］.作物学报，32（10）：1498-1502.

赵广才，万富世，常旭虹，等.2007，强筋小麦产量和蛋白质含量的稳定性及其调控研究［J］.中国农业科学，49（5）：895-901.

赵广才，万富世，常旭虹，等.2008.灌水对强筋小麦籽粒产量和蛋白质含量及其稳定性的影响［J］.作物学报，34（7）：1247-1252.

赵广才，王崇义.2003.小麦［M］.武汉：湖北科学技术出版社.

赵广才.2009.优质专用小麦生产关键技术百问百答［M］.2版.北京：中国农业出版社.

植保员手册编绘组.1971.麦类、油菜、绿肥病虫害的防治［M］.上海：上海人民出版社.

中国科学院地理研究所经济地理室.1981.中国农业地理总论［M］.北京：科学出版社.

中国科学院南京土壤研究所.1986.中国土壤图集［M］.北京：地图出版社.

中国农林作物气候区划协作组.1987.中国农林作物气候区划［M］.北京：气象出版社.

中国农业科学院.1959.中国农作物病虫图谱［M］（第一集、第二集）.北京：农业出版社.

中国农业科学院.1979.小麦栽培理论与技术［M］.北京：农业出版社.

中国农业科学院.1989.中国粮食之研究［M］.北京：中国农业科技出版社.

中国农业科学院中国农作物种植区划论文集编写组.1987.中国农作物种植区划论文集［M］.北京：科学出版社.

图书在版编目（CIP）数据

小麦生产配套技术手册/赵广才编著·—北京：
中国农业出版社，2012.6
（新编农技员丛书）
ISBN 978 - 7 - 109 - 16529 - 8

Ⅰ.①小…　Ⅱ.①赵…　Ⅲ.①小麦－栽培技术－技术
手册②小麦－病虫害防治－技术手册　Ⅳ.①
S512.1 - 62②S435.12 - 62

中国版本图书馆 CIP 数据核字（2012）第 014541 号

中国农业出版社出版
（北京市朝阳区农展馆北路 2 号）
（邮政编码 100125）
策划编辑　舒薇
文字编辑　吴丽婷

北京通州皇家印刷厂印刷　　新华书店北京发行所发行
2012 年 7 月第 1 版　　2012 年 7 月北京第 1 次印刷

开本：850mm×1168mm 1/32　印张：9.75　插页：10
字数：243 千字　印数：1～6 000 册
定价：28.00 元
（凡本版图书出现印刷、装订错误，请向出版社发行部调换）